数控车削编程与加工项目化教程

主　编　李　莉　车君华　王　勇

副主编　刘亚丽　夏季梅　步延生　刘连杰

　　　　孙国艳　付　敏　李培积

参　编　李　磊　于泽鑫　李长本　李常峰

　　　　张泽衡　孟　皎　徐西华　万　震

　　　　任梦羽　丁明辉　冀永帅

北京理工大学出版社

BEIJING INSTITUTE OF TECHNOLOGY PRESS

图书在版编目（CIP）数据

数控车削编程与加工项目化教程/李莉，车君华，王勇主编. —北京：北京理工大学出版社，2019.9（2024.2 重印）

ISBN 978－7－5682－7587－3

Ⅰ.①数…　Ⅱ.①李…　②车…　③王…　Ⅲ.①数控机床－车床－车削－程序设计－高等学校－教材②数控机床－车床－加工－高等学校－教材　Ⅳ.①TG519.1

中国版本图书馆 CIP 数据核字（2019）第 206854 号

出版发行／北京理工大学出版社有限责任公司
社　　址／北京市海淀区中关村南大街 5 号
邮　　编／100081
电　　话／（010）68914775（总编室）
（010）82562903（教材售后服务热线）
（010）68948351（其他图书服务热线）
网　　址／http：//www. bitpress. com. cn
经　　销／全国各地新华书店
印　　刷／廊坊市印艺阁数字科技有限公司
开　　本／787 毫米×1092 毫米　1/16
印　　张／16.5
字　　数／390 千字
版　　次／2019 年 9 月第 1 版　2024 年 2 月第 3 次印刷
定　　价／47.00 元

责任编辑／封　雪
文案编辑／封　雪
责任校对／周瑞红
责任印制／李志强

前　　言

本教材响应《国家职业教育改革实施方案》中关于工作页和引导文教材开发的要求，基于济南职业学院德国“双元制”9年本土化实践经验，探索“行动导向”教学模式，将引导文教学法深入课堂教学，注重专业知识的应用，注重专业技能的强化操作训练。本教材通过项目载体设计重新组织教学内容，课堂教学在“做中学”的任务驱动方式下逐步展开与深入；在培养学生专业技能的同时，通过岗位工作的流程化设计，再现岗位技能应用的工作情境，培养学生以“信息—计划—决策—实施—检查—评价”的工作逻辑思路展开技能训练与学习。

“数控车削编程与加工项目化教程”综合了数控车床编程、数控加工工艺、数控刀具、机械制图、公差配合、CAD/CAM应用等，是一门综合性的应用技术课程，因此其学习应考虑知识的综合性与应用性，重点从编程技能与操作技术两个应用层面来统筹规划编写教材。

本书共分7大项目，包括数控车床的基本操作、轴类零件的加工、盘套类零件加工、螺纹零件加工以及子程序、宏程序、自动编程等内容。每个项目根据加工难易程度或加工对象的不同又由1~4个任务组成，每个任务包括任务描述、知识链接、任务实施、考核评价等。

本书将企业真实产品加工以“产训”结合的形式与教学有机地结合在一起，在注重数控车床技能训练的同时将职业化的认知与体验融入一体化教学中。通过任务工作页的贯穿，学生在完成工作任务的同时，能够了解精益标准化车间的管理与建设，掌握精益生产质量控制、计划管理、现场管理的内涵与流程。通过生产任务的实施与工艺优化，完成相关生产管理数据的记录，掌握与认知生产岗位职责，懂得岗位责任的意义。

本书按96学时设计，用于数控车削加工理论与实训教学，工作任务选用企业或生产中的典型零件统领整个教学内容；本教材强化知识技能与专业技能的综合职业性培养，以手册为引导，在纵向深化专业技能的同时，以职业养成、职业标准建立为横向技能拓展方向，完成技术技能型人才的培养。具体各教学单元及学时安排请参考下表，各校可以根据实际情况选学部分项目或任务。

“数控车削编程与加工项目化教程”教学组织实施表

课程项目序别		学生课堂学习任务	课堂教学内容	学时分配
1	项目1：圆弧轴零件的数控加工认识	任务1.1：数控车床的面板操作	1. MDI面板与控制面板指令认知、操作 2. 开机及回参考点操作及原理 3. 熟练操作控制面板，启动机床主轴正转，输入程序 4. 对刀流程操作	4

续表

课程项目序别		学生课堂学习任务	课堂教学内容	学时分配
1	项目1：圆弧轴零件的数控加工认识	任务1.2：认识数控机床	1. 数控加工技术应用及前景 2. 数控车床的用途、分类、结构原理，位置检测原理 3. 数控车床应用特点 4. 数控机床坐标系	4
2	项目2：定位销轴的加工	任务2.1：异形轴零件数控加工工艺分析	1. 分析零件图纸，认知数控加工工艺特点 2. 分析数控车削加工工艺，确定重要切削参数 3. 编制零件的数控加工工艺卡、数控加工工序卡	4
		任务2.2：精车锥度轴	1. 识读外圆柱面零件图，选择加工刀具、加工参数，编制车削加工工艺文件 2. 常用编程G代码指令及编程方法，应用G01/G00/G96等代码，进行零件加工程序指令编制 3. 操作数控车床加工外圆柱面零件	4
		任务2.3：粗精车阶梯轴	1. 识读外阶梯轴零件图，选择加工刀具、加工参数编制阶梯轴零件的工艺文件 2. 应用G90/G00/G01/M05/M30等代码，编写零件加工程序 3. 操作数控车床加工阶梯轴类零件	4
		任务2.4：粗精加工定位销轴零件	1. 识读定位销轴零件图，选择加工刀具、加工参数编制定位销轴零件的数控车削加工工艺文件 2. G94/G71/G70等代码的认知、应用与零件加工程序的编制 3. 操作数控车床加工定位销轴零件	4
3	项目3：盘套零件的加工	任务3.1：圆弧手柄零件的加工	1. 识读球手柄的零件图，选择加工工具、加工参数编制零件的工艺文件 2. G02/G03/G73等指令代码的认知、应用与零件加工程序的编制 3. 操作数控车床仿真加工球头手柄零件 4. 刀具补偿功能定义、功能与应用及刀尖圆弧半径补偿指令G40/G41/G42的认知，零件加工程序的编制	8
		任务3.2：盘套类零件的加工	1. 编制盘套类零件制造工艺卡 2. 操作数控车床加工盘套类零件	4

续表

课程项目序别		学生课堂学习任务	课堂教学内容	学时分配
4	项目4：螺纹轴的加工	任务4.1：外沟槽零件的加工	1. 识读外沟槽零件的零件图，选择加工刀具、参数，编写工艺文件 2. 相关G75沟槽指令代码的认知、应用与零件加工程序的编制 3. 操作数控车床仿真加工外沟槽零件并检验	4
		任务4.2：螺纹轴的加工	1. 识读螺纹轴零件图，选择加工刀具、参数，编制零件的加工工艺文件 2. 应用G32/G92/G76指令代码编制螺纹加工程序 3. 操作数控车床加工螺纹轴，并检验	4
5	项目5：多槽轴的加工	任务5.1：多槽轴零件的加工	1. 子程序的概念及调用编程模式 2. 应用子程序指令代码编制零件加工程序，操作数控车床加工多槽轴零件，并检验	4
		任务5.2：椭圆轴的加工	1. 用户宏程序相关知识概念及应用规律 2. 应用宏程序编制椭圆轴零件的加工程序，操作数控车床加工椭圆轴零件	4
		任务5.3：复杂轴类零件的加工	1. 自动编程相关知识及应用规律 2. 操作UG软件加工复杂轴类零件	4
6	项目6：密封配合短轴组件的加工	任务6.1：6S现场管理活动	1. 6S相关知识 2. 数控车床的维修保养	40
		任务6.2：密封配合短轴的加工与客户移交	1. 识读密封配合短轴配合件图纸信息，编写零件机械加工工艺，加工程序 2. 操作数控车床，完成对刀、输入程序、程序校验、运行程序、产品检验等加工技巧训练 3. 工艺优化与提高生产效率	
7	项目7：企业数控车削加工生产项目	任务7.1：企业数控车削加工生产项目	1. 精益标准化班组建设与管理 2. 车削工时计算 3. 操作数控车床加工生产零件	

遵从教学与认知规律，本教材以任务知识库和学生任务实施工作页两部分构成一册书，任务知识库方便教师教授及学生查找专业知识之用；而学生任务实施工作页，引导学生在课堂实施任务，进行数控车削仿真操作，探究专业知识的规律。

建议本教材教学过程中采取“任务实施工作业指导（学生仿真任务实践+学生实训+课后练习）”的行动导向教学方式。关于任务实施工作业的使用：配合课堂教学，可利用任务实施工作业实施引导文教学法，即按工作页指导，学生进行专业知识学习、仿真技能训练，以及实训学习。通过任务实施工作页后的课后作业加以巩固，做中学，学中练。

本书由济南职业学院李莉、车君华、王勇主编，刘亚丽、夏季梅（山东劳动职业技术学院）、步延生、刘连杰、孙国艳、付敏、李培积任副主编，夏季梅认真审阅了本书。费斯托（中国）有限公司李磊，安德烈斯蒂尔动力刀具有限公司于泽鑫等企业相关工程技术人员对本书的内容、结构等方面提出了许多建设性的建议，在此一并表示衷心的感谢。

由于编者水平有限，加之编写时间仓促，书中难免有疏漏和不妥之处，敬请广大读者批评指正。

编　者

目　　录

项目1　圆弧轴零件的数控加工认知

学习目标

1. 掌握数控机床控制面板主要按钮的含义，安全、规范地进行机床开、关机及刀具移动等操作。

2. 掌握数控机床的操作步骤，熟练使用操作面板的常用功能键。

3. 能够对数控机床进行对刀操作、确定相关坐标系，并设置刀具参数。

4. 能够通过操作面板输入、编辑加工程序。

5. 能够对程序进行校验、单步执行、空运行并完成零件试切。

6. 掌握数控车床结构特点，工件坐标系、机床坐标系，以及数控车削工艺特点等知识。

7. 能够安装和调整数控车床常用刀具。

8. 能够识读工艺卡、刀具卡，运用常用量具测量零件的长度和直径。

任务1.1　数控车床的面板操作

任务描述

表1.1.1所示为生产任务单，需要加工的轴类零件图如图1.1.1所示。现需按图纸精度加工生产，请认真阅读其加工工艺以及加工程序，完成程序录入，并仿真加工该零件，完成零件的检测。零件程序清单如表1.1.2所示。

表1.1.1　生产任务单

<table>
<tr><td colspan="2">单位名称</td><td colspan="5"></td><td>编号</td><td></td></tr>
<tr><td rowspan="3">产品清单</td><td>序号</td><td>零件名称</td><td>毛坯外形、尺寸</td><td>数量</td><td>材料</td><td>出单日期</td><td>交货日期</td><td>技术要求</td></tr>
<tr><td>1</td><td>轴</td><td>$\phi55\times65$</td><td>1</td><td>45钢</td><td></td><td></td><td>见图纸</td></tr>
<tr><td></td><td></td><td></td><td></td><td></td><td></td><td></td><td></td></tr>
<tr><td colspan="5">出单人签字：

日期：　　年　　月　　日</td><td colspan="4">接单人签字：

日期：　　年　　月　　日</td></tr>
</table>

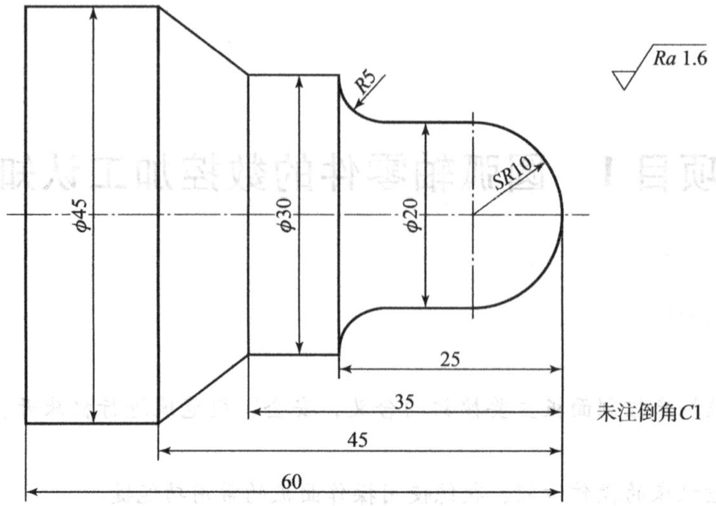

图 1.1.1　圆弧轴零件图

表 1.1.2　零件程序清单

单位名称		零件名称	轴	零件图号	

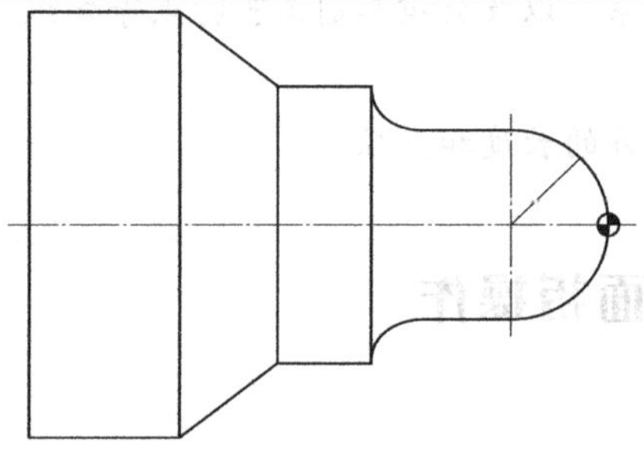

编程原点位置

刀具号	刀具名	刀具作用
01	90°外圆车刀	粗车零件
02	90°外圆车刀	精车零件

程序名	O110

段号	程序段	程序内容注释	段号	程序段	程序内容注释
N1	G99 G97；	机床初始化；	N23	G02 X30.0 Z－25.0 R5.0；	车工件外圆 $R5$ mm
N3	M03 S600；	主轴正转，转速为 600 r/min；	N25	G01 Z－35.0	车削 $\phi30$ mm 外圆面
N5	T0101；	选用 T0101 号刀加工；	N27	X45.0 Z－45.0	车锥面
N7	G00 X58.0 Z0；	快速移至坐标（58，0）点；	N29	Z－63.0	车削 $\phi45$ mm 外圆面
N9	G01 X－1.0 F0.08；	车端面，切削量为 0.08 mm/r；	N31	M03 S1000	主轴转速调至 1 000 r/min
N11	G00 X58.0 Z2.0；	将车刀快速移至（58，2）点；	N33	G70 P17 Q29	精车零件各外圆表面
N13	G71 U1.5 R0.5；	外切粗车循环，背吃刀量为 1.5 mm，退刀量为 0.5 mm	N35	G00 X100.0	车刀快速移至（X100）点
N15	G71 P17 Q29 U0.4 W0.2 F0.15；	粗车循环，进给量为 0.15 mm/r，留余量 X 向 0.4 mm，Z 向0.2 mm；	N37	Z100.0	车刀回换刀点

续表

段号	程序段	程序内容注释	段号	程序段	程序内容注释
N17	G00 X0.0 Z0.0；	刀具加工定位；	N39	M05	主轴停转
N19	G03 X20.0 Z－10.0 R10.0 F0.08；	车削工件外圆 *SR*10 mm 表面，进给量为 0.08 mm/r；	N41	M30；	程序停止，回程序头
N21	G01 Z－20.0；	车削 ϕ20 mm 外圆面			

知识链接：数控车床操作

（一）数控车床的开机与关机

1. 数控车床的开机顺序

数控车床的开机顺序见表 1.1.3。

表 1.1.3　数控车床的开机顺序

第一步：机床开 合上数控车床电气柜总开关，机床正常送电	第二步：系统开 按接通机床 NC 控制面板上的电源后，系统进行自检，自检结束后进入待机状态，可进行正常工作	第三步：解除急停 向右旋转，松开急停开关

2. 数控车床的关机顺序

数控车床的关机顺序见表 1.1.4。

表 1.1.4　数控车床的关机顺序

第一步：按急停 按下控制面板上的“急停”按钮，断开伺服电源	第二步：系统关 按一下系统停止按钮，停止系统	第三步：解除急停 断开机床总电源

（二）FANUC 0i Mate－TC 数控面板操作

1. 操作面板

图 1.1.2 与图 1.1.3 所示为数控车床的操作面板。

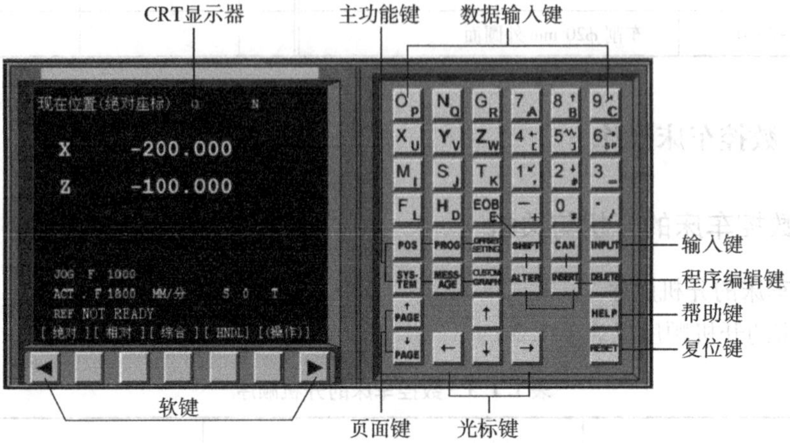

图 1.1.2　FANUC 0i－TC 数控车床（沈阳机床 CAK6150）MDI（手动数据输入）操作面板

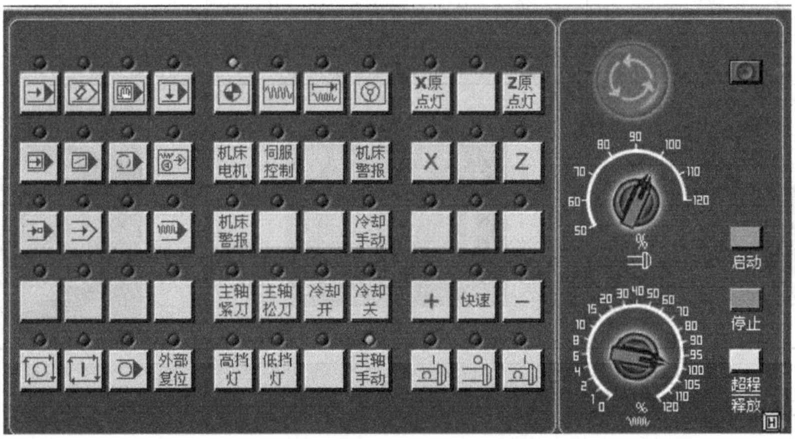

图 1.1.3　FANUC 0i Mate－TC 的系统操作面板

2. 回零功能

正常开机后，操作人员首先应进行回参考点操作（手动），也称回零操作。因为机床断电后就失去了对各坐标位置的记忆，所以在接通电源后，必须让各坐标值回零（增量坐标式机床）。具体步骤为（图 1.1.4）：

（1）按回零键 选择为回零方式。

（2）按轴向选择键，选择“＋X”，待 *X* 轴的参考点指示灯亮，即表示 *X* 轴已完成回参考点的操作。

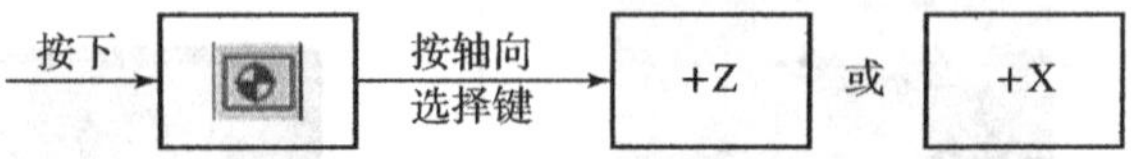

图 1.1.4　回零操作示意图

按轴向选择键，选择“＋Z”，待 *Z* 轴的参考点指示灯亮，即表示 *Z* 轴已完成回参考点的操作。

注意：如果出现下面几种情况必须重新进行回零操作：

①机床关机后重新接通电源。

②机床解除急停状态后。

③机床超程解除后。

④数控车床在“机床锁定”状态下进行程序空运行操作后。

3. 手动功能

1）手动方式进给

（1）将机床控制面板中的工作方式按键选择为“JOG”方式。

（2）按机床操作面板上的轴/位置选择按键“+X”“-X”“+Z”“-Z”，机床沿选定轴方向运动。手动连续进给速度可使用进给倍率旋钮开关进行调节。若同时按压快速进给按键，可使相应进给轴实现快速移动。

2）手摇进给

手摇操作步骤如图1.1.5所示。

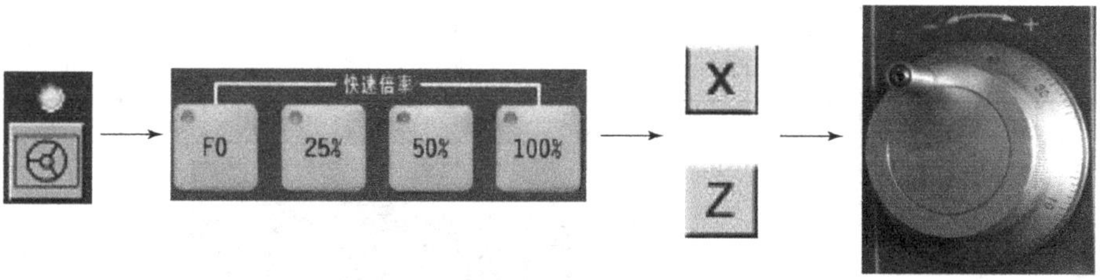

图1.1.5 手摇操作步骤示意图

将工作方式按键选择为“手摇”方式，此时手摇脉冲发生器手轮起作用。通过“轴选择”按钮选择 *X* 或 *Z* 方向，同时选择好速度倍率，即速度变化按键分别选择“×1”“×10”“×100”（单位为：0.001 mm），旋转手轮实现移动。在这种方式下，也能实现单步移动功能，通过轴/位置选择按键“+X”“-X”“+Z”“-Z”，按所选定的轴方向实现增量移动。

3）主轴控制

主轴手动控制由机床控制面板上的主轴控制按键完成。在手动方式下，分别按一下“正转”“反转”“停止”按键，主轴即执行相应的动作。主轴旋转的速度可通过主轴修调按键的“主轴减少”“主轴增加”“主轴100%”来调节，如表1.1.5所示。

表1.1.5 主轴控制示意

主轴正转　主轴停止　主轴反转	在自动或MDI方式下，当S代码的主轴速度偏高或偏低时，可用来修调程序中编制的主轴速度
	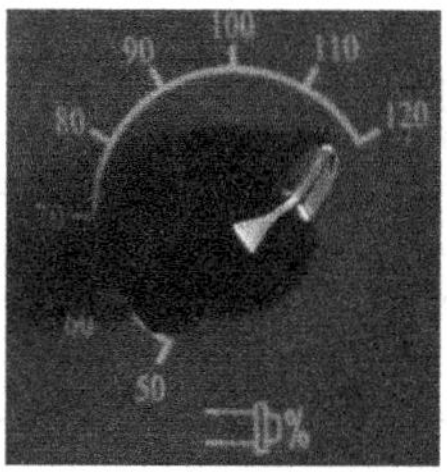

4. 坐标系设置

坐标系数据的设置操作步骤如下：

（1）按下功能键“OFFSET/SETTING”。

（2）按菜单所对应的“坐标系”软键。

（3）按光标移动键选择 G54～G59 中相对应的坐标系。

（4）将光标移至坐标系需要偏置的 *X* 或 *Z* 轴上，输入要求的偏置量，按输入键“INPUT”完成坐标系设置。

5. MDI 功能

MDI 方式具有两个功能，一是修改系统参数，二是从 MDI 操作面板输入一个程序段的指令并执行该程序段的功能。将工作方式选择按键选择为“MDI”方式，按显示程序功能键“PROG”，输入一个程序段后按“INSERT”按键，按“循环启动”按钮，系统即开始运行所输入的 MDI 指令，如表 1.1.6 所示。

表 1.1.6　MDI 操作示意

按 MDI 软键，或 MDI 键	按 PROG 键	输入程序段后，按 INSERT 键	显示屏上将显示所输入的指令字	按循环启动键，进入执行状态
			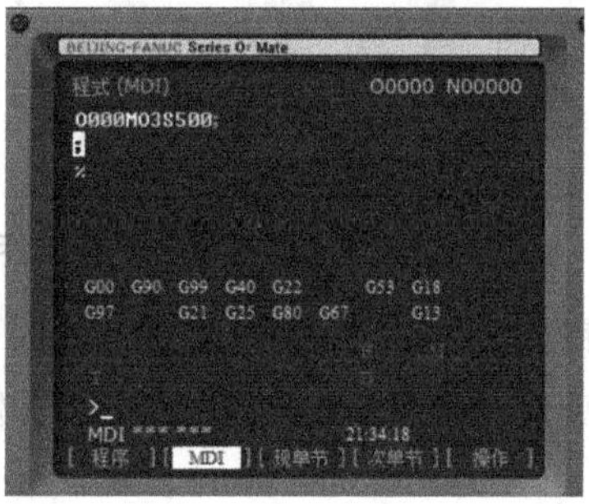	

注意：MDI 方式下，同一程序段的指令如要多次执行，必须重新输入，一次只能执行一个程序段。

6. 编辑功能

1）程序检索

如表 1.1.7 所示，方式选择为“EDIT”方式，按功能键中的“PROG”键，再输入“O××××”（程序名），按软键“DIR”，此时，显示文件清单。

表 1.1.7　程序检索操作示意

“EDIT”编辑方式	按“PROG”键	输入程序名	按软键“DIR”

2）输入新的加工程序

（1）将工作方式选择为“EDIT”方式。

（2）按程序功能键“PROG”，进入程序编辑画面。

（3）输入新的程序号（如：O0001），按“EOB”键，按“INSERT”键，完成新程序号的输入。

（4）输入整个程序后，再按“RESERT”键使光标返回到程序的起始位置。

在输入指令时，地址或字不会马上进入程序段中，而首先在临时内存中，如果发现输入到临时内存中的地址或字有错误，则按“CAN”键清除。在按下“INSERT”键后，临时内存中的地址或字才会真正输入数控系统内存中。如果发现输入内存中的地址或字有错误，把光标移至错误的字下，可以按下面两种方式进行修改：

①重新输入正确的字，然后按“ALTER”键进行替换。

②把光标移动到错误的字下，按“DELETE”键删除错误的字，重新输入正确的字。

3）删除程序

（1）方式选择为“EDIT”方式，按“PROG”键。

（2）在键盘上输入“O××××”（要删除的程序名），按“DELETE”键，程序删除。

7. 自动功能

自动操作（AUTO）方式是按照程序的指令控制机床连续自动加工的操作方式，自动操作方式所执行的程序在循环启动前已装入数控系统的存储器内，所以，这种方式又称为存储程序操作方式。其基本步骤如表1.1.8所示。

表1.1.8　自动操作执行程序示意

选择自动操作方式（或自动+单段）	选择要执行的程序，按下“循环启动”按钮，在MDI上按下“检视”软键	自动加工开始，出现检视视窗，观察加工参数，循环启动指示灯灭，加工结束
 自动  单段		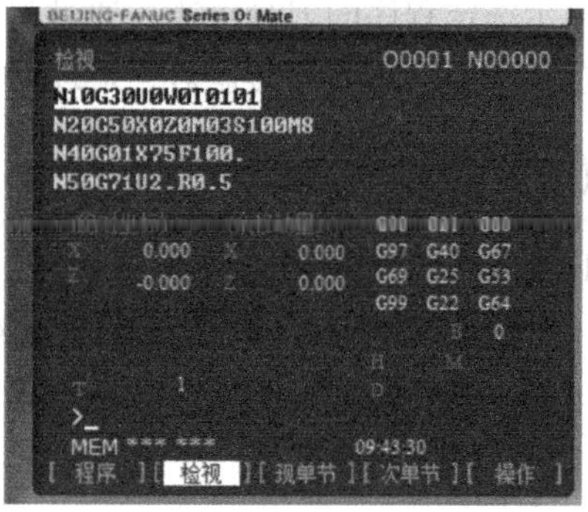

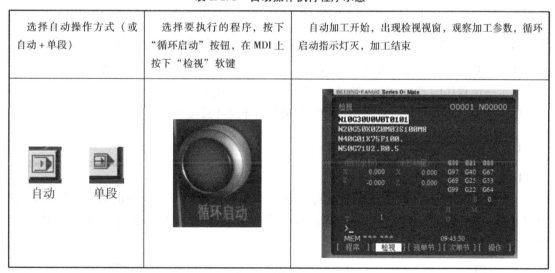

程序自动运行在下列情况下会被暂停：

（1）按下“进给保持”键，进给暂停指示灯亮，此时按下“循环启动”按钮，程序恢复自动运行。

（2）程序执行了M00指令，暂停，此时按下“循环启动”按钮，程序恢复自动运行。

（3）在程序选择停开关处于接通状态时，程序执行了M01指令，按下“循环启动”按钮，程序恢复自动运行。

（4）单程序段开关接通，执行一个程序段就暂停，按下“循环启动”按钮，程序继续运行，但只要单程序段开关不关掉，每按一次“循环启动”按钮只执行一个程序段。

8. 显示功能

1）位置显示

FANUC 系统可以以三种方式显示坐标：绝对坐标、相对坐标和综合坐标，如图 1.1.6 所示。不同坐标显示间的切换按软键上的相应按键。

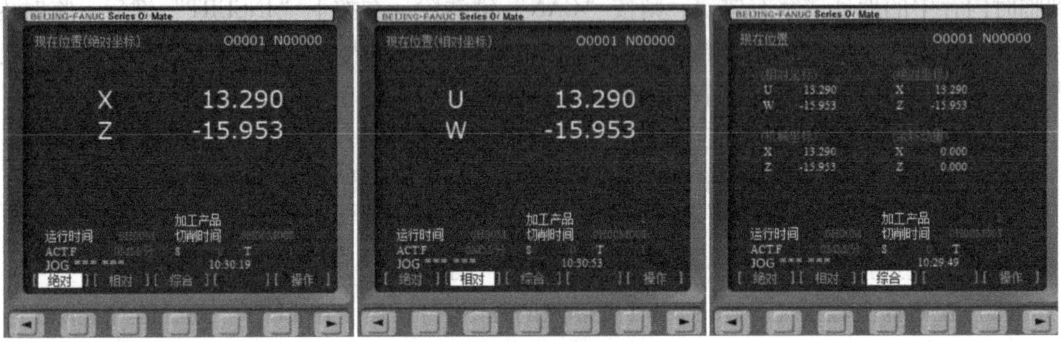

（a）　　（b）　　（c）

图 1.1.6　位置显示

（a）绝对坐标显示；（b）相对坐标显示；（c）综合坐标显示

2）图形模拟

FANUC 0i Mate – TC 系统提供有图形模拟功能，图形模拟的方式是在自动方式下打开加工程序，开启“机床锁住”和“空运行”功能，按面板上的“CUSTOM/GRAPH”按键，进入图形显示画面。按菜单所对应的“G. PRM”绘图参数画面软键，进行绘图参数的设置（包括工件毛坯尺寸及图形大小等），按菜单所对应的“PROCES”软键后，便在画面上显示选定程序的刀具轨迹，通过观察其轨迹可以检查加工过程。

注：解除机床锁住功能后，应进行回零操作，并且将空运行功能关闭。

（三）数控车床的对刀操作

1. 数控车床的对刀方法

工件坐标系的工件原点只能通过对刀操作来确定。数控车床常用的对刀方法有试切对刀、机械检测对刀仪对刀（接触式）和光学检测对刀仪对刀（非接触式）三种，如图 1.1.7 所示。

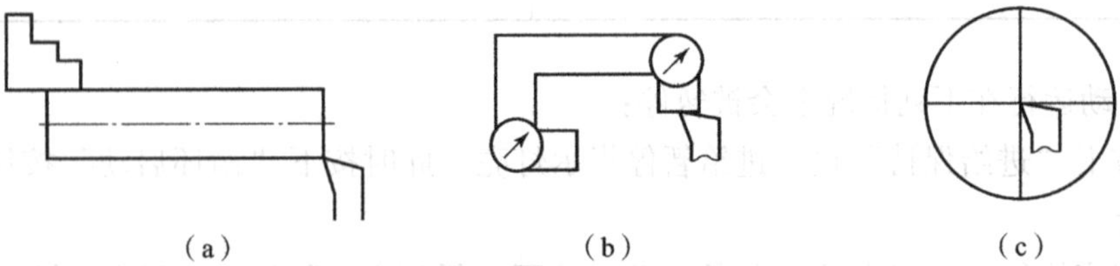

（a）　　（b）　　（c）

图 1.1.7　数控车床的对刀方法

（a）试切对刀；（b）机械检测对刀仪对刀；（c）光学检测对刀仪对刀

2. FANUC 0i－TC系统数控车床设置工作零点的方法及步骤

1）直接用刀具试切对刀

（1）车削外圆：点击操作面板上的“手动”按钮，机床进入手动操作模式，点击控制面板上的[X]按钮，使*X*轴方向移动指示灯变亮[X]，点击[+]或[-]，使机床在*X*轴方向移动；点击操作面板上的主轴正转按钮，使主轴转动。再点击“*Z*轴方向选择”按钮[Z]，使*Z*轴方向指示灯变亮[Z]，点击[-]按钮，用所选刀具来试切工件外圆，*X*方向保持不动，刀具沿*Z*方向退出。

测量切削位置的直径：点击操作面板上的主轴停止按钮，点击[OFFSET SETTING]按钮，先按“补正”键，再按“形状”键，输入外圆测量值，如“X32.12”，再按“测量”键，刀具“X”补偿即自动输入几何形状里，如图1.1.8左图所示。

（2）车削端面：点击操作面板上的主轴正转按钮，主轴转动。将刀具移至工件附近位置，切削工件端面。然后按[+]按钮，*Z*方向保持不动，刀具沿*X*方向退出。点击操作面板上的“主轴停止”按钮，使主轴停止转动。把光标定位在需要设定的坐标系上。在MDI键盘面板上按下需要设定的轴“Z”键。输入工件坐标系原点的距离“Z0.0”，按“测量”键，刀具“Z”补偿即自动输入几何形状里，如图1.1.8右图所示。

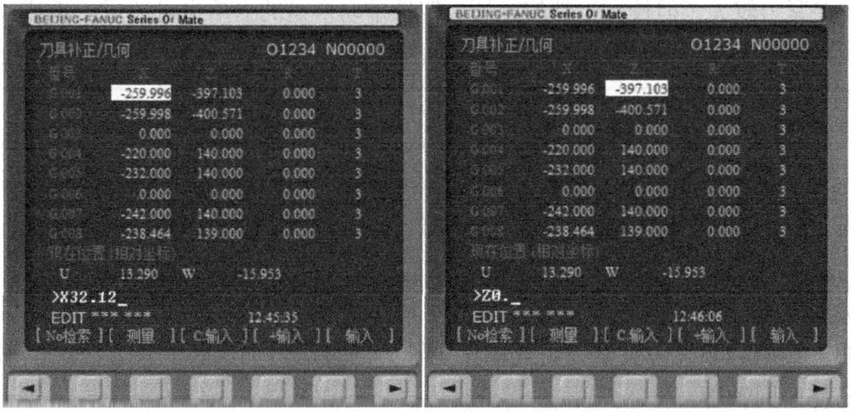

图1.1.8 刀具偏置补偿画面

2）用G55～G59设置工件零点

用外圆车刀先试切一外圆，按[OFFSET SETTING]按键，再按[◄]键，找到［坐标系］，如选择G54，输入“X0.0Z0.0”，按“测量”键，工作坐标即存入G54里，程序直接调用。例如：G54X60.0Z50.0。

（四）工件的装夹与刀具的安装

1. 常用夹具介绍

车床上常备有卡盘、花盘、顶尖、中心架和跟刀架等附件，用于工件的装夹。

1）三爪卡盘

三爪卡盘如图 1. 1. 9（a）、（b）所示，是数控车床最常见的通用夹具，其最大的优点是可以自动定心。它的夹持范围大，但定心精度不高，不适合于零件同轴度要求较高时的二次装夹。液压卡盘装夹迅速、方便，但夹持范围小，尺寸变化大时，需重新调速卡爪的位置。自定心卡盘的卡爪可以装成正爪，实现由外向内夹紧；也可以装成反爪，实现由内向外夹紧，即撑夹（反夹）。正爪夹持工件时，直径不能太大，卡爪伸出卡盘外圆的长度不应超过卡爪长度的1/3，以免发生事故。反爪可以夹持直径较大的工件。

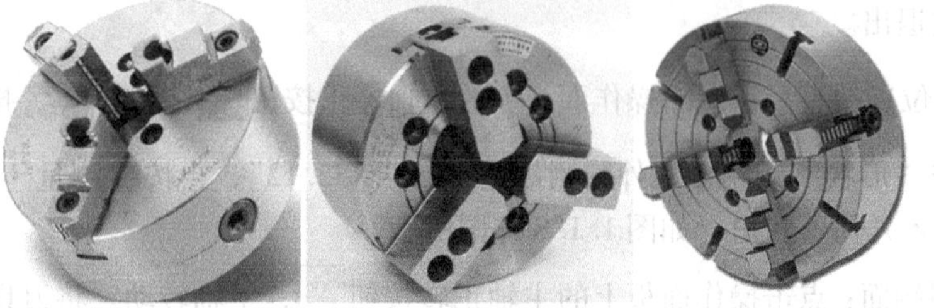

（a）　　（b）　　（c）

图 1. 1. 9　三爪卡盘与四爪卡盘

（a）机械式三爪卡盘；（b）液压式三爪卡盘；（c）四爪卡盘

2）四爪卡盘

四爪卡盘（图 1. 1. 9（c））的四个卡爪能各自独立地径向移动，分别通过四个调整螺钉进行调整。其夹紧力较大，但校正工件较麻烦。四爪单动卡盘的卡爪也可装成正爪或反爪。四爪卡盘用于加工精度不高、偏心距较小、长度较短的不规则零件，一般用于单件、小批量生产。

2. 工件的安装与找正

用划针盘找正外圆。找正时，先使划针稍离工件外圆，如图 1. 1. 10（a）所示，慢慢地旋转卡盘，观察工件表面与针尖之间间隙的大小。然后根据间隙的差异来调整相对卡爪的位置，其调整量约为间隙差异值的 1/2。经过几次调整，直到工件旋转一周，针尖与工件表面距离均等为止。也可用百分表找正。

两顶尖安装工件的方法如图 1. 1. 11（a）、1. 1. 11（b）所示，工件支撑在前后两顶尖之间，工件的一端用鸡心夹头夹紧，由安装在主轴上的拨盘带动旋转。该方法定位精度高，能保证轴类零件的同轴度。

在车削较重、较长的轴体零件时，可采用一端夹持，另一端用后顶尖顶住的方式安装工件，这样会使工件更为稳固，从而能选用较大的切削用量进行加工。为了防止工件因切削力作用而产生轴向窜动，必须在卡盘内装一限位支承，或用工件的台阶作限位，如图 1. 1. 12 所示。此装夹方法比较安全，能承受较大的轴向切削力，故应用很广泛。

3. 数控车床常用刀具的种类

车刀在结构上可分为整体刀具、焊接式车刀和机夹式车刀三大类，如图 1. 1. 13 所示。数控车床加工时，能根据程序指令实现自动换刀。为缩短数控车床的准备时间，适应柔性加工需要，数控车刀不仅要求其刚性好、切削性能好、耐用度高，而且要求安装、调整、刃磨方便，断屑及排屑性能好。因此，数控车床加工中常使用标准的机夹式可转位车刀。其主要目的是对刀便捷，缩短辅助时间，有利于加工的规范性。

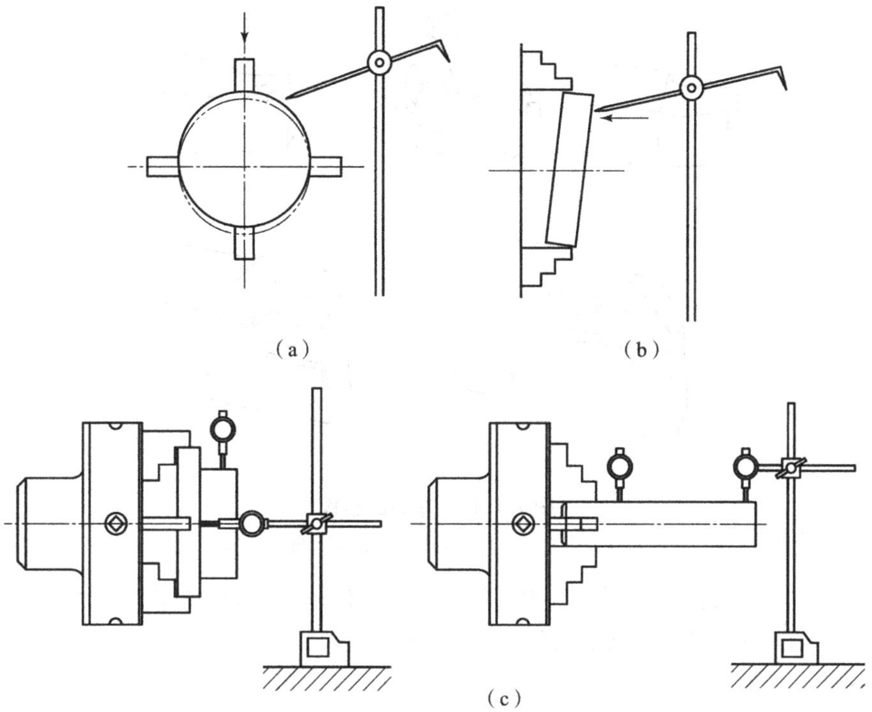

图 1.1.10 用划针盘校正工件

(a) 校正外圆；(b) 校正平面；(c) 用百分表校正工件

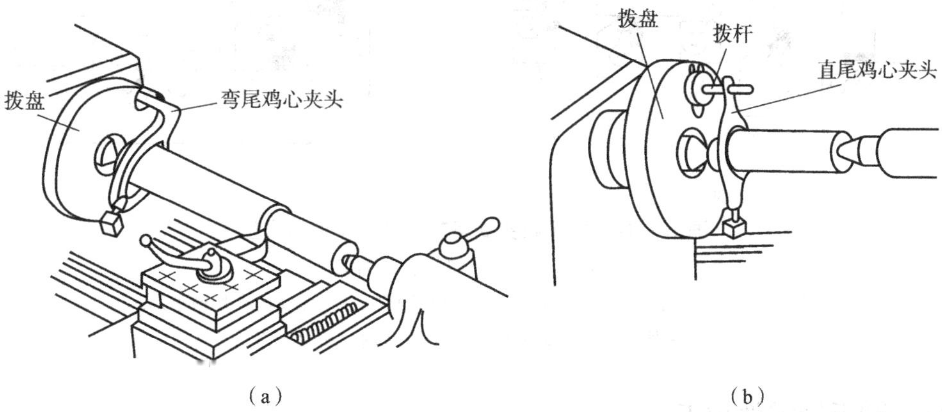

图 1.1.11 用鸡心夹头两顶尖装夹工件

(a) 弯尾鸡心夹头装夹；(b) 直尾鸡心夹头装夹

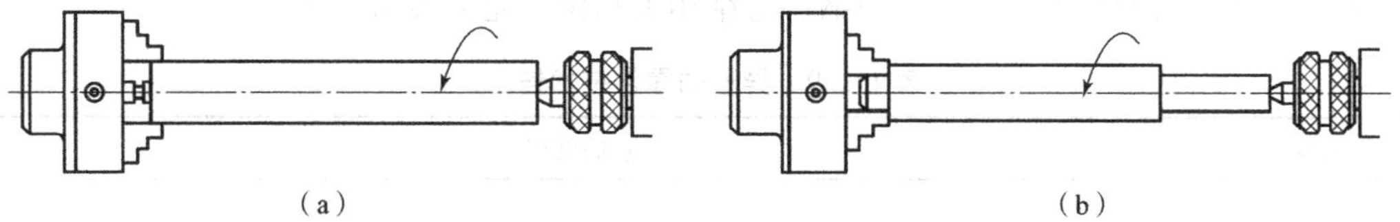

图 1.1.12 一夹一顶安装工件

(a) 用限位支承；(b) 用工件台阶限位

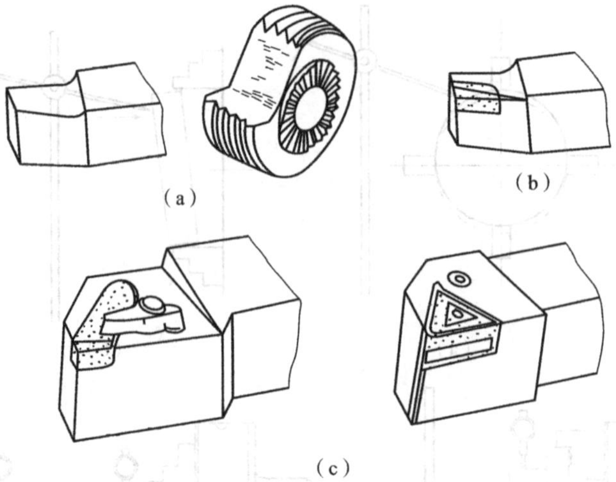

图 1.1.13　车刀的结构

(a) 整体车刀；(b) 焊接式车刀；(c) 机夹式车刀

根据零件被加工表面的不同，常用的机夹式可转位车刀可分为外圆车刀、内孔车刀、端面车刀、切槽车刀和螺纹车刀等，如图 1.1.14 所示。

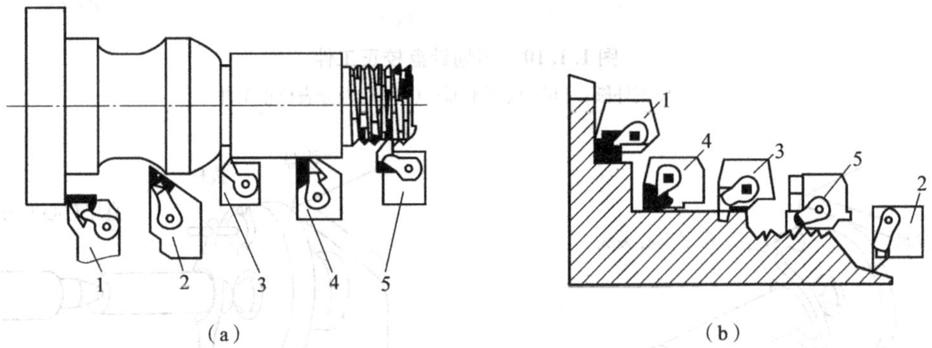

图 1.1.14　常用机夹式可转位数控车刀的类型

(a) 外形加工；(b) 内形加工

1—外（内）端面车刀；2—外（内）轮廓粗车刀；3—外（内）切槽车刀；

4—外（内）轮廓精车刀；5—外（内）螺纹车刀

工作页：圆弧轴零件加工

1. 信息、决策与计划

分析零件的图纸及工艺信息，归纳、总结相关知识，完善表 1.1.9。

表 1.1.9　异形轴零件技术信息

信息内容（问题）	信息的处理及决策
$\sqrt{Ra\ 1.6}$	解释其含义：

续表

信息内容（问题）	信息的处理及决策	
ϕ45、45 尺寸的加工精度	查阅表格，确定该尺寸的上下偏差：	
机床选择	观察零件图，为加工该零件选择合适的机床： 普通车床（ ）数控车床（ ）	分析原因：
刀具选择	观察零件图，为加工该零件选择合适的刀具： 主偏角 45°刀（ ）主偏角 90°刀（ ）	分析原因：
进给量选择	解释进给量 F0.15 的含义：	粗加工与精加工所选取的进给量一样吗？请写出原因。
程序信息	主轴正转指令： 主轴停转指令： 程序停止，回程序头：	
本零件程序命名	本程序名：	分析命名规律：

2. 任务实施

（1）请写出数控机床的开机顺序。

（2）请写出数控车床的关机顺序。

（3）请写出如何进行数控车床回参考点功能操作。

（4）请写出手动操作步骤，并将刀架沿 *X*/*Z* 轴方向移动。

（5）请写出如何进行 MDI 功能操作，让机床主轴正转。

（6）在 MDI 方式下，输入的程序会自动储存吗？

（7）如何进入编辑功能？其步骤是什么？

（8）写出输入新的加工程序的步骤。

（9）如何进行程序自动运行？

（10）“位置显示”键是哪一个？

（11）请阐述试切法对刀操作的步骤。

3. 检查与评价

填写表 1.1.10。

表 1.1.10　评价表

<table>
<tr><td colspan="2">零件名称</td><td colspan="2"></td><td>零件图号</td><td>操作人员</td><td></td><td colspan="2">完成工时</td><td></td></tr>
<tr><td>序号</td><td colspan="3">鉴定项目及标准</td><td>配分</td><td>评分标准（扣完为止）</td><td>自检结果</td><td>得分</td><td>互检结果</td><td>得分</td></tr>
<tr><td>1</td><td rowspan="7">任务实施</td><td colspan="2">工件安装</td><td>5</td><td>装夹方法不正确扣分</td><td></td><td></td><td></td><td></td></tr>
<tr><td>2</td><td colspan="2">刀具安装</td><td>5</td><td>刀具装夹不正确扣分</td><td></td><td></td><td></td><td></td></tr>
<tr><td>3</td><td colspan="2">程序录入</td><td>30</td><td>程序输入不正确每处扣 1 分</td><td></td><td></td><td></td><td></td></tr>
<tr><td>4</td><td colspan="2">量具使用</td><td>5</td><td>量具使用不正确每次扣 1 分</td><td></td><td></td><td></td><td></td></tr>
<tr><td>5</td><td colspan="2">对刀操作</td><td>5</td><td>对刀不正确，每步骤扣 2 分</td><td></td><td></td><td></td><td></td></tr>
<tr><td>6</td><td colspan="2">完成工时</td><td>5</td><td>每超时 5 min 扣 1 分</td><td></td><td></td><td></td><td></td></tr>
<tr><td>7</td><td colspan="2">安全文明</td><td>5</td><td>撞刀、未清理机床和保养设备扣 5 分</td><td></td><td></td><td></td><td></td></tr>
<tr><td rowspan="3">8</td><td rowspan="5">工件质量</td><td rowspan="2">ϕ30 mm</td><td>上偏差：</td><td rowspan="2">10</td><td rowspan="2">超差扣 5 分</td><td rowspan="2"></td><td rowspan="2"></td><td rowspan="2"></td><td rowspan="2"></td></tr>
<tr><td>下偏差：</td></tr>
<tr><td colspan="2">Ra1.6 μm</td><td>5</td><td>降一级扣 1 分</td><td></td><td></td><td></td><td></td></tr>
<tr><td rowspan="2">9</td><td rowspan="2">60 mm</td><td>上偏差：</td><td rowspan="2">15</td><td rowspan="2">超差扣 10 分</td><td rowspan="2"></td><td rowspan="2"></td><td rowspan="2"></td><td rowspan="2"></td></tr>
<tr><td>下偏差：</td></tr>
<tr><td>10</td><td>专业知识</td><td colspan="2">任务单题量完成质量</td><td>10</td><td>未完成一道题扣 2 分</td><td></td><td></td><td></td><td></td></tr>
<tr><td colspan="2">合计</td><td colspan="2"></td><td>100</td><td></td><td></td><td></td><td></td><td></td></tr>
</table>

4. 思考与拓展

请分析程序名是如何组成的？程序的构成有哪些？

任务 1.2　认识数控车床

任务描述

执行对刀操作，完成如图 1.2.1 所示光轴右端的加工。材料为 45 钢，毛坯尺寸为 ϕ41 mm × 80 mm。

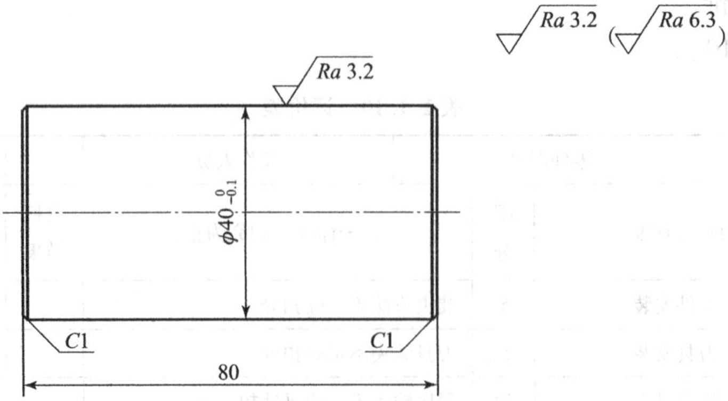

图 1.2.1　光轴零件图

认知数控车床知识链接

（一）数控车床（CNC Lathe）的发展

数控车床又称为 CNC 车床，即计算机数字控制车床，是目前国内使用量最大、覆盖面最广的一种数控机床，约占数控机床总数的 25%。数控机床是集机械、电气、液压、气动、微电子和信息等多项技术于一体的机电一体化产品，是机械制造设备中具有高精度、高效率、高自动化和高柔性化等优点的工作母机，主要用于轴类和盘类回转体零件的加工，能够通过程序控制自动完成内外圆柱面、圆锥面、圆弧面、螺纹等工序的加工，并可进行切槽、钻、扩、铰孔和各种回转曲面的加工，精度稳定性好，操作劳动强度低，特别适用于复杂形状的零件或中小批量零件的加工。

1952 年，第一台数控机床问世，成为世界机械工业史上一件划时代的事件，推动了自动化的发展。

数控是数字控制（Numerical Control，NC）的简称，是指用数字、文字和符号组成的数学指令来实现一台或多台机械设备动作控制的技术。数控技术也叫计算机数控技术（Computer Numerical Control），简称 CNC，是一种采用通用或专用计算机实现数字程序控制系统的自动化机床，该控制系统（即数控系统，是数字控制系统简称，英文名称为 Numerical Control System）能够逻辑地处理具有控制编码或其他符号指令规定的程序，并将其译码，从而使机床动作并加工零件。数控技术是与机床控制密切结合发展起来的。它所控制的通常是位置、角度和速度等机械量和与机械能量流向有关的开关量，如图 1.2.2 所示。

（二）数控车床的分类

数控车床品种繁多，规格不一，可按如下方法进行分类：

1. 按车床主轴位置分类

1）立式数控车床

立式数控车床简称为数控立车，其车床主轴垂直于水平面，具有一个直径很大的圆形工作台，用来装夹工件，如图 1.2.3（a）所示。

这类机床主要用于加工径向尺寸大、轴向尺寸相对较小的大型复杂零件。

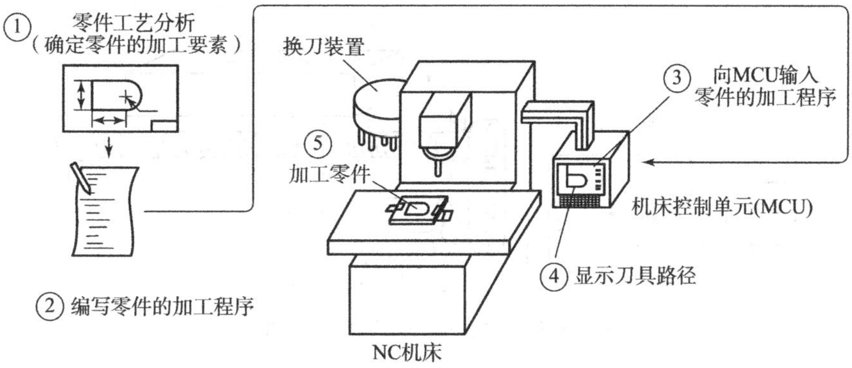

图 1.2.2 数控机床工作原理示意图

2）卧式数控车床

卧式数控车床又分为数控水平导轨卧式车床和数控倾斜导轨卧式车床。其倾斜导轨结构可以使车床具有更大的刚性，并易于排除切屑，如图 1.2.3（b）所示。

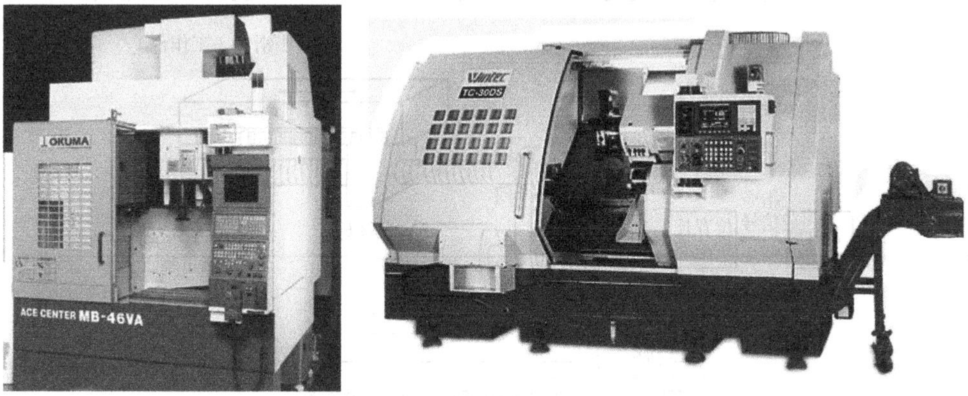

（a）　　（b）

图 1.2.3 数控车床按主轴位置分类

（a）立式数控车床；（b）卧式数控车床

2. 按数控系统控制方式分类

按控制方式可将数控车床分为开环控制数控车床、闭环控制数控车床、半闭环控制数控车床和混合控制数控车床 4 种。下面主要介绍前 3 种数控车床。

1）开环控制数控车床

这类控制的数控车床是其控制系统没有位置检测元件，伺服驱动部件通常为反应式步进电动机或混合式伺服步进电动机。数控系统每发出一个进给指令，经驱动电路功率放大后，驱动步进电动机旋转一个角度，再经过齿轮减速装置带动丝杠旋转，通过丝杠螺母机构转换为移动部件的直线位移。移动部件的移动速度与位移量是由输入脉冲的频率与脉冲数所决定的。此类数控车床的信息流是单向的，即进给脉冲发出去后，实际移动值不再反馈回来，所以称为开环控制数控车床，如图 1.2.4 所示。开环控制系统的数控车床结构简单，成本较低。但是，系统对移动部件的实际位移量不进行监测，也不能进行误差校正。开环控制系统仅适用于加工精度要求不太高的中小型数控车床，特别是简易经济型数控车床。

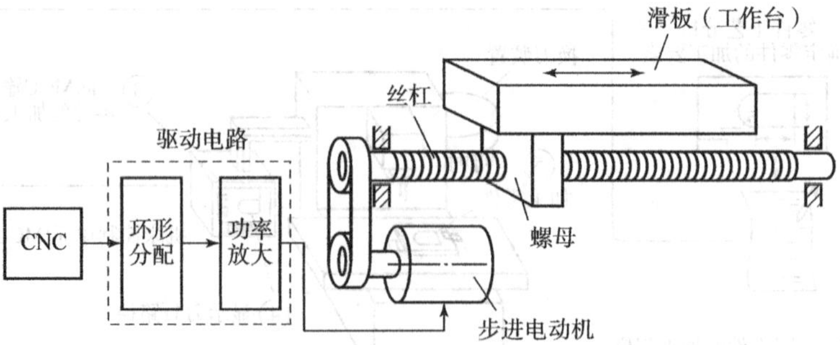

图 1.2.4　数控车床开环控制进给系统

2）闭环控制数控车床

闭环控制数控车床是在车床移动部件上直接安装直线位移检测装置，直接对工作台的实际位移进行检测，将测量的实际位移值反馈到数控装置中，与输入的指令位移值进行比较，用差值对车床进行控制，使移动部件按照实际需要的位移量运动，最终实现移动部件的精确运动和定位。这类控制的数控车床，因把车床工作台纳入了控制环节，故称为闭环控制数控车床，如图 1.2.5 所示。闭环控制数控车床的定位精度高，但调试和维修都较困难，系统复杂，成本高。

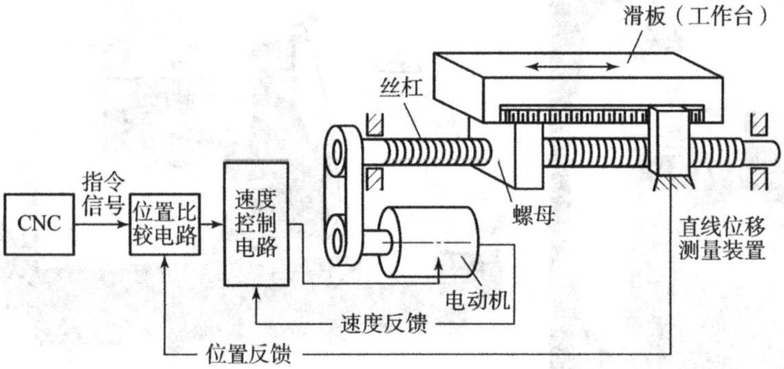

图 1.2.5　数控车床闭环控制进给系统

3）半闭环控制数控车床

半闭环控制数控车床是在伺服电动机的轴或数控车床的传动丝杠上装有角位移电流检测装置（如光电编码器等），通过检测丝杠的转角间接地检测移动部件的实际位移，然后反馈到数控装置中去，并对误差进行修正。由于工作台没有包括在控制回路中，因而称为半闭环控制数控车床。半闭环控制数控系统的调试比较方便，并且具有很好的稳定性。目前大多将角度检测装置和伺服电动机设计成一体，这样使结构更加紧凑，如图 1.2.6 所示。

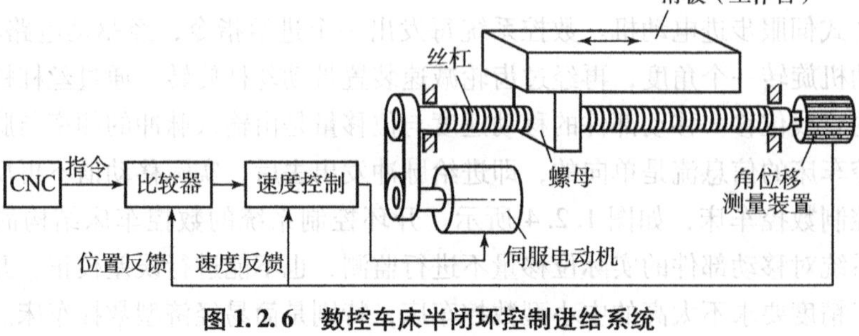

图 1.2.6　数控车床半闭环控制进给系统

3. 按刀架数量分类

1）单刀架数控车床

数控车床一般都配置有各种形式的单刀架，如四工位卧动转位刀架或多工位转塔式自动转位刀架，如图 1.2.7（a）所示。

2）双刀架数控车床

这类车床的双刀架配置平行分布，也可以是相互垂直分布，如图 1.2.7（b）所示。

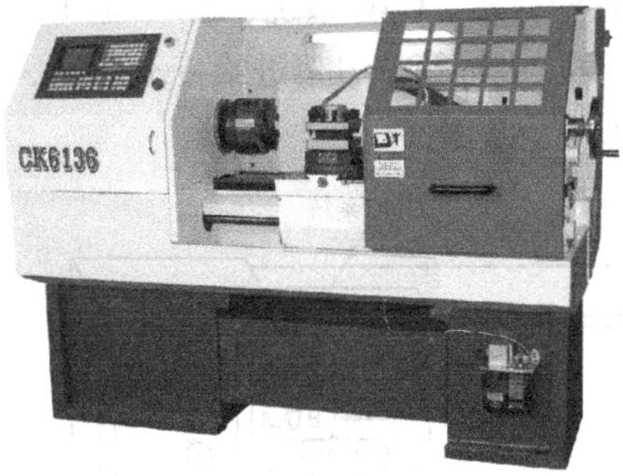

（a）

（b）

图 1.2.7 数控车床按刀架数量分类

（a）单刀架数控车床；（b）双刀架数控车床

4. 按功能分类

1）经济型数控车床

采用步进电动机和单片机对普通车床的进给系统进行改造后形成的简易型数控车床，成本较低，但自动化程度和功能都比较差，车削加工精度也不高，适用于要求不高的回转类零件的车削加工。

2）普通数控车床

根据车削加工要求在结构上进行专门设计并配备通用数控系统而形成的数控车床，数控系统功能强，自动化程度和加工精度也比较高，适用于一般回转类零件的车削加工。这种数控车床可同时控制两个坐标轴，即 X 轴和 Z 轴。

3）车削加工中心

在普通数控车床的基础上，增加了 C 轴和动力头，更高级的数控车床带有刀库，可控制 X、Z 和 C 三个坐标轴，联动控制轴可以是（X、Z）、（X、C）或（Z、C）。由于增加了 C 轴和铣削动力头，这种数控车床的加工功能大大增强，除可以进行一般车削外还可以进行径向和轴向铣削、曲面铣削、中心线不在零件回转中心的孔和径向孔的钻削等加工。

5. 按可控制轴数分类

1）两轴控制

当机床上只有一个回转刀架时，可以实现两坐标轴控制。当前大多数中小型数控车床采用两轴联运（即 X 轴、Z 轴）。

2）多轴控制

当具有两个回转刀架时，可以实现四坐标轴控制。档次较高的数控车削中心都配备了动力铣头，还有些配备了 Y 轴，使机床不但可以进行车削，还可以进行铣削加工，数控车床的工艺和工序将更加复合化和集中化。

6. 其他分类方法

按照能够控制的刀具与工件间相对运动的轨迹，可将数控车床分为点位控制、点位直线控制和轮廓控制数控车床等。

（三）数控车床的组成及作用

数控车床主要由数控系统（包括数控程序及存储介质、CNC 系统、输入/输出装置、伺服系统、检测和反馈系统）和机床主体（包括床身、主轴箱、刀架进给传动系统、液压系统、冷却系统、润滑系统等）组成，如图 1.2.8 所示。

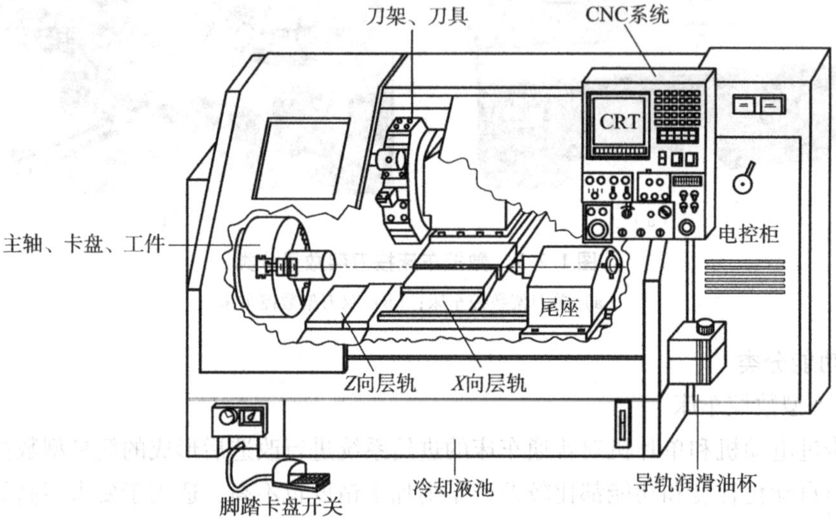

图 1.2.8　全能卧式数控车床结构

1. 数控系统

数控系统用于对机床的各种动作进行自动化控制。我国使用比较多的典型数控系统有日本富士通公司研制开发的 FANUC 系统、德国公司开发研制的 SIEMENS 数控系统，国产的应用较广的有广州数控系统、华中数控系统及北京航天数控系统等。

1）数控程序及存储介质

数控程序是数控车床自动加工零件的工作指令，编制工作可由人工进行，或者在数控车床以外用自动编程计算机系统来完成，比较先进的数控车床可以在数控装置上直接编程。

程序必须存储在某种存储介质中，如纸带、磁带、磁盘或 U 盘等，采用哪一种存储载体，取决于数控装置的设计类型。

2）输入/输出装置

存储介质上记载的加工信息需要通过输入装置输送给机床数控系统，机床内存中的零件加工程序可以通过输出装置传送到存储介质上。输入/输出装置是机床与外部设备的接口，目前输入装置主要有纸带阅读机、软盘驱动器、RS232C 串行通信口和 MDI 方式等，CRT 显示器为最常见的输出装置。

3）CNC 系统

CNC 系统是数控车床的核心，具备的功能有多坐标轴控制、实现多种函数的插补、信息转换（如英制和公制的转换、坐标绝对值和相对值转换）、补偿功能（如刀具半径补偿、长度补偿、传动间歇补偿、螺距误差补偿等）、多种加工方式选择（如可以实现各种加工循环、重复加工）、故障自诊断功能、通信和联网功能等，如图 1. 2. 9 所示。

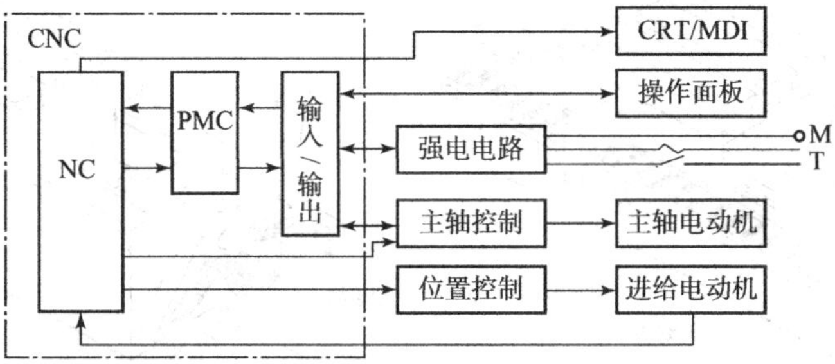

图 1. 2. 9　CNC 机床加工运动示意图

4）伺服系统

伺服系统是数控系统的执行机构，以机床移动部件的位置和速度为控制量的自动控制系统，又称为位置随动系统、驱动系统、伺服机构或伺服单元。分为驱动和执行两大部分，它接收数控系统发出的脉冲指令信息，并按脉冲指令信息的要求控制执行部件的进给速度、方向和位移等，每一脉冲使机床移动部件产生的位移称为脉冲当量。

在数控机床的伺服系统中，常用的伺服驱动元件有功率步进电动机、电液脉冲马达、直流伺服电动机和交流伺服电动机等。

5）检测和反馈系统

检测和速度反馈系统根据要求不断测定运动部件的位置或速度，转换成电信号传输到数控装置中，数控装置将接收的信号与目标信号进行比较、运算，对驱动系统不断进行补偿控制，保证运动部件的运动精度。位移检测装置的分类如图 1. 2. 10 所示。

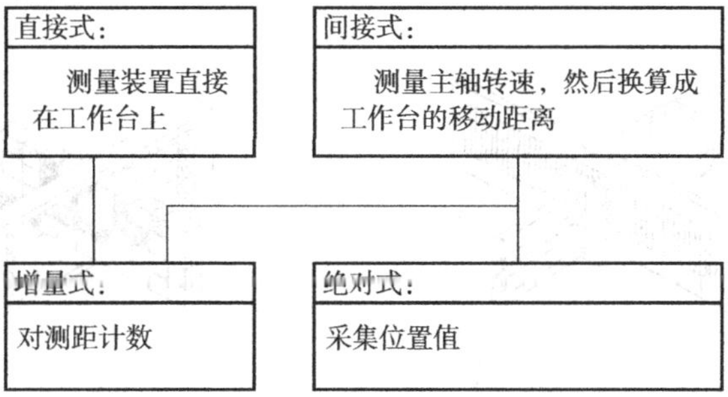

图 1. 2. 10　常用的位移测量系统

位移测量系统发出的测量信号有电感式或光电式。CNC 系统对这些测量信号进行处理。光电式位移测量系统由一个刻度尺或刻度盘与一个扫描装置（测量头）组成。

（1）直接式位移测量系统（图 1. 2. 11（a））。直接测量位移时，测量装置安装在需定位的工作台上。刻度尺可以安装在工作台上，测量头安装在固定机座或移动机座上。为防止污染和损坏，测量装置必须加盖保护。

（2）间接式位移测量系统（图 1. 2. 11（b））。轴编码器的刻度盘与进给主轴固定连接。进给电动机旋转运动时，对经过测量头的刻度盘刻度以及刻度盘圈数进行计数。CNC 系统的软件可以补偿例如因主轴螺距误差所致的系统偏差。测量系统可以全封闭，因此对污损不敏感。

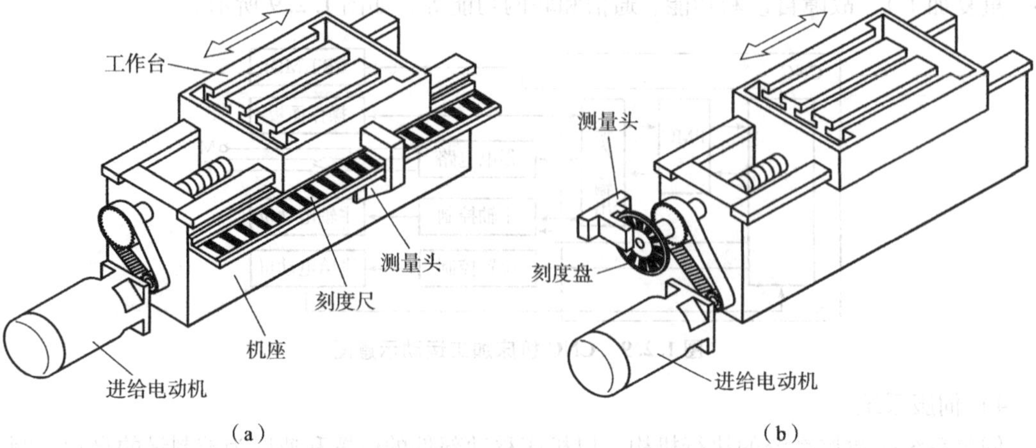

图 1.2.11　直接式与间接式位移测量系统

(a) 直接式位移测量系统；(b) 间接式位移测量系统

(3) 增量式位移测量系统（图 1.2.12 (a)）。这种测量系统中，扫描光栅时将增加或减少等距的测距数量（增量）。计数脉冲的总和相当于工作台的移动距离。与光栅平等刻有已知定位的参考标记，其作用是在停电时或机床电启动时可以确定工作台的位置。

增量式位移测量系统必须在接通供电电源后首先启动参考标记。

(4) 绝对式位移测量系统（图 1.2.12 (b)）。在绝对式位移测量系统中，为每一个测距刻度都分配有一个精确的数字值。扫描装置通过刻度尺上透光和不透光的标记数来采集工作台的位置。机床电源接通后，不必启动参考标记即可确定机床各轴的定位。

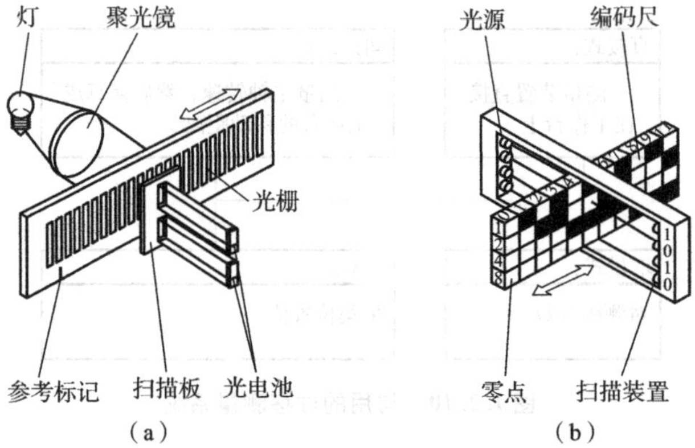

图 1.2.12　增量式和绝对式位移测量系统

(a) 增量式位移测量系统；(b) 绝对式位移测量系统

2. 机床主体

(1) 床身及导轨。数控车床的床身和导轨有多种形式，主要有水平床身、倾斜床身、水平床身斜滑鞍等，它构成机床主机的基本骨架。

数控车床床身上的导轨结构有传统的滑动导轨（金属型），也有新型的滑动导轨（贴塑导轨）。贴塑导轨的摩擦小，耐磨性、耐腐蚀性及吸振性好，润滑条件优越。在倾斜床身中，导轨基体上粘贴塑料面后，切屑不易在导轨面上堆积，减轻了清除切屑的工作。

（2）传动系统及主轴部件。其主传动系统一般采用直流或交流无级调速电动机，通过皮带传动或通过联轴器与主轴直联，带动主轴旋转，实现自动无级调速及恒切削速度控制。主轴组件是机床实现旋转运动（主运动）的执行部件，如图1.2.13所示。

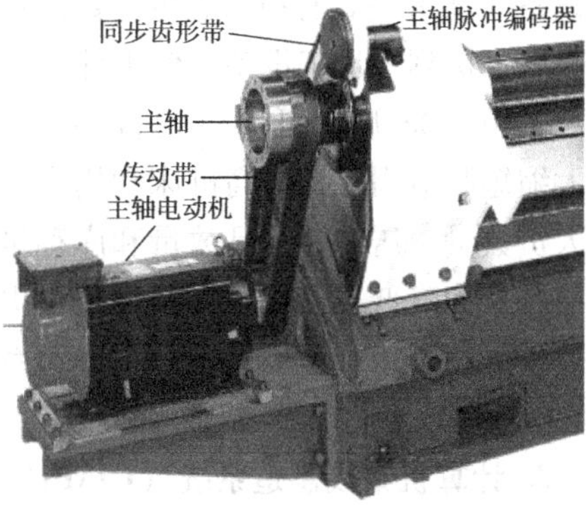

图1.2.13　传动系统及主轴部分

（3）进给传动系统。一般采用滚珠丝杠螺母副，由安装在各轴上的伺服电动机，通过齿形同步带传动或通过联轴器与滚珠丝杠直联，实现刀架的纵向和横向移动。

（4）自动回转刀架。用于安装各种切削加工刀具，加工过程中能实现自动换刀，以实现多种切削方式的需要。它具有较高的回转精度。

（5）液压系统。它可使机床实现夹盘的自动松开与夹紧以及机床尾座顶尖自动伸缩。

（6）冷却系统。在机床工作过程中，可通过手动或自动方式为机床加冷却液，以对工件和刀具进行冷却。

（7）润滑系统。集中供油润滑装置，能定时定量地为机床各润滑部件提供合理润滑。

（四）数控车床的加工范围

（1）结构复杂、精度高或必须用数学方法确定的复杂曲线、曲面类零件。因车床装置都有直线和圆弧插补功能，故能车削任意平面曲线轮廓所组成的回转体零件，包括通过计算机处理后的、不能用方程描述的列表曲线类零件，以及难以控制尺寸的零件。如具有封闭内成形面的壳体零件等。

（2）特殊的螺旋零件。如大螺距、变螺距、等螺距或圆柱与圆锥螺旋面之间做平滑过渡的螺旋零件，以及高精度的模数螺旋零件（如圆弧螺杆）和端面螺旋零件等。

（3）多品种、小批量生产的零件或需要频繁改型的零件。零件频繁改型是司空见惯的事，这就为数控机床提供了用武之地。

（4）精度高，价值昂贵的关键零件。零件的精度要求主要指尺寸、形状、位置和表面等精度要求，例如尺寸精度高（达0.001 mm或更小）的零件和圆柱度要求高的零件。

（5）希望最短生产周期的急需零件。目前，在中批量生产甚至大批量生产中已有采用数控机床加工的情况，这种方案在产品直接经济效益方面而言并非最佳，但其投资风险小，能经受市场的波动与冲击，可以动态地适应市场，实现柔性制造。

（五）以数控为技术的现代制造技术

1. 柔性制造单元（Flexible Manufacturing Cell，FMC）

FMC是在制造单元的基础上发展起来的，又具有一定的柔性。所谓柔性，是指能够较容易地适应多品种、小批量的生产功能。FMC可由一台或少数几台设备组成。FMC具有独立自动加工的功能，又部分具有自动传送和监控管理功能，可实现某些产品的多品种、小批量的加工。

2. 柔性制造系统（FMS）

FMS是一个由中央计算机控制的自动化制造系统。它是由一个传输系统联系起来的一些设备（通常是具有换刀装置的数控机床或加工中心）。传输装置把工件放在托盘或其他连接装置上送到各加工设备，使工件加工准确、迅速和自动。

采用 FMS 后，可显著提高劳动生产率，大大缩短制造周期，提高机床利用率，减少操作人员数量，压缩在制品数量和库存量，因而使成本大为降低，缩小了生产场地，提高了经济效益。FMS 由加工系统、物料输送系统和信息系统组成，如图 1.2.14 所示。

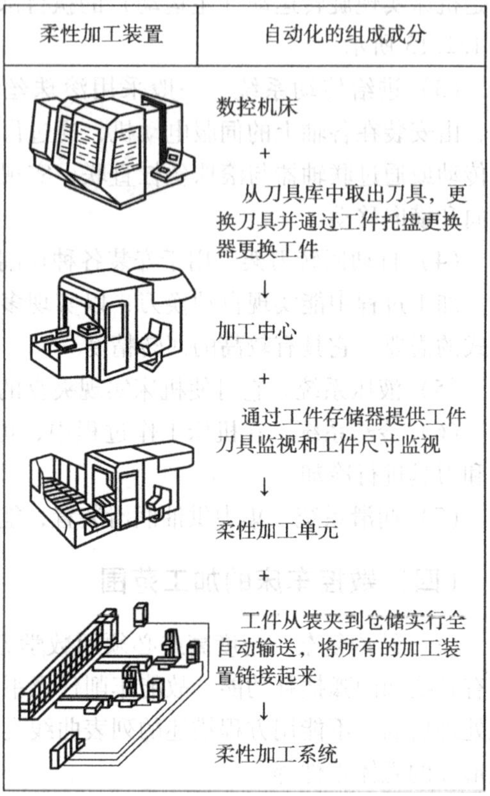

柔性加工装置
自动化的组成成分
数控机床
+
从刀具库中取出刀具，更换刀具并通过工件托盘更换器更换工件
↓
加工中心
+
通过工件存储器提供工件刀具监视和工件尺寸监视
↓
柔性加工单元
+
工件从装夹到仓储实行全自动输送，将所有的加工装置链接起来
↓
柔性加工系统

图 1.2.14　以数控为基础的现代制造技术

3. 计算机集成制造系统（CIMS）

计算机集成制造系统是通过计算机、网络、数据库等硬、软件将企业的产品设计、加工制造、经营管理等方面的所有活动集成起来，使企业的产品质量大幅度提高，缩短产品开发和生产周期，提高生产效率，降低生产成本。CIMS 被称为 21 世纪的生产模式。

（六）数控车床的坐标系

为了确定刀架（或工件）的运动方向和移动距离，就要在机床上建立一个坐标系，这个坐标系称为机床坐标系。数控车床的坐标系及其运动方向，在中华人民共和国国家标准 GB/T 19660—2005 中有统一规定。

1. 机床坐标系的规定

数控机床的加工动作主要分为刀具运动和工件运动两部分，因此在确定机床坐标系的方向时规定：永远假定刀具相对于静止的工件而运动。

数控机床的坐标系采用符合右手直角笛卡儿坐标定义原则，如图 1.2.15 所示。对于确定坐标系的方向，统一规定增大工件与刀具间距离方向为正方向。图 1.2.15 所示大拇指的方向为 X 轴的正方向，食指指向 Y 轴的正方向，中指指向 Z 轴的正方向。右图规定了旋转轴 A、B、C 轴的正方向。

2. 机床坐标系的方向

1）先确定 Z 轴

一般是选取产生切削力的主轴作为 Z 轴，规定刀具远离的方向作为 Z 轴的正方向。

2）再确定 X 轴

X 轴一般平行于工件装夹面且与 Z 轴垂直。

（1）对于工件做旋转切削运动的机床（如车床、磨床等），X 坐标轴的方向是在工件的径向，且平行于横滑座。对于安装在横滑座的刀架上的刀具，离开工件旋转中心方向是 X 轴坐标的正方向，如图 1.2.16（a）所示。

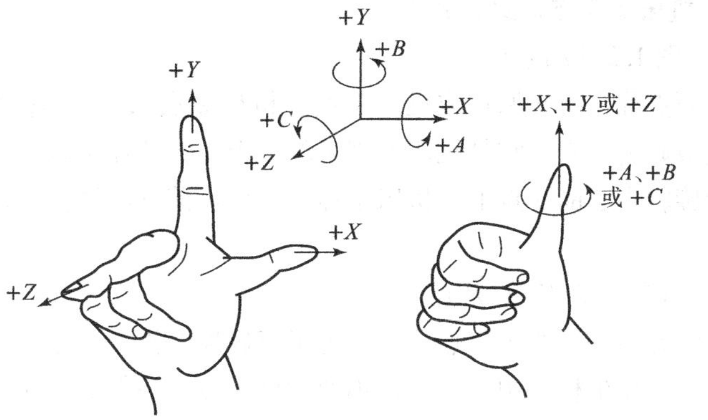

图1.2.15　右手笛卡儿坐标系

(2）对于刀具做旋转切削运动的机床（如铣床等)，当 *Z* 坐标轴垂直时，对于单立柱机床，从主要刀具主轴向立柱看时，*X* 轴正向指向右；若主轴为水平方向时，当从主轴向工件看时，*X* 轴正向指向右。

3）最后确定 *Y* 轴

Y 轴垂直于 *X* 轴和 *Z* 轴。按照右手笛卡儿坐标系确定机床坐标轴时，应根据主轴先确定 *Z* 轴，然后再确定 *X* 轴，最后按右手直角笛卡儿坐标系即可判定 *Y* 轴及正方向。

3. 数控车床坐标系的两种形式

数控车床一般是两坐标机床（*X* 轴、*Z* 轴)。随着数控车床刀架的位置不同，坐标系的方位不同，如图1.2.16所示。

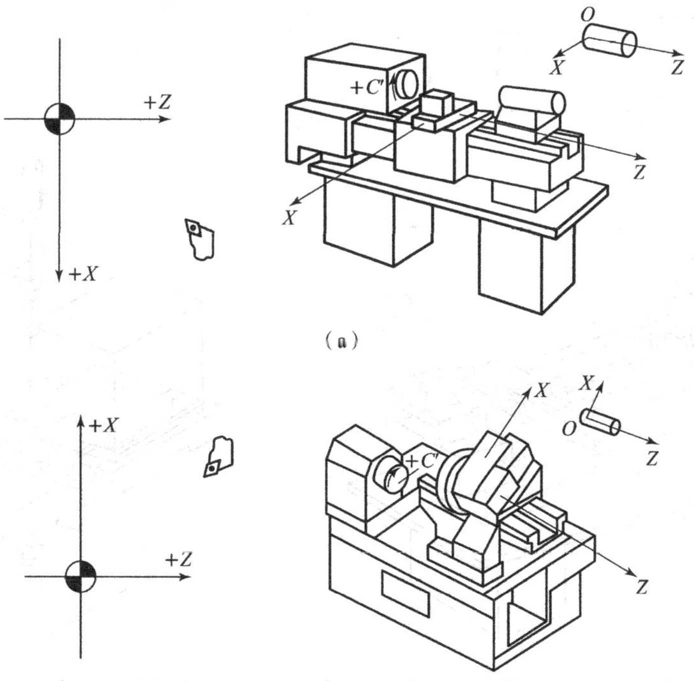

图1.2.16　数控车床坐标系两种形式

(a）前置刀架；(b）后置刀架

4. 机床原点、机床参考点与编程原点

1）机床原点（图 1.2.17 的 *M* 点）

机床坐标系的原点称为机床原点或机床零点（机械原点），在机床经过设计、制造和调整后，这个原点便被确定下来，它是机床上固定的一个点，数控车床一般将机床原点定义在卡盘后端面与主轴旋转中心的交点上。机床坐标系在出厂前已经调整好，一般情况下，不允许用户随意变动。

2）机床参考点（图 1.2.17 的 *R* 点）

数控装置通电时并不知道机床零点位置，为了正确地在机床工作时建立机床坐标系，设置机床参考点，它是机床坐标系中一个固定不变的极限点，一般设置在刀具运动的 *X*、*Y*、*Z* 轴正向最大极限位置，由机械挡块确定。机床启动时，通常要进行自动或手动回参考点，以建立机床坐标系。机床参考点可以与机床零点重合，也可以不重台，通过参数设定机床参考点到机床零点的距离。机床回到了参考点位置，也就知道了该坐标轴的零点位置。找到所有坐标轴的参考点，CNC 就建立起了机床坐标系。

3）工件坐标系原点（图 1.2.17 的 *W* 点）

编制数控程序时，首先要建立一个工件坐标系，用来确定工件几何形体上各要素的位置。数控车床的工件原点也称为编程原点，如图 1.2.17 所示。工件原点的位置是任意的，它由编程人员在编制程序时根据零件的特点选定，但也要尽量满足编程简单、尺寸换算少、引起的加工误差小等条件，并将坐标原点设在图样的设计基准和工艺基准处。工件坐标系一旦建立便一直有效，直到被新的工件坐标系所取代。

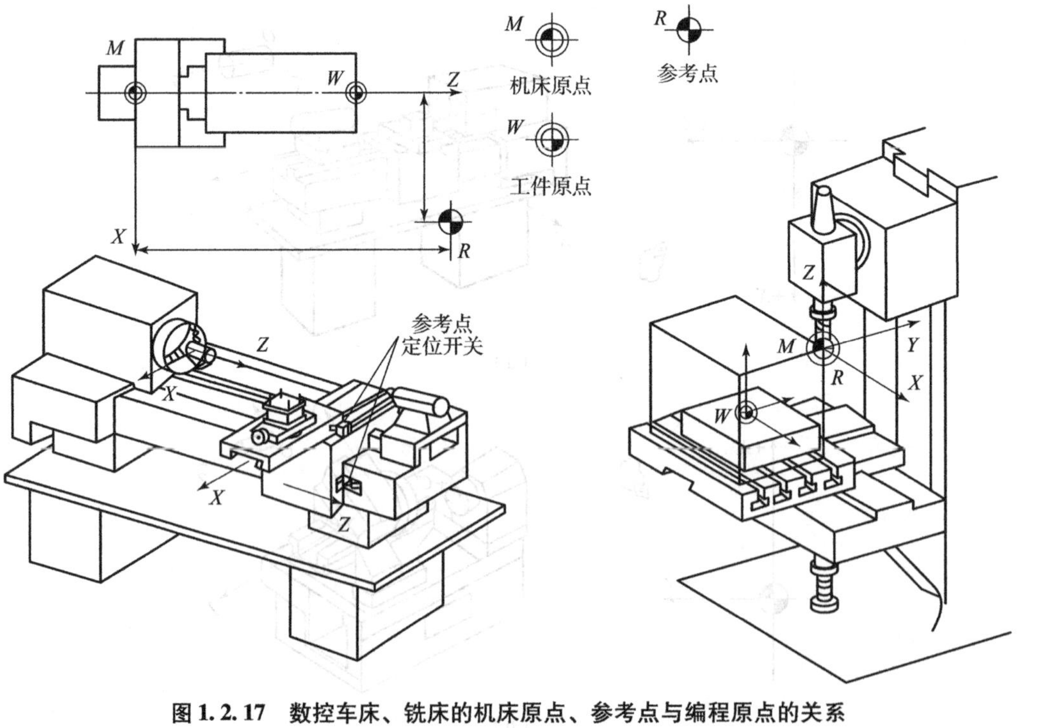

图 1.2.17　数控车床、铣床的机床原点、参考点与编程原点的关系

在选择工件原点的位置时应注意：

（1）工件零点应选在零件图的尺寸基准上，这样便于坐标值的计算，并减少错误。如

图 1.2.18 所示，轴类零件的工件原点设置在工件的右端面中心 *O* 点处。

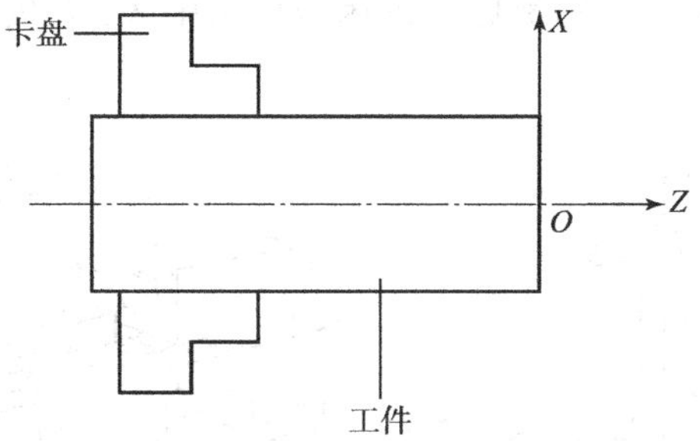

图 1.2.18　零件工件坐标系的建立

（2）工件零点尽量选在精度较高的工件表面，以提高被加工零件的加工精度。

（3）对于对称的零件，工件零点应设在对称中心上。

（4）对于一般零件，工件零点设在工件外轮廓的某一角上。

（5）*Z* 轴方向上的零点，一般设在工件表面。

认识数控机床工作页

1. 信息、决策与计划

认知数控车床，归纳、总结相关知识，完成以下问题：

（1）请标出图 1.2.19 中机床原点、编程原点和机床参考点。

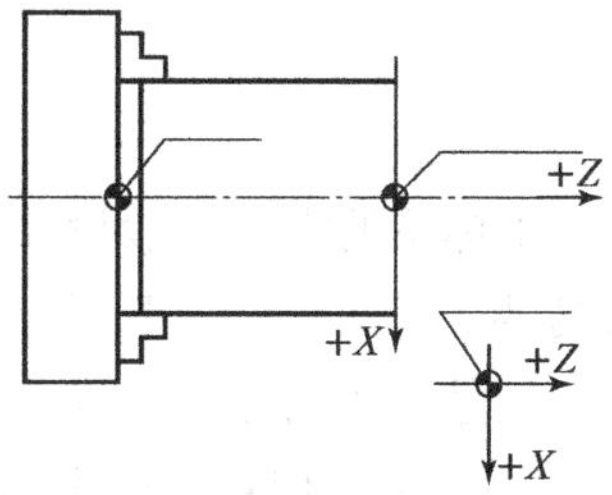

图 1.2.19　机床原点、参考点与编程原点

（2）数控车床的坐标系是如何建立的？

（3）请依据右手笛卡儿坐标系规定，根据箭头方向，标注出图 1.2.20（a）中 X、Y、Z 轴；并依据右手笛卡儿坐标系，判断标准机床坐标系中 X、Z 的方向，并标示在图 1.2.20（b）中箭头位置。

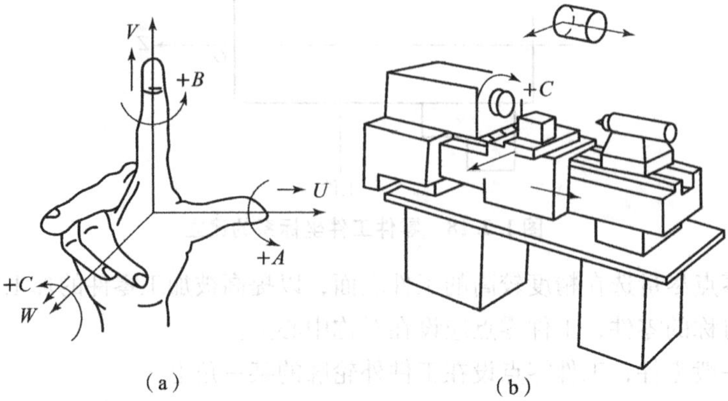

（a）　（b）

图 1.2.20　数控车床坐标系（刀架前置）

（4）与普通车床相比，数控车床的加工特点主要有哪些？

（5）工件坐标系的零点一般设在（　　）。

A. 机床零点　B. 换刀点　C. 工件的端面　D. 卡盘根

（6）程序段号的作用之一是（　　）。

A. 便于对指令进行校对、检索和修改　B. 解释指令的含义

C. 确定坐标系　D. 确定刀具的补偿

（7）用两顶尖装夹工件时，可限制（　　）。

A. 2 个移动，3 个转动　B. 3 个移动，2 个转动

C. 3 个移动，3 个转动　D. 2 个移动，2 个转动

（8）在一台数控车床上车光轴，图 1.2.21 所示的旋转传感器用来测量位移。请问这里采用的是哪一种位移测量方法？

A. 直接绝对位移测量

B. 直接增量位移测量

C. 间接增量位移测量

D. 间接绝对位移测量

E. 直接数字位移测量

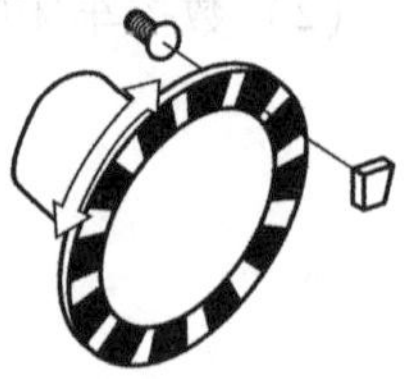

图 1.2.21　旋转传感器

（9）如图 1.2.22 所示，铣刀铣削轨迹从 A 到 B，请写出 B 点的绝对坐标及增量坐标（　　）。

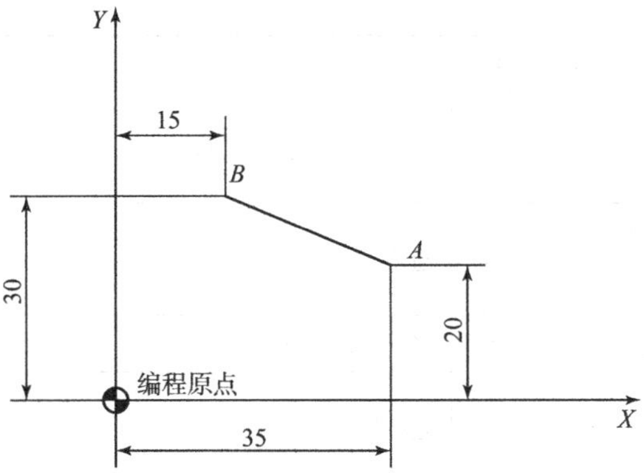

图 1.2.22　铣刀铣削轨迹

A.（X15，Y30）（U－20，W10）　　B.（X－20，Y10）（U15，Y30）

C.（X15，Y30）（U20，W10）

（10）辅助功能中表示程序结束，并回程序头的指令是（　　）。

A. M00　　B. M01　　C. M02　　D. M30

2. 刀具试切法对刀操作的步骤

用外圆车刀先试切一外圆，＿＿＿＿＿＿，按＿＿＿＿＿＿＿输入“＿＿＿＿”，按“＿＿＿＿＿”键，即输入到刀具几何形状里。用外圆车刀再试切外圆端面，按＿＿＿＿＿输入“＿＿＿＿＿”，按“测量”键，即输入刀具几何形状里。

3. 选择工件原点的位置时应注意事项（请写出至少 2 点）

4. 检查与评价

填写表 1.2.1。

表 1.2.1　评价表

<table>
<tr><td colspan="2">零件名称</td><td colspan="2"></td><td>零件图号</td><td></td><td>操作人员</td><td></td><td>完成工时</td><td></td></tr>
<tr><td>序号</td><td colspan="3">鉴定项目及标准</td><td>配分</td><td>评分标准（扣完为止）</td><td>自检结果</td><td>得分</td><td>互检结果</td><td>得分</td></tr>
<tr><td>1</td><td rowspan="8">任务实施</td><td colspan="2">工件安装</td><td>5</td><td>装夹方法不正确扣分</td><td></td><td></td><td></td><td></td></tr>
<tr><td>2</td><td colspan="2">刀具安装</td><td>5</td><td>刀具装夹不正确扣分</td><td></td><td></td><td></td><td></td></tr>
<tr><td>3</td><td colspan="2">MDI 界面下的程序段录入</td><td>15</td><td>程序输入不正确每处扣 1 分</td><td></td><td></td><td></td><td></td></tr>
<tr><td>4</td><td colspan="2">机床启动</td><td>15</td><td></td><td></td><td></td><td></td><td></td></tr>
<tr><td>5</td><td colspan="2">量具使用</td><td>5</td><td>量具使用不正确每次扣 1 分</td><td></td><td></td><td></td><td></td></tr>
<tr><td>6</td><td colspan="2">对刀操作</td><td>15</td><td>对刀不正确，每步骤扣 2 分</td><td></td><td></td><td></td><td></td></tr>
<tr><td>7</td><td colspan="2">完成工时</td><td>5</td><td>每超时 5 min 扣 1 分</td><td></td><td></td><td></td><td></td></tr>
<tr><td>8</td><td colspan="2">安全文明</td><td>5</td><td>撞刀、未清理机床和保养设备扣 5 分</td><td></td><td></td><td></td><td></td></tr>
</table>

续表

<table>
<tr><td colspan="3">零件名称</td><td></td><td>零件图号</td><td>操作人员</td><td></td><td colspan="2">完成工时</td><td></td></tr>
<tr><td>序号</td><td colspan="3">鉴定项目及标准</td><td>配分</td><td>评分标准（扣完为止）</td><td>自检结果</td><td>得分</td><td>互检结果</td><td>得分</td></tr>
<tr><td rowspan="3">9</td><td rowspan="5">工件质量</td><td rowspan="2">$\phi 40$ mm</td><td>上偏差：0</td><td rowspan="2">10</td><td rowspan="2">超差扣5分</td><td rowspan="2"></td><td rowspan="2"></td><td rowspan="2"></td><td rowspan="2"></td></tr>
<tr><td>下偏差：−0.1</td></tr>
<tr><td colspan="2">$Ra3.2$ μm</td><td>5</td><td>降一级扣1分</td><td></td><td></td><td></td><td></td></tr>
<tr><td rowspan="2">10</td><td rowspan="2">80 mm</td><td>上偏差：</td><td rowspan="2">5</td><td rowspan="2">超差扣10分</td><td rowspan="2"></td><td rowspan="2"></td><td rowspan="2"></td><td rowspan="2"></td></tr>
<tr><td>下偏差：</td></tr>
<tr><td>11</td><td>专业知识</td><td colspan="2">任务单题量完成质量</td><td>10</td><td>未完成一道题扣2分</td><td></td><td></td><td></td><td></td></tr>
<tr><td colspan="2">合计</td><td colspan="2"></td><td>100</td><td colspan="5"></td></tr>
</table>

5. 思考与拓展

（1）工件坐标系与机床坐标系的关系建立是通过什么样的机床操作方式来实现的？

（2）如果数控机床加工前需要回参考点，请分析这种机床的位移测量系统属于增量式位移测量系统还是绝对式位移测量。

项目 2　定位销轴的加工

学习目标

1. 能读懂轴类零件的图纸。

2. 掌握并编制含有外圆、圆锥、内圆面的简单轴类零件的加工工艺。

3. 能够根据数控加工工艺文件选择、安装和调整数控车床的车刀。

4. 会识读外圆/圆锥面常用编程指令（G50、G96、G97、G98、G99、G00、G01、G90、G71）等，掌握数控程序的结构与格式，熟悉数控编程中的规则。

5. 能够运用单一、固定循环、复合循环等指令代码，编制外圆/圆锥面轴类零件的加工程序。

6. 能够进行轴类零件的加工，并达到尺寸精度 IT6、几何公差 IT8、表面粗糙度 *Ra*1.6 μm。

7. 会选择相应的量具，进行外圆/圆锥面的检测。

任务 2.1　异形轴零件数控加工工艺分析

任务描述

典型轴类零件如图 2.1.1 所示，零件材料为 45 钢，毛坯为 ϕ60 mm × 170 mm，试对该零件进行数控车削工艺分析。

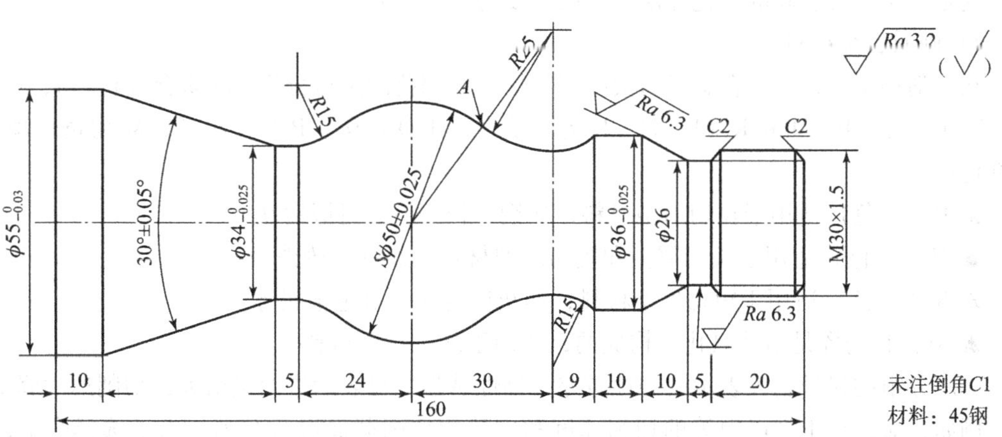

图 2.1.1　异形轴零件

知识链接：数控车削工艺

（一）外圆车刀的选用及数控加工刀具卡的制定

数控车床常采用机夹可转位车刀。机夹可转位车刀由刀柄、刀片、杠杆和夹紧螺钉等组成，如图 2.1.2 所示。

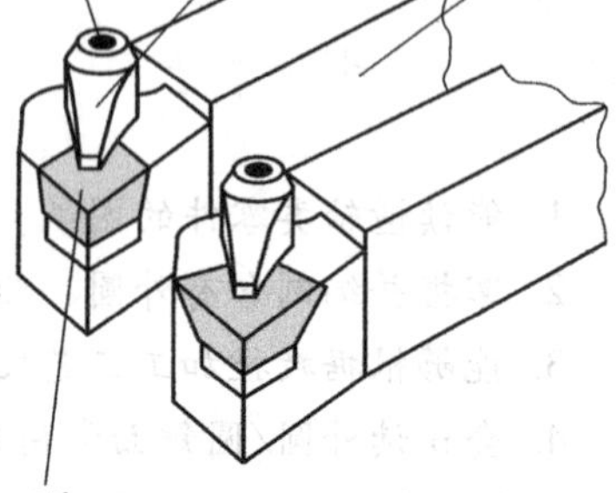

图 2.1.2　数控车刀的组成

1. 刀具材料及性能

刀具的材料必须坚硬而又有韧性。在当今以数控加工为主的机械加工中，通常使用硬质合金材料以及陶瓷作为刀具材料。在一些加工中也会使用快速钢作为刀具材料。刀具材料应满足：具备较高的热硬度、较高的抗压强度和抗弯强度，抗氧化，抗磨损，不容易扩散，具备较好的导热性、较好的温度变化抵抗能力。

没有哪种材料的刀具可以同时满足所有的加工性能要求，所以应针对各个加工要求，选择合适的刀具材料，如表 2.1.1 所示。

表 2.1.1　刀具材料选择的标准值

刀具材料	性能	切削速度 /（m · min⁻¹）
高速钢（HS）	有韧性，切削温度可以达到 600 ℃	20 ~ 200
硬质金属（HM）	坚硬，抗冲击性差，切削温度可以达到 900 ℃	60 ~ 500
陶瓷	非常坚硬，耐磨，抗冲击性很差，切削温度可以达到 1 200 ℃	100 ~ 600

1）高速钢

高速钢是一种高合金的工具钢，它的韧性很好，对于负荷的变化并不敏感，工作温度可以达到 600 ℃。为了达到更快的切削速度和更久的耐用度，对高速钢的表面进行氧化钛涂层。这是一层非常坚硬的金色涂层。它的厚度为 2 ~ 4 μm。

2）硬质合金材料

在切削加工中，硬质合金材料会根据特性和使用范围进行分组。硬质合金材料共分为表 2.1.2 中的三类 P、M 和 K（P、M、K 为硬质合金 ISO 代码，P 为蓝色项，M 为黄色项，K 为红色项）。

▲ P（蓝色）适用于长切屑型材料，如钢、长切屑型可锻铸铁。

▲ M（黄色）适用于长切屑型和短切屑型材料，如钢、铸铁等。

▲ K（红色）适用于短切屑型材料，如灰口铸铁、有色金属等。

▲ 氧化物陶瓷是由纯氧化铝构成的，适用于加工铁质材料。

应用分组的代号越大表示耐磨性越差，韧性越强。也表示进给量增大，切削速度降低。

例如，对铸铁工件以中等的切削速度和中等的切削截面进行车削。为了选择合适的车刀，应先根据材料、加工方法、切削条件选择合适的应用分组。

表 2.1.2　硬质合金材料应用代码及切削特性

应用分类代号	材质特性		应用分组		切削特性	
			材料	加工方法与切削条件		
P01	耐磨性越小	韧性越大	钢、铸钢	以高度和小切削截面进行精细车削和钻孔	切削速度变慢	进给增大
P10			钢、铸钢、长切屑可锻铸铁	车削、铣削、螺纹加工。高速，切削截面较小或中等		
P20			钢、铸钢、长切屑可锻铸铁	车削、仿形车削、铣削。切削速度中等和切削截面中等。以较小的进给刨削		
P30			钢、含气孔的铸钢	以较低的切削速度和较大的切削截面进行车削、刨削和插削		
P40			钢、铸钢	较差的切削条件下工作，可以有较大前角		
M10	耐磨性越小	韧性越大	钢、铸钢、铸铁、高锰钢	以中等或较高的切削速度，较小或中等的切削截面进行车削	削速度变慢	进给增大
M20			钢、铸钢、铸铁、奥氏体钢	以中等的切削速度和切削截面进行车削、铣削		
M30			钢、铸铁、高耐温合金	以中等的切削速度，中等或较大的切削截面进行车削、铣削和刨削		
M40			易切钢、有色金属、轻合金	车削、切段特别是易切钢		
K01	耐磨性越小	韧性越大	硬质铸铁、铝－硅合金热固性塑料	车削、铣削、平整表面	切削速度变慢	进给增大
K10			布氏硬度高于220的灰口铸铁硬质钢、岩石、陶瓷	车削、内车削、铣削、钻孔、拉削、平整表面		
K20			布氏硬度低于220的灰口铸铁有色金属	当材料韧性较大时，车削、铣削、刨削、内车削		
K30			钢、铸铁、较低硬度钢	前角较大时，车削、铣削、刨削、插削、铣槽		
K40			有色金属、软木或硬木	以大前角进行加工		

2. 可转位外圆车刀的型号表示规则

1）外圆车刀的表示规则

下面以某数控刀具模具有限公司产品为例，介绍可转位外圆车刀的型号表示规则。如图2.1.3所示，可转位车刀的型号一般带有9种数据的标准化命名体系，分别表示其各项特征，主要有刀具结构代号、刀片开状代号、刀片后角、车削状态、刀体尺寸、刀体长度、切削刃长度。

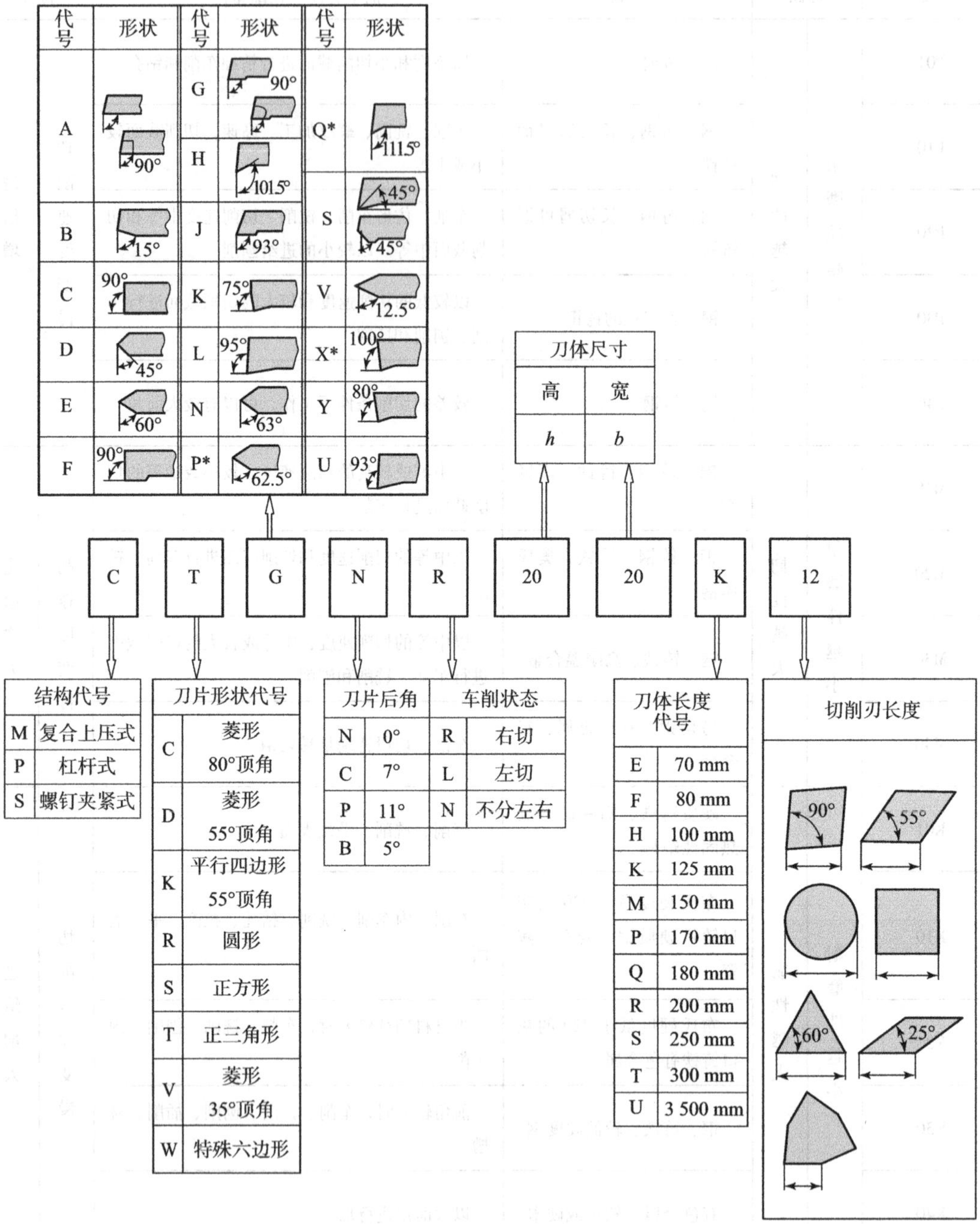

图 2.1.3 可转位外圆车刀的型号表示规则

2）可转位硬质合金刀片代号说明

可转位刀片一般带有 7 种数据的标准化命名体系，符号 8 和 9 只在需要时才使用。以刀片名称 TNGN160308TN－P20 为例，其刀片编号命名如表 2.1.3 所示。

表 2.1.3　可转位外圆车刀的刀片编号举例说明

T	N	G	N	16	03	08	T	N	P20
刀片形式	刀片后角	精度代号	断屑槽及夹固形式	切削刃长度	刀片厚度	刀尖圆弧半径	刃口钝化代号	切削刃方向	刀具材料

刀片形状：如图2.1.4示，刀片形状与加工的对象、刀具的主偏角、刀尖角和有效刃数等有关。一般外圆车削常用80°凸形三边形（W型）、四方形（S型）和80°棱形（C型）刀片。仿形加工常用55°（D型）、35°菱形（V型）刀片和圆刀片（R型）。不同的刀片形状有不同的刀尖强度，一般刀尖角越大，刀尖强度越大；反之亦然。圆刀片（R型）刀尖角最大，35°菱形（V型）刀尖角最小。在机床刚性、功率允许的条件下，大余量、粗加工应选用刀尖角较大的刀片；反之，机床刚性和功率小、余量小、精加工时宜选用较小刀尖角的刀片。

刀杆头部形式的选择：刀杆头部形式按主偏角和直头、弯头在国家标准和刀具样本中都一一列出。有直角台阶的工件，可选用主偏角大于或等于90°的刀杆。一般粗车选用主偏角45°～90°的刀杆；精车选用45°～75°的刀杆；中间切入、仿形车选用45°～107.5°的刀杆。

刀尖圆弧半径的选择：刀尖圆弧半径不仅影响切削效率，而且关系到被加工表面的粗糙度及加工精度。刀尖圆弧半径大，则表面粗糙度值大。常用刀尖半径为1.2～1.6 mm，精车一般取0.4 mm，粗车时进给量不能超过表2.1.4给出的最大进给量，经验上，一般进给量可取刀尖圆弧半径的一半。

表 2.1.4　刀尖半径与最大推荐进给量

刀尖半径/mm	0.4	0.8	1.2	1.6	2.4
最大推荐进给量/($mm \cdot r^{-1}$)	0.25～0.35	0.4～0.7	0.5～1.0	0.7～1.3	1.0～1.8

刀片后角的选择：如表2.1.5所示，常用的刀片后角有N（0°）、C（7°）、P（11°）、E（20°）等。粗加工、半精加工可用N型；半精加工、精加工可用C、P型，也可用带断屑槽形的N型刀片，加工铸铁、硬钢可用N型；加工不锈钢可用C、P型；加工铝合金可用P、E型等；加工弹性恢复性好的材料可选用较大一些的后角；一般孔加工刀片可选用C、P型，大尺寸孔可选用N型。

圆弧形车刀主要几何参数为车刀圆弧切削刃的形状及半径。选择时，应考虑两点：第一，车刀切削刃的圆弧半径应当小于或等于零件凹形轮廓上的最小曲率，以免发生加工干涉；第二，该半径不宜选择太小，否则既难以制造、散热差，又容易使车刀受到损坏。

3. 数控加工刀具卡

数控加工刀具卡反映使用刀具的名称、编号、规格、长度和半径补偿值以及使用刀杆的型号等内容，它是调刀人员准备和调整刀具、机床操作人员输入刀补参数的主要依据。表2.1.6所示为数控车床加工某零件的刀具卡。

表 2.1.5　可转位硬质合金刀片参数与编号

1 刀片形状		2 后角	
A	85°	A	3°
C	80°	B	5°
D	55°	C	7°
L		D	15°
K	55°	E	20°
R		F	25°
S		G	30°
T		N	0°
V	35°	P	11°
W	80°	O	其他

3 偏差等级

根据刀片厚度 S_s 检验尺寸 d 和 m，将其尺寸偏差按照 A、C、E、G、H、J、K、M、U 分级。其中最高等级为 A

<table>
<tr><th></th><th>d</th><th>m</th><th>s</th></tr>
<tr><td>A</td><td rowspan="4">±0.025</td><td>±0.05</td><td rowspan="3">±0.025</td></tr>
<tr><td>C</td><td>±0.013</td></tr>
<tr><td>E</td><td rowspan="2">±0.025</td></tr>
<tr><td>G</td><td>±0.05…±0.13</td></tr>
<tr><td>H</td><td>±0.013</td><td>±0.013</td><td rowspan="3">±0.025</td></tr>
<tr><td>J</td><td rowspan="3">±0.05…±0.015</td><td>±0.05</td></tr>
<tr><td>K</td><td>±0.013</td></tr>
<tr><td>M</td><td>±0.08…±0.20</td><td>±0.05…±0.13</td></tr>
<tr><td>U</td><td>±0.08…±0.25</td><td>±0.13…±0.38</td><td>±0.13</td></tr>
</table>

4 类型	
A	
F	
G	
M	
M	
R	
X	特殊情况

5 刀刃长度	6 刀片厚度	7 刀尖圆弧半径
刀刃长度以整数表示，单位 mm 个位数前加一个0 刀刃两边长不同时，用长边刀刃表示 圆刃片用直径 d 表示	刀片厚度以整数表示，单位 mm 个位数前加一个0	将刀尖圆弧半径乘以系数0.1 个位数前加一个0 尖刀片用00表示 当用符号表示时： 1. 主切削刃的主偏角 2. 圆刀片的后角

8 刃口形状	9 切削方向	
E	R	从右向左车削
F	L	从左向右车削
S	N	向两侧
T		

10 材料
按加工应用分组的硬质合金或陶瓷

表 2.1.6　数控车削加工刀具卡

<table>
<tr><td colspan="2">单位名称</td><td colspan="2"></td><td>零件名称</td><td>螺纹短轴</td><td>零件图号</td><td colspan="2">JZZDJX - SK - 2.1</td></tr>
<tr><td colspan="2" rowspan="4">工件安装
定位简图</td><td colspan="2" rowspan="4">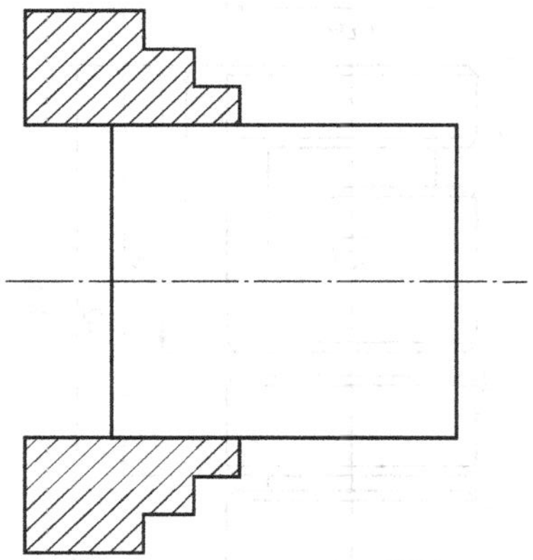</td><td>车间</td><td>设备名称</td><td>设备型号</td><td colspan="2">设备编号</td></tr>
<tr><td>** 实训中心</td><td>数控车床</td><td>CAK6136</td><td colspan="2">2012 - 1029</td></tr>
<tr><td>材料牌号</td><td>毛坯种类</td><td>毛坯尺寸</td><td colspan="2">工序时间</td></tr>
<tr><td>45 钢</td><td>棒料</td><td>ϕ42 mm × 36 mm</td><td colspan="2">120 min</td></tr>
<tr><td>序号</td><td>刀具号</td><td>刀具类型</td><td>刀杆型号</td><td>刀片型号</td><td>刀尖半径</td><td>补偿代号</td><td>换刀方式</td><td>备注</td></tr>
<tr><td>1</td><td></td><td>ϕ15 mm 麻花钻</td><td></td><td></td><td></td><td></td><td>手动</td><td></td></tr>
<tr><td>2</td><td>T01</td><td>95°外圆车刀</td><td>MCLNR2020K12</td><td>CNMG120404EN</td><td>0.4 mm</td><td>3</td><td>自动</td><td></td></tr>
<tr><td>3</td><td>T02</td><td>95°内孔车刀</td><td>S16R - SCLCR09</td><td>CCMT09T304EN</td><td>0.4 mm</td><td>2</td><td>自动</td><td>孔深 40 mm</td></tr>
<tr><td>4</td><td>T03</td><td>3 mm 宽切槽刀</td><td>Q2020R03</td><td>Q03</td><td></td><td></td><td>自动</td><td></td></tr>
<tr><td>5</td><td>T05</td><td>60°螺纹车刀</td><td>SER2020K16T</td><td>16ERAG60ISO</td><td></td><td></td><td>自动</td><td>0.75—3</td></tr>
<tr><td>编制</td><td></td><td>审核</td><td></td><td>批准</td><td></td><td>年　月　日</td><td>共 1 页</td><td>第 1 页</td></tr>
</table>

（二）数控车削加工方案

加工方案又称工艺方案，在选定数控车床加工零件及其加工内容后，应对零件的加工工艺进行全面分析，为程序编制做好充分准备。数控车削加工与普通车床加工工艺基本相同，在设计数控加工工艺时，首先遵循普通车床加工工艺的基本原则与方法，同时还需要考虑数控加工的本身特点和零件编程的要求。数控车削加工工艺主要的内容有：分析零件图样、确定工件在车床上的装夹方式、各表面的加工顺序和刀具进给路线以及刀具、夹具和切削用量的选择等。

1. 分析零件图

（1）分析零件图尺寸标注。最好以同一基准引注或直接给出坐标尺寸，既便于编程也便于尺寸间的相互协调及设计基准、工艺基准、测量基准与编程原点的统一。

（2）分析轮廓几何要素。手工编程时计算所有基点和节点的坐标；自动编程时对构成零件轮廓的几何元素进行定义。在分析零件图时，要分析给定的几何要素的给定条件是否充分，如图 2. 1. 4 轮廓几何要素标注有缺陷，轴的直径标注前应有 ϕ。

（3）分析尺寸公差和表面粗糙度。这是确定机床、刀具、切削用量以及确定零件尺寸精度的控制方法和加工工艺的重要依据。分析过程中还同时进行一些编程尺寸的简单换算。数控车削加工常对要求的尺寸取其最大和最小的极限尺寸的平均值作为编程尺寸的依据。如图 2. 1. 4（a）中，可选用 ϕ38. 025 mm 作为依据进行编程。本工序的数控车削加工精度若达不到图纸要求需继续加工，应给后道工序留有足够的加工余量。

（4）分析形状和位置公差。工艺分析过程中，应按图样的形状和位置公差要求确定零件的定位基准、加工工艺，以满足公差要求。

（5）分析结构工艺性。零件的结构工艺性是指零件的加工方法的适应性，即在满足使用要求的前提下零件加工的可行性和经济性。如图 2. 1. 4（b）中，3 个不同宽度的槽，需换用三把切槽刀方可完成，生产效率低。在不影响使用功能的前提下，若将槽宽改设计为统一 3 mm 宽，则可使用一把切槽刀完成加工，提高生产效率。

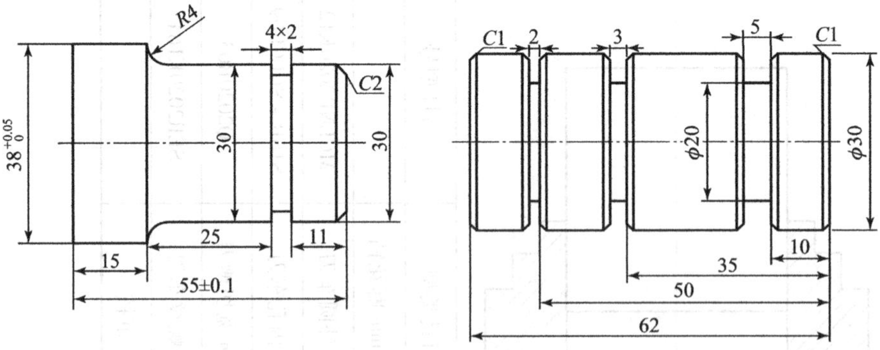

（a）　　（b）

图 2. 1. 4　零件图分析

（a）图纸轮廓要素标注有缺陷；（b）3 个不同宽度的槽

2. 制定数控车削加工工艺

1）选择加工内容

回转体零件的结构形状一般由内、外圆柱面，曲面，螺纹等组成。每一种表面都有多种加工方法，实际选择时应结合零件的加工精度、表面粗糙度、材料、结构形状、尺寸及生产类型等因素全面考虑。

2）划分加工阶段与加工顺序的安排

（1）划分加工阶段。

为保证加工质量和合理地使用设备、人力，数控车削加工通常把零件的加工过程分为粗加工、半精加工、精加工3个阶段。划分加工阶段可使粗加工造成的误差通过半精加工予以纠正，保证加工质量，还可以合理使用设备，及时发现毛坯缺陷，便于安排热处理工序。

粗加工阶段：主要任务是切除毛坯上的大部分余量，主要目标是提高生产效率。

半精加工阶段：完成次要表面的加工，使主要表面达到一定的精度并留有一定精加工余量，为主要表面精加工做好准备。

精加工阶段：保证表面达到尺寸精度及表面粗糙度要求，主要目标是保证加工质量。

在机械加工过程中，有些零件还需要安排热处理工艺，一般热处理工艺有以下几种：预备热处理，零件需要进行正火或退火，一般安排在毛坯制造后，粗加工前。对机械综合力学性能要求较高的零件需要安排调质热处理工艺时，一般安排在粗加工后；对于耐磨性要求较高的零件，还需要安排淬火工艺，一般安排在半精加工后、精加工前进行。其次，还需要安排一些辅助工序，如检查，一般安排在重要工序或最后一道工序后。

（2）数控加工安排加工顺序的一般原则。

①先粗后精：粗加工主要考虑的是提高生产效率。如图2.1.5（a）所示零件，为满足精加工余量均匀性要求，先粗加工，然后接着安排换刀进行精加工。

②先近后远：这里所说的远与近，是按加工部位相对于起刀点的距离大小而言的。一般情况下，特别是粗加工时，通常安排离起刀点近的部位先加工，离起刀点远的部位后加工，以便缩短移动距离，减少空行程时间。对于车削加工，先近后远有利于保持毛坯件或半成品件的刚性，改善切削条件。如图2.1.5（b）所示零件，加工顺序依次为$\phi34$、$\phi36$、$\phi38$、$\phi40$。

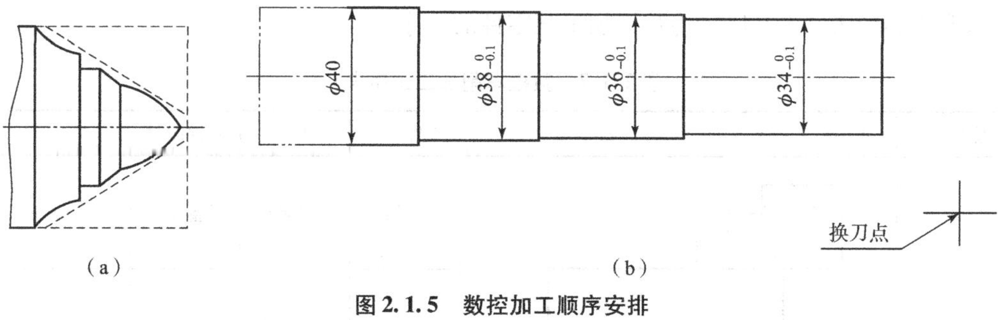

图2.1.5　数控加工顺序安排

（a）先粗后精；（b）先近后远

③先内后外：对既要加工内表面（内型、腔），又要加工外表面的零件，在制定其加工工艺方案时，通常应安排先加工内型，后加工外表面。这是因为控制内表面的尺寸和形状误差较困难。

④基面先行：用作精基准的表面优先加工，定位基准越精确，装夹误差越小。如轴类零件的加工，总是先加工端面和中心孔，再以中心孔为精基准加工外圆表面。

3）划分工序与工步

（1）工序是指一个工人或一组工人，在一个工作地点或一台机床上对一个或同时对几个工件连续完成的那一部分工艺过程。工序划分主要考虑生产纲领、设备及技术要求等，可按工序分散及工序集中原则划分。数控机床上加工零件，工序可以比较集中，在一次安装中尽可能完成大部分或全部工序。一般有以下几种方式：

①按所用刀具划分：以同一把刀具完成的那一部分工艺过程为一道工序，即刀具集中工序的方法加工零件，在一次装夹中，尽可能用一把刀具加工出可能加工的所有部位，然后再换另一把刀加工其他部位。这种方式适用于工件的待加工表面较多、机床连续工作时间过长、加工程序的编制和检查难度较大的情况，加工中心常用这种方法划分。这样可减少换刀次数，缩短空程时间，减少不必要的定位误差。

②按零件的定位装夹方式划分工序：以一次安装加工作为一道工序。由于每个零件的结构不同，各加工表面的技术要求也有所不同，因此加工时，其定位方式各有差异。一般加工外形时，以内形定位，加工内形时又以外形定位。

③按粗、精加工划分工序：根据零件的加工精度、刚度和变形等因素来划分，粗加工中完成的那一部分工艺过程为一道工序，精加工中完成的那一部分工艺过程为一道工序。先粗加工再精加工。此时，可用不同的机床或不同的刀具进行加工。通常在一次安装中，应先切除整个零件的大部分余量，再精加工各表面，以保证加工精度和表面粗糙度的要求。

（2）工步的划分。在一个工序内往往需要采用不同的刀具和切削用量，对不同的表面进行加工。为了便于分析和描述较复杂的工序，工序又细分为工步。工步是指加工表面不变，加工刀具不变的条件下，所连续完成的那一部分工序内容。

（3）工序卡片。由于数控加工工序比较集中，每一加工工序又可分为多个工步，所以工序卡不仅应包含每一工步的加工内容，还应包含所用刀具类型、刀具号、刀具补偿号及切削用量等内容。它不仅是编程人员编制程序时必须遵循的基本工艺文件，同时也是操作人员进行数控机床操作和加工的主要资料。针对不同的数控加工设备，数控加工工序卡可有不同的格式和内容。表 2.1.7 所示为数控加工某零件的工序卡。

表 2.1.7　数控车削加工工序卡

<table>
<tr><td>单位名称</td><td></td><td>零件名称</td><td>短轴</td><td>零件图号</td><td></td></tr>
<tr><td rowspan="4">工件安装定位简图</td><td rowspan="4">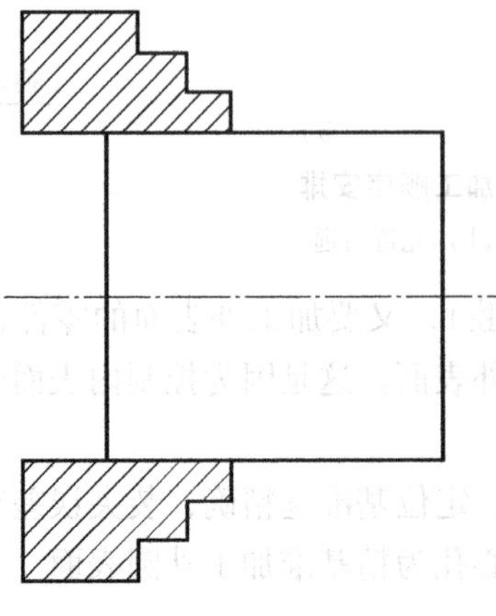</td><td>车间</td><td>设备名称</td><td>设备型号</td><td>设备编号</td></tr>
<tr><td></td><td>数控车床</td><td>CAK6136</td><td></td></tr>
<tr><td>材料牌号</td><td>毛坯种类</td><td>毛坯尺寸</td><td>工序时间</td></tr>
<tr><td>45 钢</td><td>棒料</td><td>ϕ40 mm × 43 mm</td><td>120 min</td></tr>
</table>

续表

工序号	工序内容	工步内容	刀具名称	主轴转速	进给量	背吃刀量	余量	备注
1	检查，去毛刺							
2	车左端	车端面	90°外圆车刀	S600	F0.1	1 mm	Z2	
		粗车零件外形	90°外圆车刀	S800	F0.2	2 mm	X0.5	
		精车零件外形	90°仿形车刀	S1000	F0.08	0.25 mm	0	
3	车右端	车端面，保证总长40 mm	90°外圆车刀	S600	F0.1	1 mm	0	
		粗车零件外形	90°外圆车刀	S800	F0.2	2 mm	X0.5	
		精车零件外形	90°外圆车刀	S1000	F0.08	0.25 mm	0	
4	检查							

4）数控车削对刀点、换刀点与加工路线

（1）确定对刀点与换刀点。

“刀位点”是指刀具的定位基准点，是刀尖或刀尖圆弧中心点，如图2.1.6所示。

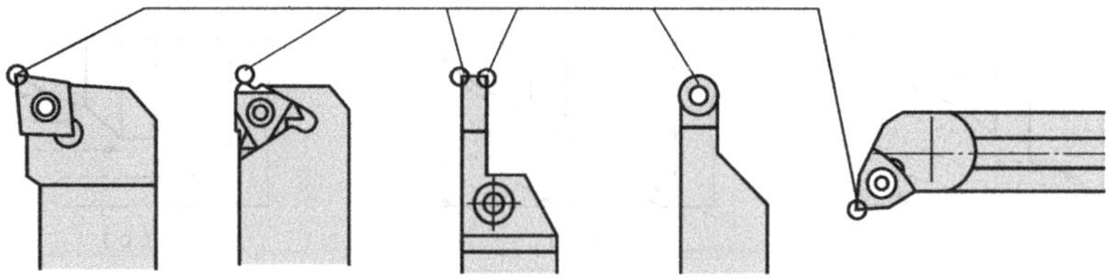

图2.1.6 各类车刀的刀位点

“对刀点”是指通过对刀确定刀具与工件相对位置的基准点。对刀点设置在夹具上与零件定位基准有一定尺寸联系的某一位置，对刀点往往就选择在零件的工件（程序）原点。对刀点既是程序的起点又是程序的终点。

“换刀点”是指刀架转位换刀时的位置。该点可以是某一固定点（如加工中心机床，其换刀机械手的位置是固定的），也可以是任意的一点（如车床）。换刀点应设在工件或夹具的外部，以刀架转位时不碰工件及其他部件为准。

如图2.1.6所示，对刀点应在对刀方便的位置，尽量选在零件的设计基准或工艺基准上，便于数学处理和简化程序编制。需换刀时，将换刀点设置在工件外部合适位置，以防碰撞。对刀点与换刀点的设置应考虑引起的加工误差小。

（2）加工路线。

加工路线是指数控加工中，刀具的刀位点相对于工件的运行轨迹。加工路线也就是刀具从起刀点开始运动起直到结束加工程序所经过的路径。包括切削加工路径，刀具引入、返回等非切削空行程。加工路线的确定首先必须保证被加工零件的尺寸精度和表面质量，其次考虑数值计算简单、走刀路线尽量短、效率较高等因素。

最短的切削进给路线：可巧用起刀点车削，巧设换刀点，合理安排回零路线等方式，保证加工效率。图2.1.7（a）所示为粗加工换刀点与起刀点重合时的走刀路线，图2.1.7

(b) 为换刀点与起刀点分工时的走刀路线。显然图 2.1.7 (b) 的走刀路线比图 2.1.7 (a) 走刀路线短，因此图 2.1.7 (b) 的走刀路线更为合理。

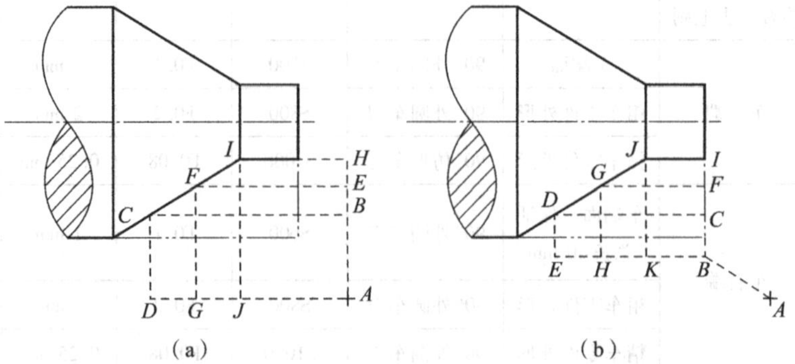

图 2.1.7 巧设起刀点

(a) 换刀点与起刀点 A 重合；(b) 起刀点 B 与换刀点 A 不重合

图 2.1.8 (a) 表示利用数控系统具有的封闭式复合循环功能而控制车刀沿着工件轮廓进行走刀的路线，加工路线留下的精车余量最均匀，但空行程时间较长；图 2.1.8 (b) 为“三角形”走刀路线，加工路线要简便，但精车余量非常不均匀；图 2.1.8 (c) 为“矩形”走刀路线。经分析和判断后，可知矩形循环进给路线的走刀长度总和为最短。

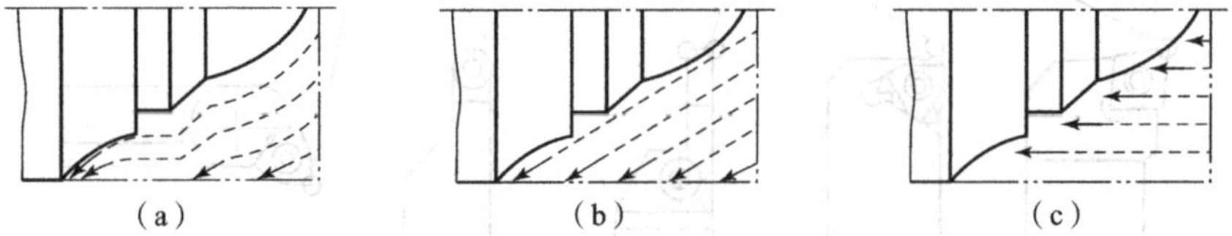

图 2.1.8 粗加工三种进给路线

图 2.1.9 所示为切削大余量工件的两种进给路线。图 2.1.9 (a) 所示方式加工所剩的余量过多，而图 2.1.9 (b) 所示的方法按 1 ~ 5 的顺序切削，每次切削所留余量相等，阶梯切削后所留余量均匀，是合理的切削路线。

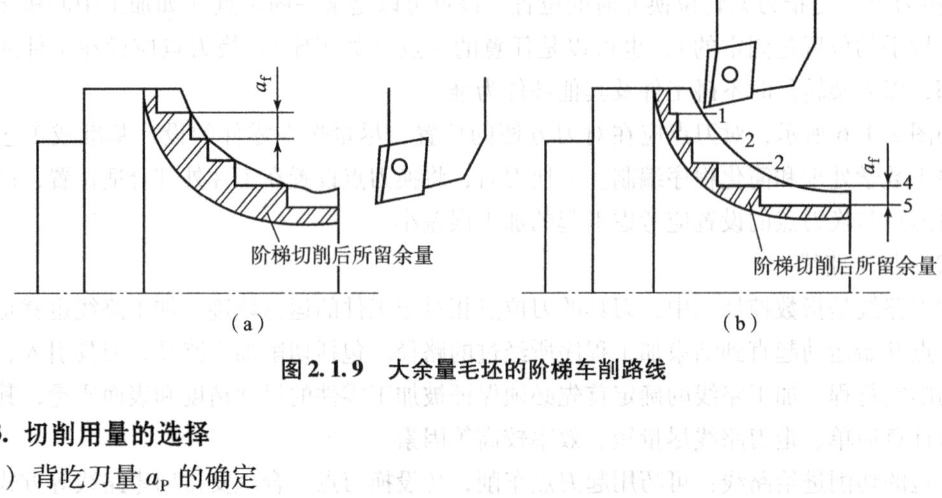

图 2.1.9 大余量毛坯的阶梯车削路线

3. 切削用量的选择

1) 背吃刀量 a_p 的确定

根据车床主体 – 夹具 – 刀具 – 零件这一系统刚性允许的条件来确定，如果不受加工精度的限制，尽可能选取较大的背吃刀量，以减少走刀次数，提高生产效率。粗车时在保留半精车、精车余量的前提下，尽可能将粗车余量一次切去。半精车和精车时，背吃刀量根据加工精度和表面粗糙度要求，由粗加工留下的余量大小确定。当零件精度要求较高时，则应考虑留出精车余量，常取0.1～0.5 mm。

2）主轴转速 n 的确定

主轴转速应根据零件上被加工部位的直径，并按零件和刀具材料及加工性质等条件允许的切削速度来确定。在实际生产中，主轴转速可用下式计算：

$$n=\frac{1\,000v_c}{\pi d}$$

式中，n 为主轴转速（r/min）；v_c 为切削速度（m/min），d 为零件待加工表面的直径（mm）。

3）进给量 f（mm/min 或 mm/r）与进给速度的确定

进给量 f 与背吃刀量有着较密切的关系。粗车时一般取0.3～0.8 mm/r，精车时常取0.1～0.3 mm/r，切断时宜取0.05～0.20 mm/r。

进给速度的大小直接影响表面质量和车削效率，在保证表面质量的前提下，可以选择较高的进给速度。一般应根据零件的表面粗糙度、刀具、工件材料等因素，查阅切削参考表选取，切削用量参考表一般给出的是每转进给量，因此可依据 $v_f=fn$ 计算进给速度。

工作页：异形轴零件数控加工工艺编制

1. 信息、决策与计划

分析零件图，完成以下单项选择题、填空题、问答题。

（1）图2.1.10所示异形轴零件适宜采用以下哪种机床加工？（　　）

A. 数控车床　　B. 普通车床　　C. 数控铣床

（2）加工图2.1.10所示异形轴零件右端时，采用的编程中心为（　　　　　　）。

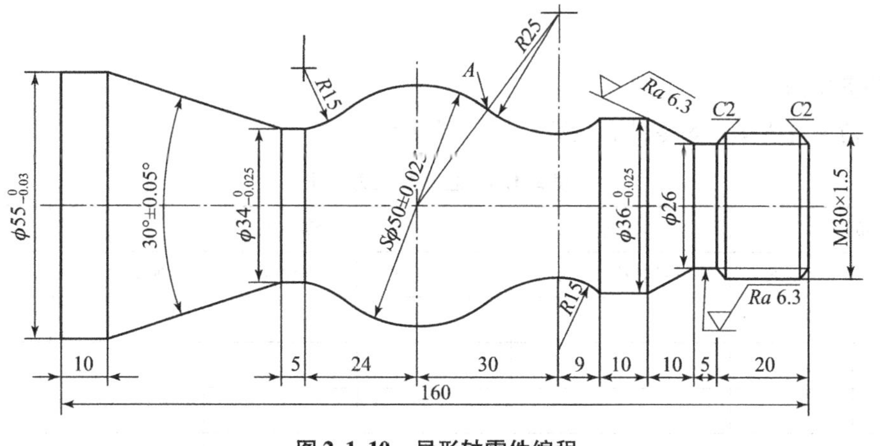

图2.1.10　异形轴零件编程

（3）分析图2.1.10所示异形轴零件图，请计算 $S\phi50$ 圆弧面与 $R25$ 圆弧面交点 A 节点的坐标值（　　）。

A. $X20.0$，$Z-69.0$　B. $X40.0$，$Z-69.0$　C. $X40.0$，$Z69.0$　D. $X25.0$，$Z69.0$

（4）为保证加工质量和合理地使用设备、人力，数控车削加工通常把零件的加工过程分为（ ）、（ ）和（ ）。

（5）数控车床加工一般按工序集中原则进行工序的划分，在批量生产中，划分工序的方法一般有按零件装夹定位方式划分、按（ ）划分和按（ ）划分。

（6）以下给定的确定进给路线的原则哪一个是合理的？（ ）

A. 走刀路线最短原则

B. 使所有编程数值不用计算，以减少编程工作量

C. 零件的轮廓最后一刀经常出现切入、切出或停顿。

（7）请讲述数控车床上定位、夹紧的安装方式（至少两种），并比较它们的特点。

（8）请阐述数控车削加工工艺编制过程中，背吃刀量 a_p（mm）、进给量 f（mm/r）、切削速度 s（r/min）如何选择？

2. 任务实施

（1）请编写表 2.1.8 零件右端数控加工刀具卡。

表 2.1.8 右端加工刀具卡

单位		零件名称		零件图号		备注
序号	刀具号	刀具名称及规格	刀尖半径	数量	加工表面	

（2）请编写表 2.1.9 所示零件右端加工数控加工工序卡。

表 2.1.9　零件数控加工工序卡

单位名称				零件名称	短轴	零件图号		
工件安装定位简图	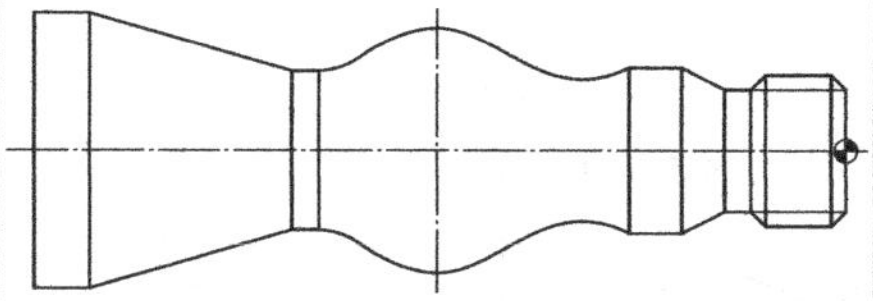 编程原点：			车间	设备名称	设备型号	设备编号	
				材料牌号	毛坯种类	毛坯尺寸	工序时间	
工序号	工序	工步内容	刀具名称	主轴转速	进给量	背吃刀量	余量	备注
编制		审核		批准		共　页	第　页	

3. 检查与评价

填写表 2.1.10。

表 2.1.10　评价表

零件名称			零件图号		操作人员		完成工时	
序号	鉴定项目及标准		配分	评分标准（扣完为止）	自检结果	得分	互检结果	得分
1	零件分析	加工方法选择	10	加工方法不正确扣 5 分				
2		编程原点选择	10	编程原点不合理扣 5 分				
3		刀具选择	10	刀步有干涉扣 10 分，不合理扣 5 分				
4		装夹方式选择	10	装夹方式不合理扣 5 分				
5	工艺编制	加工工艺顺序安排	10	顺序不合理，一处扣 5 分				
6		工艺安排完整	10	不完整，一处扣 5 分				
7		主要工艺参数选择	30	一处不合理，扣 5 分				
8	专业知识	任务单题量完成质量	10	未完成一道题扣 2 分				
合计			100					

4. 思考与拓展

请分析图 2.1.11 中左端有一个双点画线标示的台阶面在加工右端零件轮廓时所起的作用。该零件粗加工右端时，适合采用一顶一夹、两顶尖，还是仅用三爪卡盘夹左端的方式装夹工件，请分析原因。

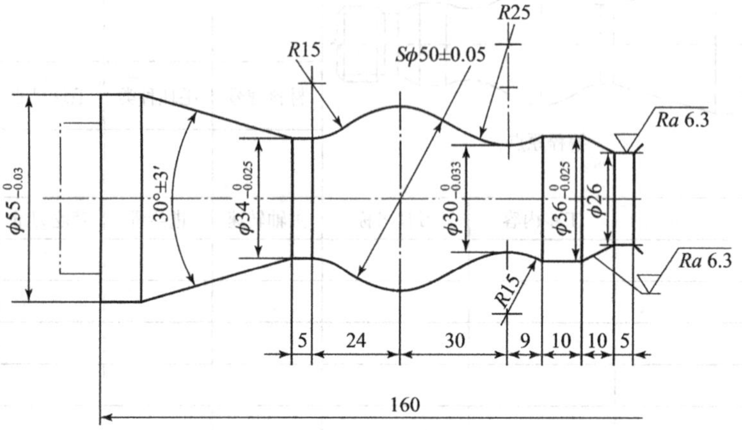

图 2.1.11　思考题图

任务 2.2　精车锥度轴

任务描述

如表 2.2.1 任务所示，已知毛坯为 ϕ40 mm × 65 mm 的 45 钢，要求编制数控加工程序并完成零件的加工，如图 2.2.1 所示。

（1）依程序及图纸要求，完成图示定位销轴工艺编制、节点计算、车削程序编制，并进行仿真加工。

（2）现场检测并验收，评价给分。

表 2.2.1　生产任务单

<table>
<tr><td colspan="2">单位名称</td><td colspan="5"></td><td>编号</td><td></td></tr>
<tr><td rowspan="3">产品清单</td><td>序号</td><td>零件名称</td><td>毛坯外形、尺寸</td><td>数量</td><td>材料</td><td>出单日期</td><td>交货日期</td><td>技术要求</td></tr>
<tr><td>1</td><td>轴</td><td>ϕ40 mm × 65 mm</td><td>1</td><td>45 钢</td><td></td><td></td><td>见图纸</td></tr>
<tr><td></td><td></td><td></td><td></td><td></td><td></td><td></td><td></td></tr>
<tr><td colspan="5">出单人签字：
日期：　　年　　月　　日</td><td colspan="4">接单人签字：
日期：　　年　　月　　日</td></tr>
<tr><td colspan="9">车间负责人签字：
日期：　　年　　月　　日</td></tr>
</table>

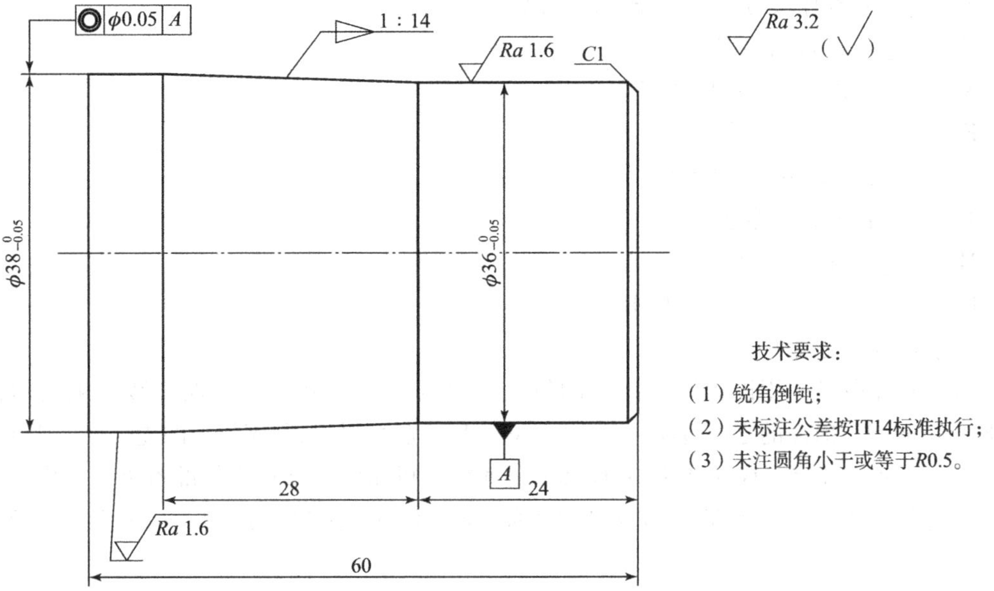

图 2. 2. 1　定位锥销零件图

知识链接：数控加工程序编制

（一）数控加工程序的编制

1. 数控车削程序编制的一般过程

数控车削程序编制过程从获取零件图样到最后加工出合格零件的整个过程，如图 2. 2. 2 所示。

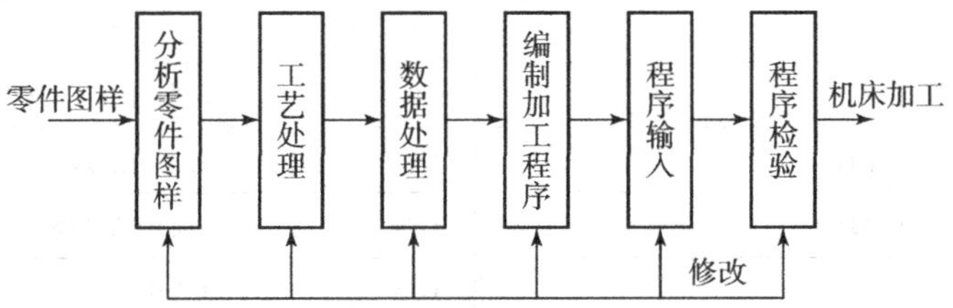

图 2. 2. 2　数控车削程序编制的一般过程

2. 数控编程的方法

手工编程主要由人工来完成数控机床程序编制各个阶段的工作。

自动编程即计算机辅助编程，是利用计算机及专用自动编程软件，以人机对话方式确定加工对象和加工条件，自动进行运算并生成指令的编程过程。

3. 程序段的格式及指令

零件的加工程序是由程序段组成的，每个程序段由若干个数据字组成，每个字是控制系统的具体指令，它是由表示地址的英语字母、特殊文字和数字集合而成的。

一般程序段格式如下：

N ______ G ______ X ______ Z ______ F ______ S ______ T ______ M ______ LF ______;

N ______：程序段号（标记作用，可以省略）

G ______：准备功能字

X ______、Z ______：尺寸字

F ______：进给功能字

S ______：主轴转速功能字

T ______：刀具功能字

M ______：辅助功能字

LF ______：程序段结束（EOB）

程序段内字的说明：

（1）程序段号：用以识别程序段的编号。用地址码 N 和后面的四位数字来表示，如 N0000 ~ N9999，前面的零可省略，如 N1 = N0001。程序段号与程序执行的先后次序无关。

（2）准备功能字（G 功能字）：G 功能是使数控机床做好某种操作准备指令，用地址 G 和两位数字来表示，包括 G00 ~ G99 共 100 种。FANUC 0i 系统的常用准备功能字如表 2.2.2 所示。

表 2.2.2　FANUC 0i 系统常用的 G 功能一览表

G 代码	组别	功能	G 代码	组别	功能
G00	01	定位（快速移动）	G33	01	攻丝循环
* G01		直线插补（切削进给）	G34	01	变螺距螺纹切削
G02		圆弧插补 CW（顺时针）	* G40	04	刀尖半径补偿（选配）
G03		圆弧插补 CCW（逆时针）	G41		
G04	00	暂停，准停	G42		
G28		返回参考点（机械原点）	G50	00	坐标系设定
G32	01	螺纹切削	G55	00	宏程序命令
G70	00	精加工循环	G90	01	外圆，内圆车削循环
G71		外圆粗车循环	G92		螺纹切削循环
G72		端面粗车循环	G94		端面切削循环
G73		封闭切削循环	G95	02	恒线速开
G74		端面深孔加工循环	G97		恒线速关
G75		外圆，内圆切槽循环	* G98	03	每分进给
G75		复合型螺纹切削循环	G99		每转进给

注：从表中可以看到，G 代码被分为不同的组，这是由于大多数的 G 代码是模态的。所谓模态 G 代码，是指这些 G 代码不只在当前的程序段中起作用，而且在以后的程序段中一直起作用，直到程序中出现另一个同组的 G 代码为止，同组的模态 G 代码控制同一个目标但起不同的作用，它们之间是不相容的。00 组的 G 代码是非模态的，这些 G 代码只在它们所在的程序段中起作用。标有 * 号的 G 代码是上电时的初始状态。对于 G01 和 G00、G90 和 G91 上电时的初始状态由参数决定。同一程序段中可以有几个 G 代码出现，但当两个或两个以上的同组 G 代码出现时，最后出现的一个（同组的）G 代码有效。

（3）尺寸字：尺寸字由地址码、“+”、“-”及绝对值（或增量）的数值构成。

尺寸字的地址码有 X，Y，Z，U，V，W，R，A，B，C，I，J，K 等。

例如：X20.0　Y40.0　　尺寸字的“+”可省略。

（4）进给功能字：它表示刀具中心运动时的进给速度，F 有两种表示方法：每分钟进给量（mm/min）；每转进给量（mm/r）。

（5）主轴转速功能字：由地址码 S 和在其后面的若干位数字组成，单位为转速单位（r/min）。例如，S800 表示主轴转速为 800 r/min。

（6）刀具功能字 T：由地址码 T 和若干位数字组成，用于指定加工时所用刀具的编号。对于数控车床，其后的数字还兼作指定刀具长度补偿和刀尖半径补偿用。例如，T0101 表示刀号选用 01 号刀，刀尖半径补偿为 01。

（7）辅助功能字（M 功能）：辅助功能表示一些机床辅助动作的指令。用地址码 M 和后面两位数字表示，包括 M00 ~ M99 共 100 种，如表 2.2.3 所示。

表 2.2.3　FANUC 0i 系统常用的 M 功能一览表

M 代码	功能	M 代码	功能
M00	程序停止	M07	2 号冷却液开
M01	程序选择性停止	M08	切削液开启
M02	程序结束	M09	切削液关闭
M03	主轴正转	M30	程序结束，返回开头
M04	主轴反转	M98	调用子程序
M05	主轴停止	M99	子程序结束
M06	换刀		

（8）程序段结束：每一程序段后，都必须有一个结束符表示程序段结束。当用 EIA 标准代码时，结束符为“CR”；用 ISO 标准代码时，结束符为“NL”或“LF”。有的用符号“;”“*”“#”表示结束。

4. 程序的构成

1）程序段的格式

程序段是数控加工程序中的一条语句，其格式是指在同一个程序段中关于字母、数字和符号等各个信息代码的排列顺序和含义的规定表示方法。如：N30 G01 X20.0 Y50.0 F100 S1000 T02 M08;

N …	G …	X … Y … Z　其他坐标	F …	S …	T …	M …	;
顺序号	准备功能	运动轨迹坐标尺寸	进给功能	主轴功能	刀具功能	辅助功能	结束符号

在程序段中，必须明确组成程序的各要素。如图 2.2.3 所示，为了将刀具从 P_1 点移到 P_2 点，必须在程序段中明确以下几点：

（1）移动的目标是哪里？——移动目标值 X、Y、Z；

（2）沿什么样的轨迹移动？——准备功能字 G；

（3）移动速度有多快？——进给功能字 F；

（4）刀具的切削速度是多少？——主轴转速功能字 S；

（5）选择哪一把刀移动？——刀具功能字 T；

（6）机床还需要哪些辅助动作？——辅助功能字 M。

2）加工程序的一般格式

每种数控系统，根据系统本身的特点及编程的需要，都有一定的程序格式。对于不同的机床，其程序的格式也不同。因此编程人员必须严格按照机床说明书的规定格式进行编程。

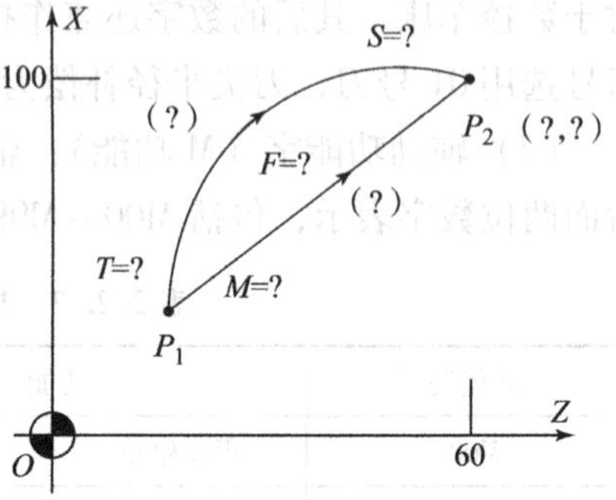

图 2.2.3　组成程序段各要素

一个完整的程序必须包括以下三部分：

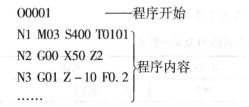

O0001　　　　——程序开始

N1 M03 S400 T0101
N2 G00 X50 Z2
N3 G01 Z－10 F0.2
……
（以上为程序内容）

N9 M30　　　　——程序结束

（1）程序开始：常用 O 表示程序开始，随后写上程序名，程序名由四位数字组成，如 O0000～O9999。

（2）程序内容：是整个程序的核心部分，由若干程序段组成，主要用来表示数控机床要完成的全部动作。

（3）程序结束：用程序结束指令 M02 或 M30 构成最后的程序段，表示该程序运行结束。子程序以“M99”指令结束，两者程序结构相同。

5. 辅助功能 M 指令

以下指令是依据中华人民共和国机械行业标准 JB/T 3208—1999 规定的辅助功能 M 代码的定义。

常用的 M 指令功能及其应用如下：

1）程序停止

指令：M00。

功能：执行完包含 M00 的程序段后，机床停止自动运行，此时所有存在的模态信息保持不变，用循环启动使自动运行重新开始。程序无条件暂停，用于检验工件，为非模态指令。

2）程序计划停止

指令：M01。

功能：与 M00 类似，执行完包含 M01 的程序段后，机床停止自动运行，只是当机床操作面板上的任选停机的开关置 1 时，这个代码才有效。

3）主轴顺时针方向旋转、主轴逆时针方向旋转、主轴停

指令：M03、M04、M05。

功能：开动主轴时，M03 指令可使主轴按右旋螺纹进入工件的方向旋转，M04 指令可使主轴按右旋螺纹离开工件的方向旋转。M05 指令可使主轴在该程序段其他指令执行完成后停转。

格式：

M03　S

M04　S

M05

说明：数控机床的主轴转向的判断方法是，沿 +Z 方向看，顺时针方向旋转为正转，逆时针方向旋转为反转。

4）换刀

指令：M06。

功能：自动换刀。用于具有自动换刀装置的机床，如加工中心、数控车床。

格式：M06　T0101

说明：当数控系统不同时，换刀的编程格式有所不同，具体编程时应参考操作说明书。

5）程序结束

指令：M02 或 M30。

功能：该指令表示主程序结束，同时机床停止自动运行，CNC 装置复位。M30 还可使控制返回到程序的开头，故程序结束使用 M30 比 M02 要方便些。

6. 数控车床的编程规则

1）模态与非模态指令

模态指令又称续效指令，一经程序段中指定，便一直有效，直到以后程序段中出现同组另一指令或被其他指令取消时才失效。编写程序时，与上段相同的模态指令可省略不写。不同组模态指令编在同一程序段内，不影响其续效。例如：

N0010　G91　G01　X20.0　Y20.0　Z－5.0　F150 M03 S1000；

N0020　X35.0；

N0030　G90　G00　X0.0　Y0.0　Z100.0　M02；

上例中，第一段出现三个模态指令，即 G91、G01、M03，因它们不同组而均续效，其中 G91 功能延续到第三段出现 G90 时失效；G01 功能在第二段中继续有效，至第三段出现 G00 时才失效；M03 功能直到第三段 M02 功能生效时才失效。

2）绝对值编程和增量值编程

绝对坐标是指点的坐标值是相对于“工件原点”计量的。

增量坐标又叫相对坐标，是指运动终点的坐标值是以“前一点”的坐标为起点来计量的。

以加工图 2.2.4 所示零件的程序为例，加工程序可写成以下几种形式：

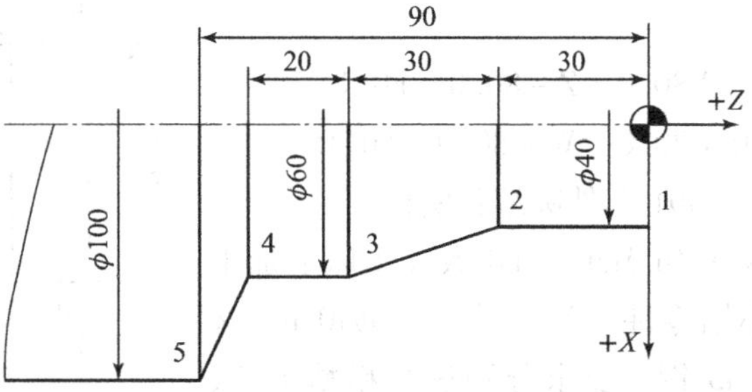

图 2.2.4　绝对编程与增量编程

绝对坐标程序：N1 G01 X40.0 Z0.0 F0.2；

相对坐标程序：N2 G01 W－30.0；

混合坐标程序：N3 G01 X60.0 W－30.0 F0.1（G01 U20.0 Z－60.0 F0.1）；

3）小数点编程

数控编程时，可以使用小数点编程，每个数字都有小数点。也可使用脉冲数编程，数字中不写小数点。

7. 编程指令

1）进给功能设定

G98 与 G99 用来控制进给速度 F 的单位，均为模态指令。G98 指定每分钟进给量（mm/min），G99 指定每转进给量（mm/r），G99 为数控车床的初始状态。例如：

G98 G01 Z－30.0 F100；指定刀具以 100 mm/min 的速度移动到 Z－30.0 处；

G99 G01 Z－30.0 F0.1；指定刀具以 0.1 mm/r 的速度移动到 Z－30.0 处；

注：FANUC 系统、SIEMENS 系统采用 G94（mm/min）G95（mm/r）。

2）公制/英制变换指令：G21/G20

G21 表示为公制编程，即 X(U)、Z(W)、R 等坐标尺寸字所描述的单位为 mm；G20 表示为英制编程，相应的坐标尺寸字所描述的单位为 in。G21/G20 必须在程序开始设定坐标系之前指定，为模态指令。

3）G00 快速定位

指令格式：G00 X(U) ________ Z(W) ________；

式中：X(U)：目标点的 *X* 方向坐标，Z(W)：目标点的 *Z* 方向坐标；

X、Z 表示绝对编程，U、W 表示增量编程。

注意：G00 的速度由制造商在参数中设定，与用户指定的 F 无关。G00 是模态指令，无运动轨迹要求，以点位控制方式从当前点快速移动到目标点。车削是快速定位目标点，不能直接选在工件上，一般要离开工件表面 1～2 mm。

4）G01 直线插补

指令格式：G01 ______ X(U) ______ Z(W) ______ F______；

式中：X(U)、Z(W) 为加工目标点的坐标，X、Z 表示绝对编程，U、W 表示增量编程；F 为加工时的进给率。

功能：指令刀具以程序给定的速度从当前位置沿直线加工到目标位置。

例如：采用 G01 指令，编写如图 2.2.5 所示车削外圆锥面的程序段。

绝对坐标方式：G01 X80.0 Z－80.0 F0.15；

增量坐标方式：G01 U20.0 W－80.0 F0.15；

【实例 2.1】 G00、G01 车外圆编程实例

任务描述：在 FANUC 0i Mate－TB 数控车床上加工如图 2.2.6 所示阶梯小轴零件右端。毛坯为 ϕ40 mm × 73 mm的棒料，材料为 45 钢，要求分别进行粗精加工，试编程。设定工件右端面中心为编程原点。

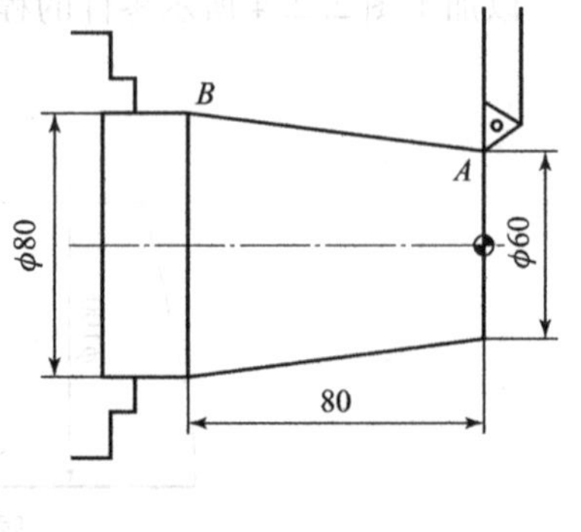

图 2.2.5 G01 指令举例

（1）根据零件图确定加工工艺路线。

①车端面。

②粗车 ϕ32 mm、ϕ36 mm 外圆，轴向走刀。

③精车 ϕ32 mm、ϕ36 mm 外圆。

④检查。

（2）选择刀具。

T0101 用于粗车外圆，T0202 用于精车外圆。

（3）切削用量的确定。

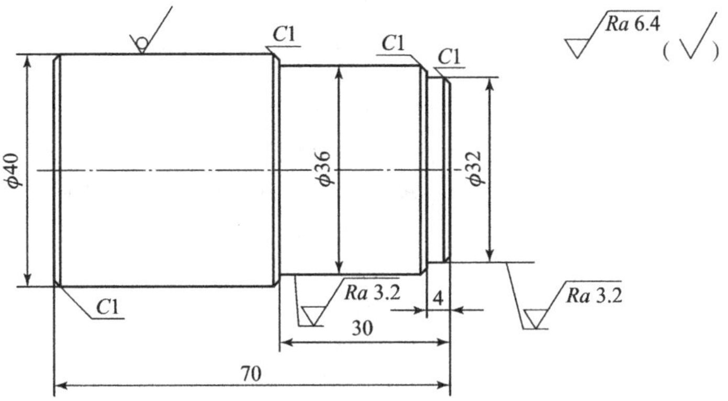

图 2.2.6　阶梯小轴（外圆编程实例）

（4）编写程序。

阶梯小轴右端加工程序清单如表 2.2.4 所示。

表 2.2.4　阶梯小轴右端加工程序清单

<table>
<tr><td>单位</td><td></td><td>零件名称</td><td></td><td>零件图号</td><td></td></tr>
<tr><td rowspan="3">工件安装定位简图及原点位置</td><td rowspan="3">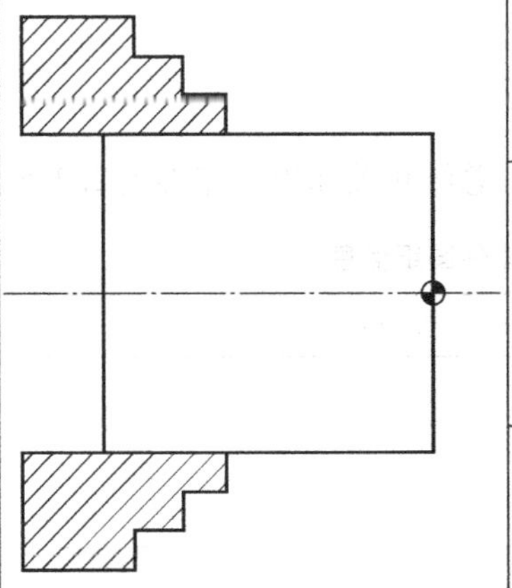</td><td>刀具号</td><td>刀具名</td><td colspan="2">刀具作用</td></tr>
<tr><td>01</td><td>93°外圆车刀</td><td colspan="2">粗车零件</td></tr>
<tr><td>02</td><td>93°外圆车刀</td><td colspan="2">精车零件</td></tr>
</table>

续表

段号	程序名	O2201	注释
N0G21 G97 G99;			程序初始化
N1T0101;			选择1#刀,1#刀补
N2M03 S500;			启动主轴正转,转速为500 r/min
N3G00 X42.0 Z0.0;			刀具加工定位
N5G01 X-1.0 F0.10;			车端面,进给量为0.1 mm/r
N7G00 Z2.0;			刀具加工定位,到起刀点
N8G01 X34.0 F0.15;			粗车外圆 ϕ34 mm,背吃刀量为3 mm,进给量为0.15 mm/r
N9 Z-4.0;			Z向车至-4 mm
N10 X37.0;			粗车 ϕ36 mm外圆,背吃刀量为1.5 mm
N11 Z-30.0;			Z向车至30 mm
N13 X40.0;			X向进刀至40 mm
N14 G00 X100.0 Z100.0;			退刀至换刀点
N15 S1000 T0202;			转速1 000 r/min,选择2#号,2#刀补
N17 G00X35.0 Z0.0;			刀具加工定位
N18 G01 X30.0 F0.1;			X向进刀至30 mm
N19 X32.0 Z-1.0;			车倒角
N21 Z-4.0;			精车外圆 ϕ32 mm,背吃刀量为1 mm,进给量为0.1 mm/r
N23 X34.0;			X向进刀至34 mm
N25 X36.0 Z-5.0;			车倒角
N26 Z-30.0;			精车外圆 ϕ36 mm,至Z-30处
N27 X38.0;			X向走刀至38 mm
N28 X40.0 W-1.0;			车倒角
N37 G00 X100.0 Z100.0;			退刀至换刀点
N27 M05;			主轴停转
N29 M30;			程序结束,回程序头

编制		审核		批准		年　月　日	共　页	第　页

工作页：精车锥度轴

1. 信息、决策与计划

（1）分析零件的图纸及工艺信息，归纳、总结相关知识，完善表2.2.5。

表2.2.5　零件图纸信息

信息内容（问题）	信息的处理及决策
Ra 3.2 （√）	解释其含义：
◎ | ϕ0.05 | A	解释其含义：

续表

信息内容（问题）	信息的处理及决策
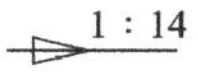	解释其含义：
	解释其含义：

（2）单项选择题。

①G01 指令命令机床以一定的速度从当前位置沿（　　）移动到指令给出的目标位置。

A. 曲线　　B. 折线　　C. 圆弧　　D. 直线

②下面针对 G01 的描述哪一个是恰当的？（　　）

A. 快速定位

B. 直线插补

C. 该指令控制刀具沿直线轨迹移动，速度不用指定

③数控系统中，（　　）指令在加工过程中是模态的。

A. G01、F；　　B. G27、G28；　　C. G04；　　D. M02

④G00 指令与下列的（　　）指令不是同一组的。

A. G01　　B. G02、G03　　C. G04

（3）简答题。

①简述 G00 指令与 G01 指令的相同点与不同点。

②请写出 G00、G01 指令格式。

2. 任务实施

（1）请确定定位销轴的编程坐标原点，并计算车削时的走刀坐标点，如表 2.2.6 中坐标点图中点 1、2、3、4、5、6 所示，计算出 6 个走刀点的坐标，并填写表 2.2.6。

表 2. 2. 6　定位销轴编程坐标计算表

<table>
<tr><td colspan="8">确定定位销轴的编程原点为：</td></tr>
<tr><td>坐标点</td><td>1</td><td>2</td><td>3</td><td>4</td><td>5</td><td>6</td><td rowspan="3">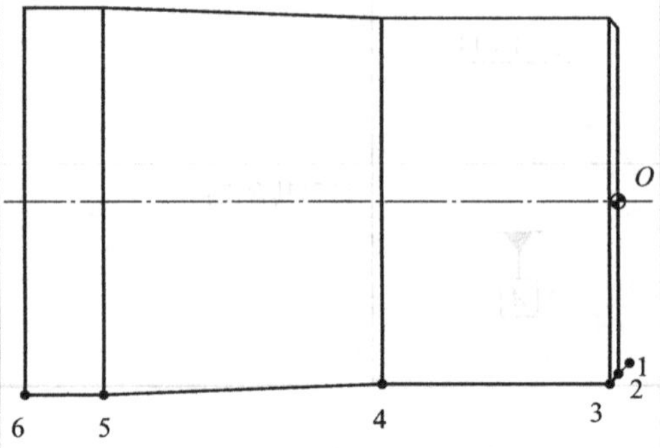定位销轴坐标点图</td></tr>
<tr><td>X</td><td></td><td></td><td></td><td></td><td></td><td></td></tr>
<tr><td>Z</td><td></td><td></td><td></td><td></td><td></td><td></td></tr>
</table>

（2）请完成表 2. 2. 7 数控加工记录表中刀具卡、工序卡以及加工程序单的填写。

表 2. 2. 7　定位销轴零件数控加工记录表

<table>
<tr><td colspan="6">数控切削加工刀具卡</td></tr>
<tr><td>单位</td><td></td><td>零件名称</td><td>零件图号</td><td></td><td>备注</td></tr>
<tr><td rowspan="4">工件安装定位简图</td><td rowspan="4">画工件安装简图，并标注零件坐标原点</td><td>车间</td><td>设备名称</td><td>设备型号</td><td>设备编号</td></tr>
<tr><td></td><td></td><td></td><td></td></tr>
<tr><td>材料牌号</td><td>毛坯种类</td><td>毛坯尺寸</td><td>工序时间</td></tr>
<tr><td></td><td></td><td></td><td></td></tr>
</table>

序号	刀具号	刀具类型	刀杆型号	刀片类型	刀尖半径	补偿代号	换刀方式	备注

数控车削加工工序卡							
工步号	工步内容	刀具名称	主轴转速	进给量	背吃刀量	余量	备注

续表

数控加工程序单	程序名：________	
段号	程序内容	注释

编制		审核		批准		年　月　日	共 页	第　页

3. 检查与评价

填写表 2.2.8。

表 2.2.8　评价表

<table>
<tr><td colspan="2">零件名称</td><td></td><td>零件图号</td><td></td><td>操作人员</td><td></td><td colspan="2">完成工时</td><td></td></tr>
<tr><td>序号</td><td colspan="3">鉴定项目及标准</td><td>配分</td><td>评分标准（扣完为止）</td><td>自检结果</td><td>得分</td><td>互检结果</td><td>得分</td></tr>
<tr><td>1</td><td rowspan="8">任务实施</td><td colspan="2">工件安装</td><td>5</td><td>装夹方法不正确扣分</td><td></td><td></td><td></td><td></td></tr>
<tr><td>2</td><td colspan="2">刀具安装</td><td>5</td><td>刀具选择不正确扣分</td><td></td><td></td><td></td><td></td></tr>
<tr><td>3</td><td colspan="2">程序编写</td><td>20</td><td>程序输入不正确每处扣 1 分</td><td></td><td></td><td></td><td></td></tr>
<tr><td>4</td><td colspan="2">程序录入</td><td>5</td><td></td><td></td><td></td><td></td><td></td></tr>
<tr><td>5</td><td colspan="2">量具使用</td><td>5</td><td>量具使用不正确每次扣 1 分</td><td></td><td></td><td></td><td></td></tr>
<tr><td>6</td><td colspan="2">对刀操作</td><td>20</td><td>对刀不正确，每步骤扣 2 分</td><td></td><td></td><td></td><td></td></tr>
<tr><td>7</td><td colspan="2">完成工时</td><td>5</td><td>每超时 5 min 扣 1 分</td><td></td><td></td><td></td><td></td></tr>
<tr><td>8</td><td colspan="2">安全文明</td><td>5</td><td>撞刀、未清理机床和保养设备扣 5 分</td><td></td><td></td><td></td><td></td></tr>
<tr><td rowspan="3">9</td><td rowspan="5">工件质量</td><td rowspan="3">ϕ36 mm</td><td>上偏差：0</td><td rowspan="2">10</td><td rowspan="2">超差扣 5 分</td><td rowspan="2"></td><td rowspan="2"></td><td rowspan="2"></td><td rowspan="2"></td></tr>
<tr><td>下偏差：−0.05 mm</td></tr>
<tr><td>Ra3.2 μm</td><td>5</td><td>降一级扣 1 分</td><td></td><td></td><td></td><td></td></tr>
<tr><td rowspan="2">10</td><td rowspan="2">ϕ38 mm</td><td>上偏差：0</td><td rowspan="2">5</td><td rowspan="2">超差扣 10 分</td><td rowspan="2"></td><td rowspan="2"></td><td rowspan="2"></td><td rowspan="2"></td></tr>
<tr><td>下偏差：−0.05 mm</td></tr>
<tr><td>11</td><td>专业知识</td><td colspan="2">任务单题量完成质量</td><td>10</td><td>未完成一道题扣 2 分</td><td></td><td></td><td></td><td></td></tr>
<tr><td colspan="2">合计</td><td colspan="2"></td><td>100</td><td colspan="5"></td></tr>
</table>

4. 思考与拓展

（1）请分析你仿真加工零件的工件质量，如果 ϕ36 mm 尺寸偏大，请分析造成该结果的原因，并提出至少两个解决办法。

（2）图 2.2.7 所示为光轴零件图，图 2.2.8 所示为该零件编程的思维导图，请补充完善导图中括号的空白处内容，并依此思维步骤，编写光轴的精加工程序，填写数控编程功能代码指令及程序段指令于括号中，或写入以下空白处。

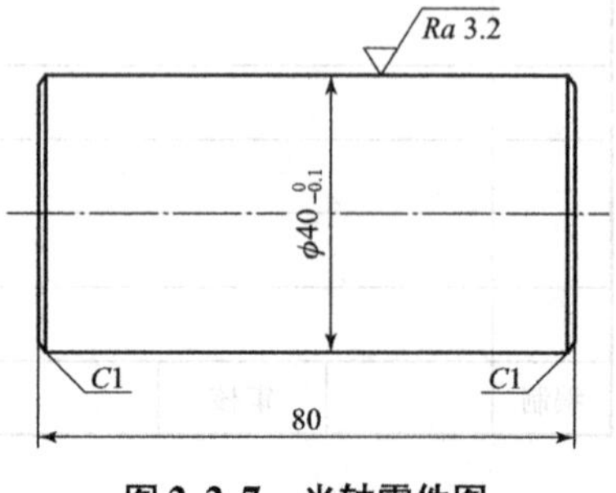

图 2.2.7　光轴零件图

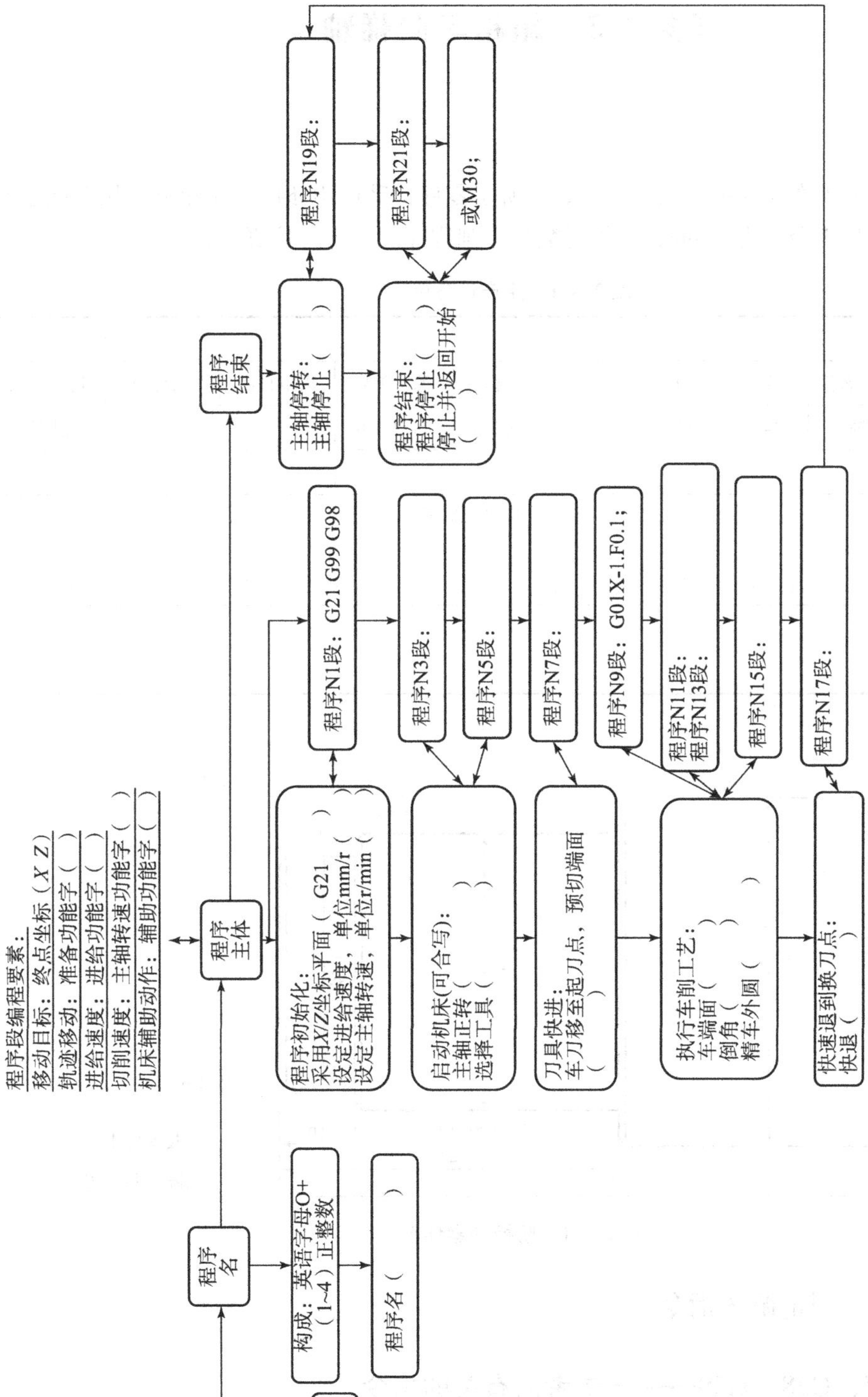

图 2.2.8　光轴编程思维导图

任务 2.3　粗精车阶梯轴

任务描述

根据表 2.3.1 生产任务单，加工图 2.3.1 所示零件，毛坯用 ϕ45 mm 棒料。从右端至左端轴向走刀，精加工余量为 1 mm，请编写数控车削程序，并进行仿真加工。

表 2.3.1　生产任务单

单位名称								编号	
产品清单	序号	零件名称	毛坯外形、尺寸	数量	材料	德国牌号	出单日期	交货日期	技术要求
	1	轴	ϕ45 mm×93 mm	1	Q235	11SMn30			见图纸
出单人签字： 日期：　年　月　日					接单人签字： 日期：　年　月　日				
车间负责人签字： 日期：　年　月　日									

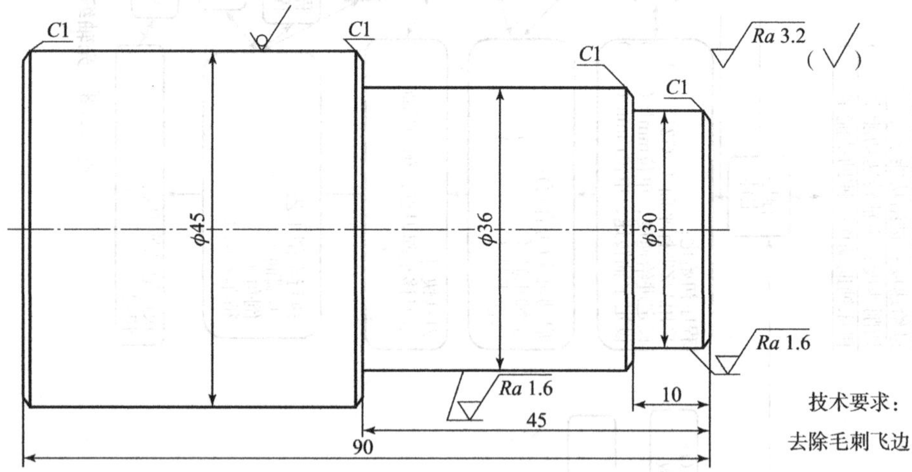

图 2.3.1　阶梯轴零件图

知识链接：单一固定循环指令

（一）G27、G28、G29——与参考点有关的指令

所谓“参考点”，是沿着坐标轴的一个固定点，其固定位置由 X 轴方向与 Z 轴方向的机械挡块及电动机零点（即机床原点）的位置来确定，机械挡块一般设定在 X、Z 轴正向最大位置。定位到参考点的过程称为返回参考点。由手动操作返回参考点的过程称为“手动返回参考点”。而根据规定的 G 代码自动返回零点的过程称为“自动返回参考点”。当进行返

回参考点的操作时，装在纵向和横向拖板上的行程开关，碰到挡块后，向数控系统发出信号，由系统控制拖板停止运动，完成返回参考点的操作。

①G27——返回参考点检查指令。

指令格式：G27 X(U) ______ Z(W) ______;

其中，X(U)、Z(W) 为参考点在编程坐标系中的坐标，X、Z 为绝对坐标，U、W 为增量坐标。

数控机床通常是长时间连续工作的，为了提高工件的可靠性，保证零件的加工精度，可用 G27 指令来检查工件原点的正确性。使用这一指令时，若先前使用 G41 或 G42 指令建立了刀尖半径补偿，则必须用 G40 取消后才能使用，否则会出现不正确的报警。

②G28——自动返回参考点指令。

指令格式：G28 X(U) ______ Z(W) ______;

其中，X(U)、Z(W) 为中间点的坐标位置。

说明：这一指令与 G27 指令不同，不需要指定参考点的坐标，有时为安全起见，指定一个刀具返回参考点时经过的中间位置坐标。G28 常用于自动换刀，使刀具以快速定位移动的方式，经过指定的中间位置，返回参考点。

③G29——从参考点返回指令。

指令格式：G29 X ______ Z ______;

其中，X、Z 为刀具返回目标点时的坐标。

说明：G29 经过中间点（G28 命令中规定的中间点）达到目标点指定的位置，返回参考点。因此，这一指令在使用之前，必须保证前面已经用过 G28 指令，否则 G29 指令不知道中间位置，会发生错误。

④选择工件坐标系 G54 ~ G59。

指令格式：G54 ~ G59 命令

例如：用 G54 指令设定如图 2.3.2 所示的工作坐标系。

首先设置 G54 原点偏置寄存器：G54 X0.0 Z85.0;

然后再在程序中调用：N10 G54;

说明：G54 ~ G59 是系统预置的 6 个坐标系，可根据需要选用。G54 ~ G59 建立的工件的工件坐标原点是相对于机床原点而言的，在程序运行前已设定好，在程序运行中是无法重置的。G54 ~ G59 预置建立的工作坐标原点在机床坐标系中的坐标值可用 MDI 方式输入，系统自动记忆。使用该组指令前，必须先回参考点。G54 ~ G59 为模态指令，可相互注销。

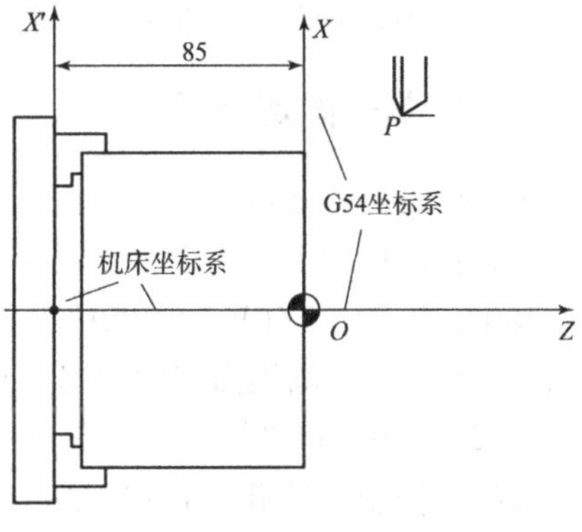

图 2.3.2　G54 设定加工坐标系

⑤G50——设定工件坐标系指令。

编程模式：G50 X ______ Z ______;

其中，X、Z 的值是起刀点相对于加工原点的位置。G50 使用方法与 G92 类似。X 常用直径值表示。

如：G50 X121.8 Z33.9;

（二）线速度控制指令

①主轴最高转速限制。

格式：G50 S ______

该指令可防止因主轴转速过高，离心力太大，产生危险及影响机床寿命。

②主轴速度以恒线速度设定。

格式：G96 S ______

该指令功能是执行恒线速度控制，并且只通过改变转速来控制相应的工件直径变化时维持稳定的恒定的切削速率，和 G50 配合使用。用于车削端面或工件直径变化较大的场合。采用此功能，可保证当工件直径变化时，主轴的线速度不变，从而保证切削速度不变，提高加工质量。

例如：G50 S1800；（指令主轴最高转速为 1 800 r/min）

　　　G96 S100；（指令恒线速度为 100 m/min）

③主轴速度以转速设定。

格式：G97 S ______

该指令用于车削螺纹或工件直径变化较小的场合。采用此功能，可设定主轴转速并取消恒线速度控制。

例 1：设定主轴速度。

G96 S150；设定线速度恒定，切削速度为 150 m/min。

G50 S2500；设定主轴最高转速为 2 500 r/min。

⋮

G97 S800；取消线速度恒定功能，主轴转速为 800 r/min。

（三）单一固定循环

①G90 内径、外圆柱（锥）面固定循环指令。

格式：G90 X(U) ______ Z(W) ______ R ______ F ______；

其中：X(U)、Z(W) 为圆柱（锥）面切削的终点坐标值，即可采用绝对坐标，也可采用增量坐标；*R* 为圆锥面切削的起点与终点坐标的半径差［R =（*X* 轴起点坐标 - *X* 轴终点坐标）/2］，当起点坐标大于终点坐标时为正，反之为负。

该指令控制刀具沿着 1—2—3—4 移动，如图 2.3.3 所示。其中，1（R）表示第一步是快速运动，2（F）表示第二步按进给速度切削，其余 3（F）、4（R）的意义相似。

例 1：G90 固定循环举例，起点坐标为 X55.0、Z2.0，如图 2.3.4（a）所示圆柱固定循环程序段：

```
…
G00 X55.0  Z2.0;
G90 X45.0 Z -25.0 F0.2;
X40.0;
X35.0;
…
```

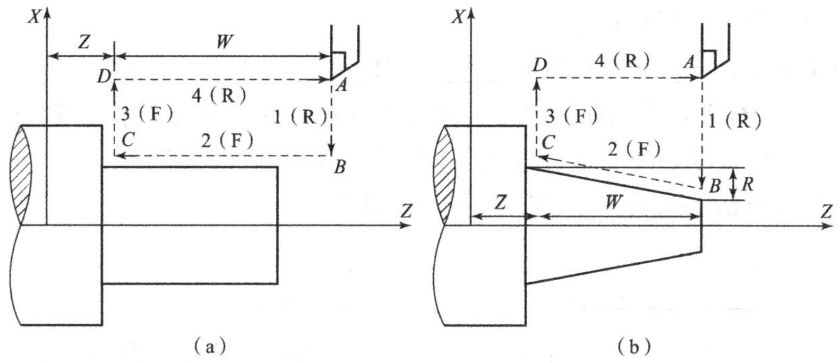

图2.3.3　G90走刀轨迹

（a）圆柱固定循环；（b）圆锥固定循环

如图2.3.4（b）所示圆锥循环程序，其中，起点坐标为X52.0、Z5.0，X、Z坐标不变，每个程序段只改变R值：

```
…
G00 X52.0  Z2.0;
G90 X50.0 Z -30.0 R -4.0 F0.2;
R -8.0;
R -11.67 S1000 F0.1;
G00 X100.0 Z100.0
```

如图2.3.4（c）所示圆锥循环程序，其中，起点坐标为X66.0、Z5.0，R、Z值不变，只改变X值：

```
…
G00 X66.0  Z5.0;
G90 X65.0 Z -30.0 R -11.67 F0.2;
X60.0;
X55.0
X50.0 S1000 F0.1;
G00 X100.0 Z100.0;
…
```

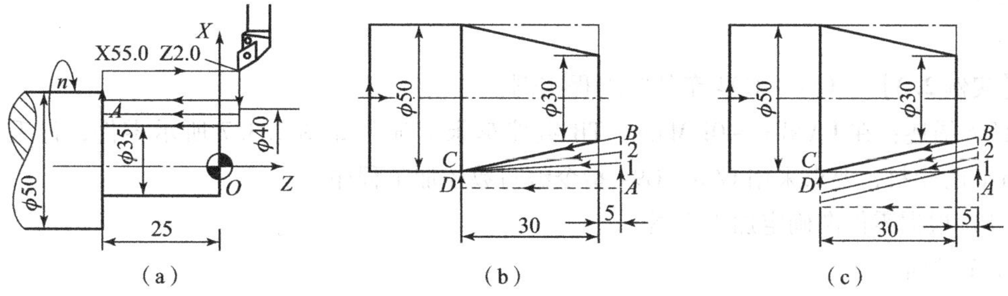

图2.3.4　G90固定循环举例

（a）圆柱固定循环；（b）圆锥固定循环R值改变；（c）圆锥固定循环X值改变

②G94 端面（锥度）循环指令。

格式：G94 X(U) ______ Z(W) ______ R______ F______;

其中：X(U)、Z(W) 为端面（锥度）切削的终点坐标，既可采用绝对坐标，也可采用增量坐标；R 为端面锥度切削的起点与终点坐标的 Z 坐标差，可正可负。

该指令控制刀具沿 1—2—3—4 移动，如图 2.3.5 所示。

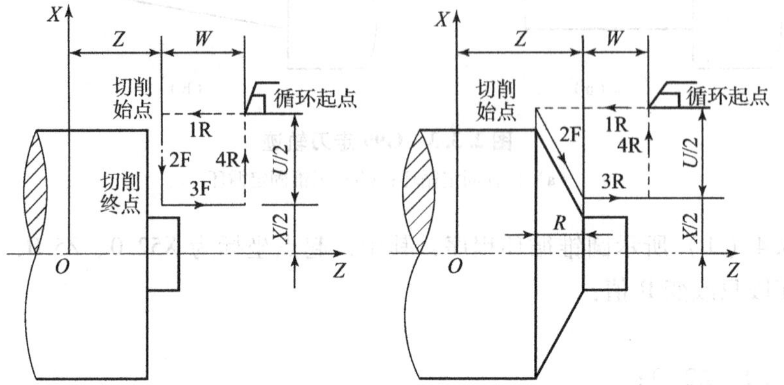

图 2.3.5　G94 走刀轨迹图

例 2：G94 固定循环举例，起点坐标为 X65.0、Z5.0，如图 2.3.6（a）所示圆柱循环程序段：

```
…
G00 X65.0  Z5.0;
G94 X35.0 Z-5.0  F0.2;
Z-10.0;
Z-15.0
…
```

如图 2.3.6（b）所示圆锥循环程序段：

```
…
G00 X65.0  Z5.0;
G94 X25.0 Z0.0  R-10.0 F0.2;
Z-5.0;
Z-10.0
…
```

【实例 2.3】　G90、G94 车外圆编程实例。

任务描述：在 FANUC-0i Mate-TB 数控车床上加工如图 2.3.7 所示零件，设毛坯是 ϕ50 mm 的棒料，要求采用 G90、G94 指令编写数控加工程序。

（1）根据零件图确定加工方案。

①车端面。

②粗车 ϕ20 mm、ϕ30 mm 外圆，留余量 1 mm。

③精车 ϕ20 mm、ϕ30 mm 外圆。

④检查。

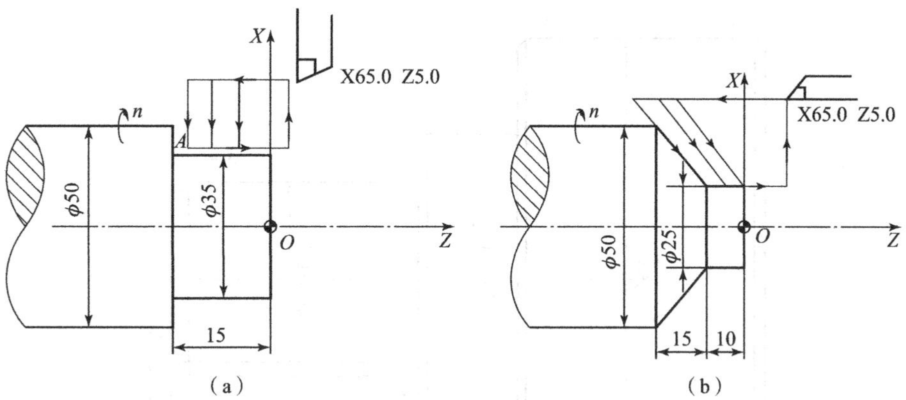

图 2.3.6　G94 固定循环举例

(a) 圆柱固定循环；(b) 圆锥固定循环

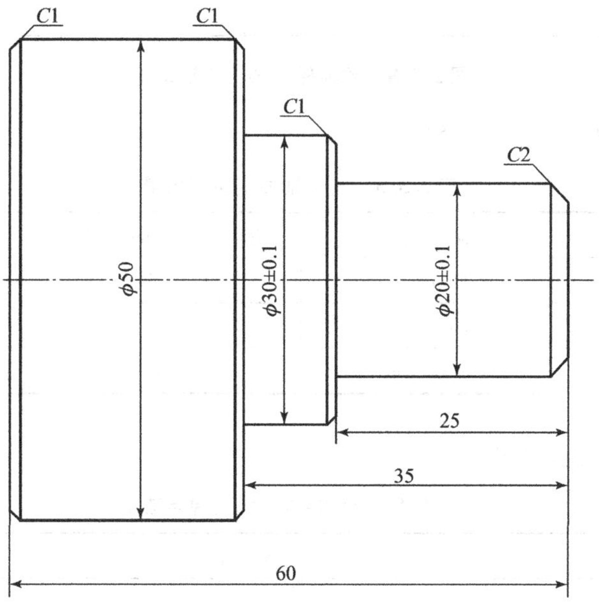

图 2.3.7　阶梯轴零件图

(2) 选择刀具。

T0101 用于粗车外圆，T0202 用于精车外圆。

(3) 精车加工刀路轨迹点计算，如表 2.3.2 和图 2.3.8 所示。

表 2.3.2　阶梯轴精加工刀路轨迹点计算

坐标点	1	2	3	4	5	6
X	14	20	20	28	30	30
Z	1	−2	−25	−25	−26	−35

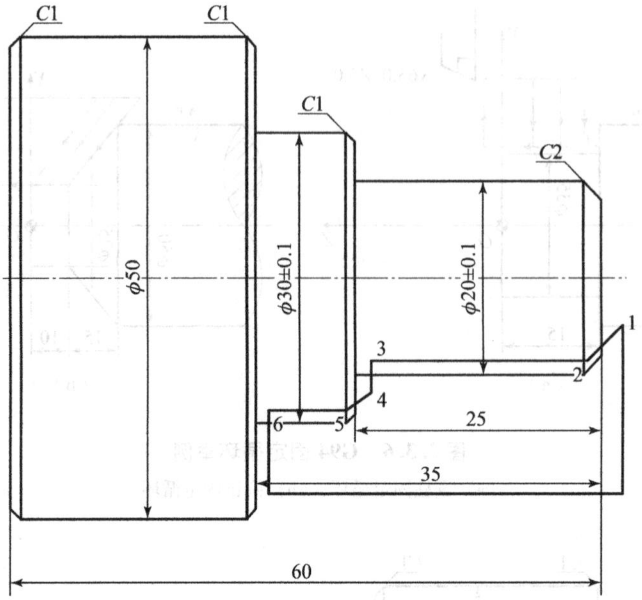

图 2.3.8　阶梯轴精加工刀路轨迹

（4）切削用量确定（表 2.3.3）。

表 2.3.3　阶梯轴加工切削用量

加工内容	主轴转速 S	进给量 $F/$（$mm \cdot r^{-1}$）	每刀的 a_p
车端面	500 m/min	0.15	
粗车外圆	800 r/min	0.15	3 mm
精车外圆	1 000 r/min	0.08	1 mm

（5）编写程序（表 2.3.4）。

表 2.3.4　阶梯轴右端加工程序清单

<table>
<tr><td>单位</td><td></td><td>零件名称</td><td></td><td>零件图号</td><td></td></tr>
<tr><td rowspan="3">工件安装定位简图及原点位置</td><td rowspan="3">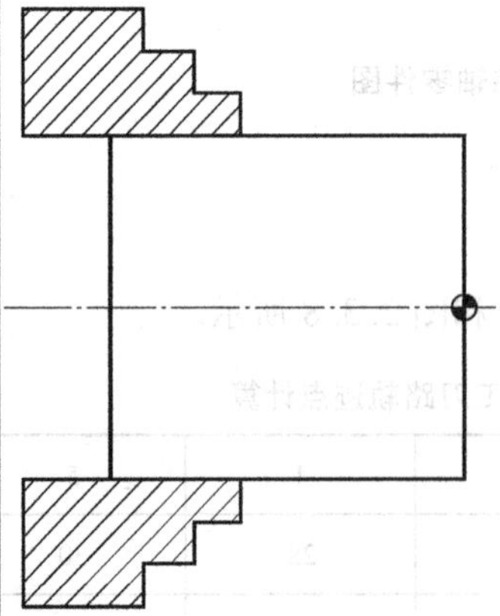</td><td>刀具号</td><td>刀具名</td><td colspan="2">刀具作用</td></tr>
<tr><td>T01</td><td>93°外圆车刀</td><td colspan="2">粗车零件</td></tr>
<tr><td>T02</td><td>93°外圆车刀</td><td colspan="2">精车零件</td></tr>
</table>

续表

段号	程序名	O2101	注释
N0 G21 G97 G99;			程序初始化
N1 T0101 M03 S600;			选择1#刀,1#刀补,启动主轴正转,转速为600 r/min
N2 G96 S120;			设置恒切削速度为120 m/min
N3 G50 S2000;			设定主轴最高转速为2 000 r/min
N4 G00 X55.0 Z0.0;			刀具加工定位
N5 G94 X-1.0 F0.10;			车端面,进给量为0.1 mm/r
N6 G00 X52.0 Z1.0;			刀具加工定位,到起刀点
N7 G90 X46.0 Z-35.0 F0.15;			粗车外圆至ϕ46 mm×35 mm,进给量为0.15 mm/r
N8 X43.0;			粗车外圆至ϕ43 mm×35 mm
N9 X40.0;			粗车外圆至ϕ40 mm×35 mm
N11 X37.0;			粗车外圆至ϕ37 mm×35 mm
N13 X34.0;			粗车外圆至ϕ34 mm×35 mm
N15 X31.0;			粗车外圆至ϕ31 mm×35 mm,留精车余量1 mm
N19 X27.0 Z-20.0;			粗车外圆至ϕ27 mm×20 mm
N21 X24.0;			粗车外圆至ϕ24 mm×20 mm
N23 X21.0;			粗车外圆至ϕ21 mm×20 mm,留精车余量1 mm
N24 G00 X100.0 Z100.0;			退刀至换刀点
N25 T0202 G97 S1000;			选择2#号,2#刀补,取消恒线速度,转速设定为1 000 r/min
N26 G00X14.0 Z1.0 F0.08;			刀具加工定位,准备倒角
N28 X20.0 Z-2.0;			倒角
N30 Z-25.0;			精车ϕ20 mm×20 mm外圆
N32 X28.0;			X向进刀至28 mm
N34 X30.0 W-1.0;			车倒角
N36 Z-35.0;			精车外圆ϕ30
N38 X50.0;			X向进刀至50 mm
N40 G00 X100.0 Z100.0;			退刀至换刀点
N42 M05;			主轴停转
N44 M30;			程序结束,回程序头

编制		审核		批准		年　月　日	共　页	第　页

工作页：粗精车阶梯轴

1. 信息、决策与计划

（1）分析零件的图纸及工艺信息，归纳、总结相关知识，完善表2.3.5中图纸信息。

表2.3.5　图纸信息表

信息内容（问题）	信息的处理及决策
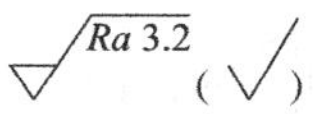	解释其含义：

续表

信息内容（问题）	信息的处理及决策
	解释其含义：
技术要求： 去除毛刺飞边	达到该技术要求，需在加工时如何操作？如何检测？
*Ra*1.6	分析：一般采取何种加工工艺路线才能达到 *Ra*1.6 μm 的表面粗糙度值？
11SMn30	该零件毛坯材料为德国材料牌号，分析该材料的金属含量、命名以及加工工艺性。

（2）单项选择题。

①3 个分别为 22h6、22h7、22h8 的公差带，下列说法（　　）是正确的。

A. 上偏差相同且下偏差不相同

B. 上偏差相同且下偏差相同

C. 上、下偏差相同

D. 上、下偏差不相同

②指定恒线速度切削的指令是（　　）。

A. G97　　B. G96　　C. G95　　D. 94

③在偏置值设置 G55 栏中的数值是（　　）。

A. 工件坐标系的原点相对于机床坐标系原点的偏移值

B. 刀具的长度偏差值

C. 工件坐标系的原点

D. 工件坐标系相对对刀点的偏移值

④G90 指令代码适合轴类零件的（　　）加工。

A. 精车　　B. 粗车　　C. 光整加工

⑤车刀完成 G90 X46.0 Z－35.0 F0.15；程序段的加工后，刀具在以下（　　）的位置。

A. 起刀点　　B. 坐标点（X46.0 Z－35.0）　　C. X0.0 Z0.0 点

⑥对 G90 X40.0 Z20.0 R－5.0 F0.15 程序段的正确解读是（　　）。

A. 该程序段加工的是一段圆柱面　　B. 该程序段加工的是如图的锥面

C. 该程序段加工的是如图的锥面

⑦下面哪种针对 G28 代码指令的描述是恰当的？(　　)

A. 返回参考点检测　　　　B. 模态指令

C. 公制输入　　　　　　　D. 自动返回参考点

(3) 简答题

①单一复合指令 G90 代码适合用在零件的何种加工的编程场合？

②简述主轴转速设定功能 G96 与 G97 指令的区别，并指出分别用于什么场合。

2. 任务实施

(1) 请确定阶梯小轴的编程原点，按表 2. 3. 6 中图所示位置点，计算出 8 个走刀点的坐标值，并填写表 2. 3. 6。

表 2. 3. 6　阶梯小轴编程坐标点计算表

<table>
<tr><td colspan="10">确定阶梯小轴的编程坐标原点选择在何处？
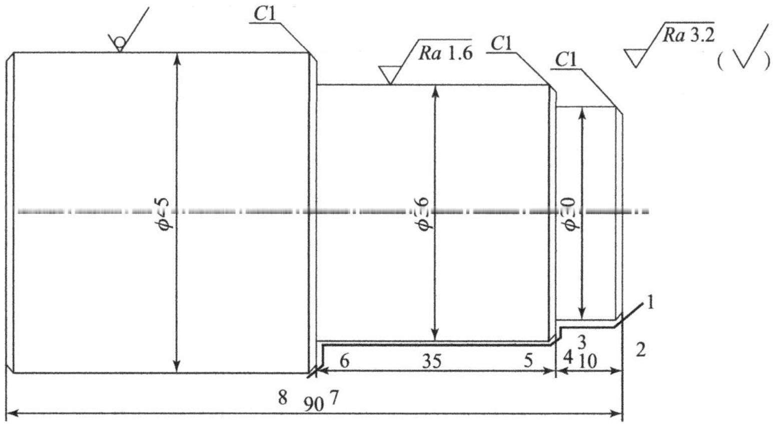

阶梯小轴坐标点图</td></tr>
<tr><td>坐标点</td><td>1</td><td>2</td><td>3</td><td>4</td><td>5</td><td>6</td><td>7</td><td>8</td><td></td></tr>
<tr><td>X</td><td></td><td></td><td></td><td></td><td></td><td></td><td></td><td></td><td></td></tr>
<tr><td>Z</td><td></td><td></td><td></td><td></td><td></td><td></td><td></td><td></td><td></td></tr>
</table>

（2）请完成表 2. 3. 7 数控加工记录表中刀具卡、工序卡以及加工程序单的填写。

表 2. 3. 7　定位销轴零件数控加工刀具卡、工序卡、程序单

数控切削加工刀具卡					
单位		零件名称	零件图号		备注
工件安装定位简图	画工件安装简图，并标注编程原点	车间	设备名称	设备型号	设备编号
		材料牌号	毛坯种类	毛坯尺寸	工序时间

序号	刀具号	刀具类型	刀杆型号	刀片类型	刀尖半径	补偿代号	换刀方式	备注

数控车削加工工序卡							
工步号	工步内容	刀具名称	主轴转速	进给量	背吃刀量	余量	备注

数控加工程序单　　程序名：________		
段号	程序内容	注释

编制		审核		批准		年　月　日	共　页	第　页

3. 检查与评价

填写表2.3.8（表格中的上下偏差要求自己查表填写）。

表2.3.8　评价表

<table>
<tr><td colspan="2">零件名称</td><td></td><td colspan="2">零件图号</td><td></td><td>操作人员：</td><td colspan="2">完成工时</td><td></td></tr>
<tr><td>序号</td><td colspan="3">鉴定项目及标准</td><td>配分</td><td>评分标准（扣完为止）</td><td>自检结果</td><td>得分</td><td>互检结果</td><td>得分</td></tr>
<tr><td>1</td><td rowspan="8">任务实施</td><td colspan="2">工件安装</td><td>5</td><td>装夹方法不正确扣分</td><td></td><td></td><td></td><td></td></tr>
<tr><td>2</td><td colspan="2">刀具安装</td><td>5</td><td>刀具选择不正确扣分</td><td></td><td></td><td></td><td></td></tr>
<tr><td>3</td><td colspan="2">程序编写</td><td>20</td><td>程序输入不正确每处扣1分</td><td></td><td></td><td></td><td></td></tr>
<tr><td>4</td><td colspan="2">程序录入</td><td>5</td><td></td><td></td><td></td><td></td><td></td></tr>
<tr><td>5</td><td colspan="2">量具使用</td><td>5</td><td>量具使用不正确每次扣1分</td><td></td><td></td><td></td><td></td></tr>
<tr><td>6</td><td colspan="2">对刀操作</td><td>20</td><td>对刀不正确，每步骤扣2分</td><td></td><td></td><td></td><td></td></tr>
<tr><td>7</td><td colspan="2">完成工时</td><td>5</td><td>每超时5 min扣1分</td><td></td><td></td><td></td><td></td></tr>
<tr><td>8</td><td colspan="2">安全文明</td><td>5</td><td>撞刀、未清理机床和保养设备扣5分</td><td></td><td></td><td></td><td></td></tr>
<tr><td rowspan="2">9</td><td rowspan="4">工件质量</td><td rowspan="2">$\phi36$ mm</td><td>上偏差：</td><td rowspan="2">10</td><td rowspan="2">超差扣5分</td><td rowspan="2"></td><td rowspan="2"></td><td rowspan="2"></td><td rowspan="2"></td></tr>
<tr><td>下偏差：</td></tr>
<tr><td rowspan="2">10</td><td rowspan="2">$\phi30$ mm</td><td>上偏差：</td><td rowspan="2">10</td><td rowspan="2">超差扣10分</td><td rowspan="2"></td><td rowspan="2"></td><td rowspan="2"></td><td rowspan="2"></td></tr>
<tr><td>下偏差：</td></tr>
<tr><td>11</td><td>专业知识</td><td colspan="2">任务单题量完成质量</td><td>10</td><td>未完成一道题扣2分</td><td></td><td></td><td></td><td></td></tr>
<tr><td colspan="2">合计</td><td colspan="2"></td><td>100</td><td colspan="5"></td></tr>
</table>

4. 思考与拓展

（1）请简述端面车削循环代码指令G94的格式，并讲述其中的参数及字代码含义。

（2）对图 2.3.9 所示密封套零件进行工艺分析，写出简单的工艺路线，并将 ϕ20H8 孔的加工程序编写出来。

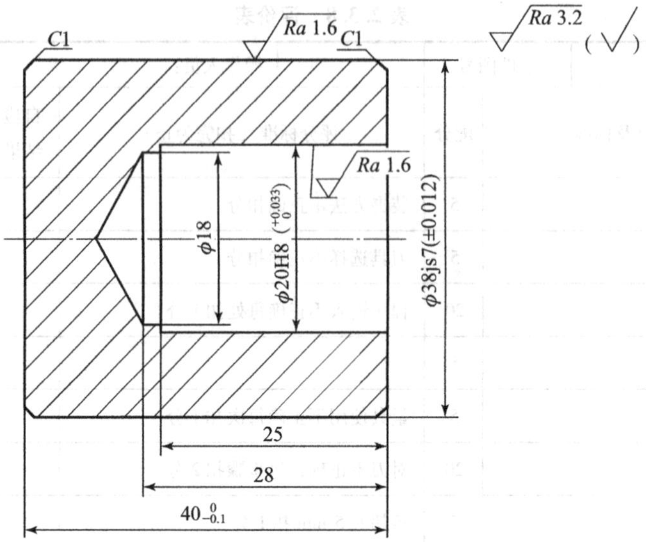

图 2.3.9　密封套零件图

任务 2.4　粗精加工定位销轴零件

任务描述

如表 2.4.1、图 2.4.1 所示的零件生产任务单及产品零件图，毛坯用 ϕ40 mm 棒料，材料为 45 钢，从右端至左端轴向走刀，粗加工每次切深不少于 2 mm，精加工余量为 1 mm，请编写短轴零件数控车削程序。

表 2.4.1　生产任务单

<table>
<tr><td colspan="2">单位名称</td><td colspan="7"></td><td>编号</td><td></td></tr>
<tr><td rowspan="3">产品清单</td><td>序号</td><td>零件名称</td><td>毛坯外形尺寸</td><td>数量</td><td>材料</td><td>德国牌号</td><td>出单日期</td><td>交货日期</td><td colspan="2">技术要求</td></tr>
<tr><td>1</td><td>轴</td><td>φ40 mm × 45 mm</td><td>1</td><td>45 钢</td><td>C45</td><td></td><td></td><td colspan="2">见图纸</td></tr>
<tr><td></td><td></td><td></td><td></td><td></td><td></td><td></td><td></td><td colspan="2"></td></tr>
<tr><td colspan="5">出单人签字：

日期：　　年　　月　　日</td><td colspan="6">接单人签字：

日期：　　年　　月　　日</td></tr>
<tr><td colspan="11">车间负责人签字：

日期：　　年　　月　　日</td></tr>
</table>

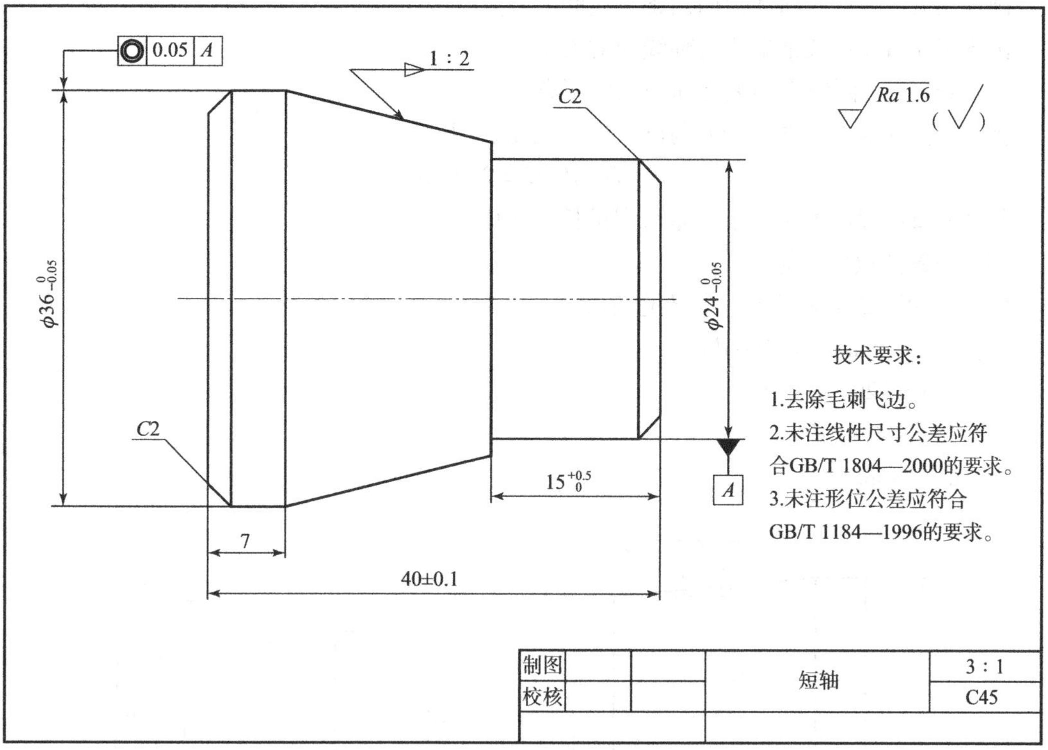

图 2.4.1　短轴零件图

知识链接：复合固定循环指令

（一）圆锥面的作用及类型

1. 圆锥面的作用

圆锥面配合的同轴度高，拆卸方便，配合的间隙或过盈可以调整，具有密封性好和自锁性好的特点。当圆锥面较小时（$\alpha<3°$），能传递很大扭矩，因此在机器制造中被广泛应用。例如，车床主轴前端锥孔、尾座套筒锥孔、锥度心轴、圆锥定位销等都是采用圆锥面配合，图 2.4.2 所示为常见的带有锥度的零件。

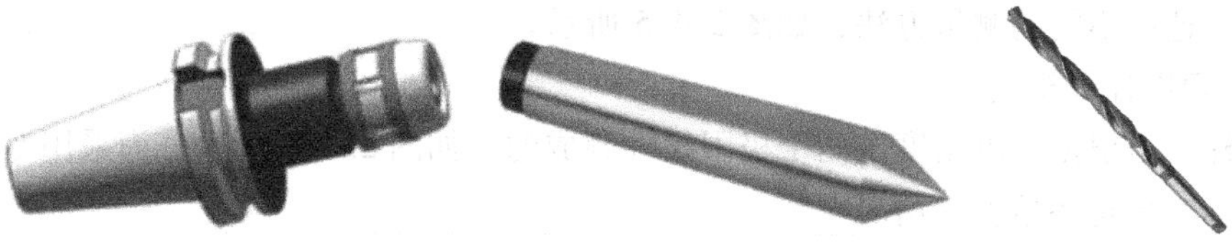

（a）　　（b）　　（c）

图 2.4.2　通过圆锥面配合的零件

（a）强力夹头；（b）带莫氏锥度的顶尖；（c）锥柄麻花钻

2. 圆锥的参数及关系

圆锥各参数如图 2.4.3 所示。

圆锥直径：垂直圆锥轴线的截面直径，大端直径用 D 表示，小端直径用 d 表示。

圆锥角 α：圆锥轴向截面内两条素线间的夹角。

圆锥半角 $\alpha/2$：圆锥素线与轴线间的夹角。

圆锥长度 L：圆锥大小端之间的轴向距离。

锥度 C：圆锥大小端直径差与圆锥长度之比，即

$$C=(D-d)/L=2\tan(\alpha/2)$$

斜度 $C/2$：圆锥大小端半径差与圆锥长度之比。

例：圆锥的数值计算。

问题：如图 2.4.4 所示，求 d 的数值。

解：锥度 $=2\tan\alpha=(D-d)/l$

$1/5=(20-d)/20$

$20=100-5d$

$d=16$ mm

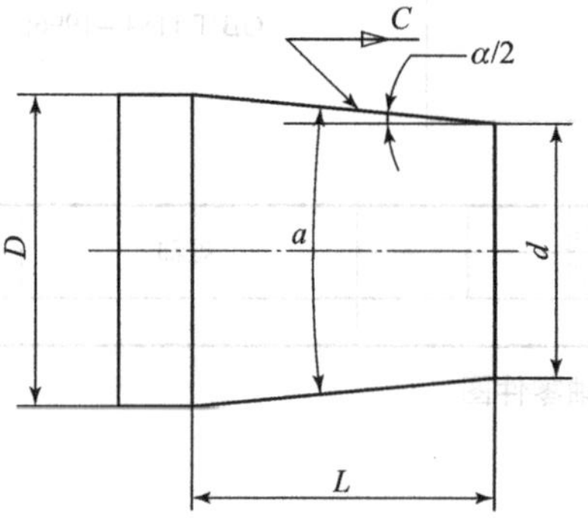

图 2.4.3　圆锥参数图

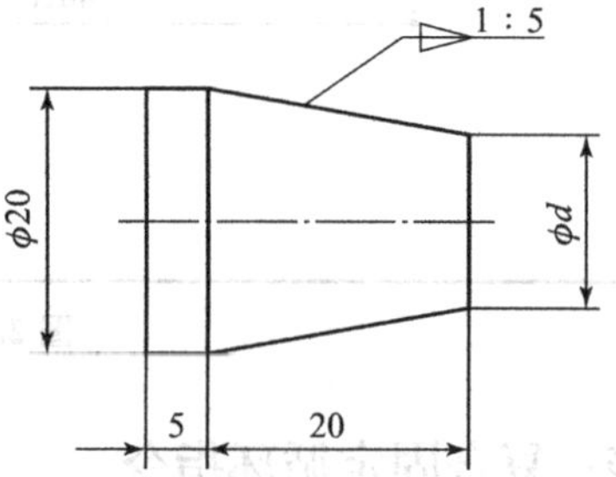

图 2.4.4　圆锥参数计算举例

3. 圆锥的检测

外圆锥面的检验项目包括两个：圆锥角度和尺寸精度的检测。常用的检验工具有万能角度尺、角度样板，若检测配合精度要求较高的锥度零件，则采用涂色检验法。对于 3°以下的角度采用正弦规检测。

1）用万能角度尺检测

万能角度尺的测量范围是 0°～320°。用万能角度尺检测外圆锥角度时，应根据工件角度的大小，选择不同的测量方法，如图 2.4.5 所示。

2）用角度样板检测

角度样板是根据被测角度的两个极限尺寸制成的，如图 2.4.6 所示，为采用专用的角度样板测量圆锥齿轮坯角度的情况。

3）用涂色法检测

检验标准外圆锥面时，可用标准圆锥套规来测量，如图 2.4.7（a）、（b）所示。测量时，先在工件表面顺着锥体母线用显示剂均匀地涂上三条线（约 120°），然后把工件放入套规锥孔中转动半周，最后取下工件，观察显示剂擦去的情况。如果显示剂擦去均匀，说明圆锥接触良好，锥度正确。如果小端擦着，大端没擦去，说明圆锥角小了；反之，则说明圆锥角大了。

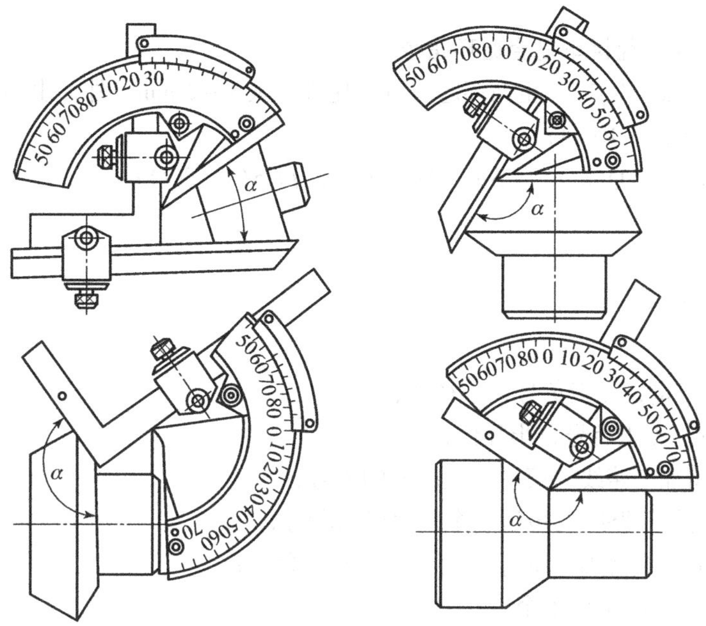

图 2.4.5　万能角度尺的使用

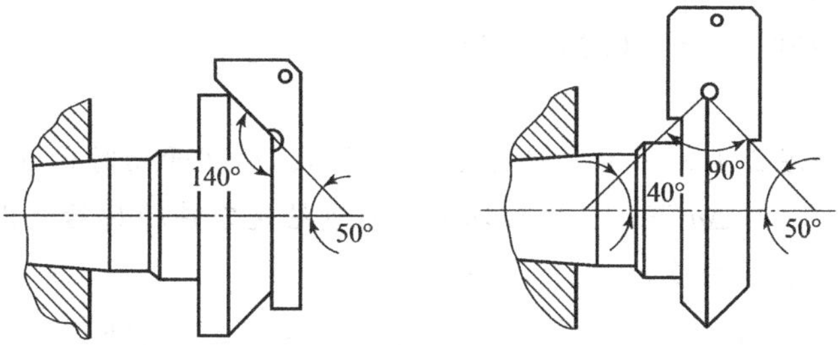

图 2.4.6　用样板测量圆锥齿轮坯的角度

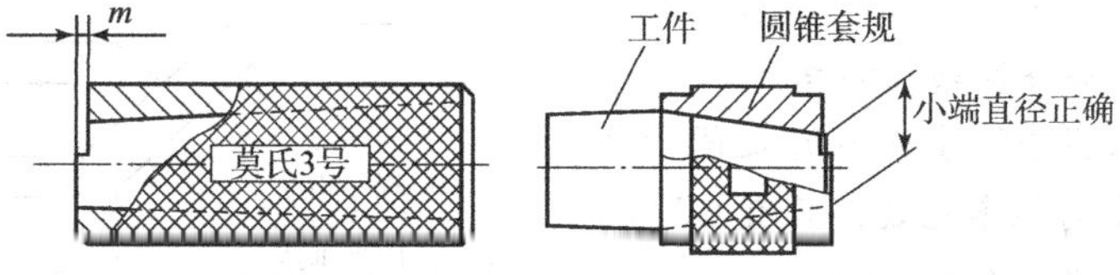

（a）　　　　（b）

图 2.4.7　圆锥套规及圆锥套规测量

（a）圆锥套规；（b）圆锥套规测量

（二）复合固定循环指令

单一循环每一个指令命令刀具完成 4 个动作，虽然能够提高编程的效率，但对于切削量比较大或轮廓形状比较复杂的零件，这样一些指令还是不能显著地减轻编程人员的负担。为此，许多数控系统都提供了更为复杂的复合循环。不同数控系统，其复合循环的格式也是不一样的，但基本的加工思想是一样的，即根据一段程序来确定零件形状（称为精加工形状程序），然后由数控系统进行计算，从而进行粗加工。这里介绍 FANUC 数控系统用于车床的复合循环。

1. G71 内（外）径粗车复合循环指令

格式：G00 X(α) Z(β)（粗循环起刀点，比外径大1~2 mm，外伸出端面2~3 mm）；

G71 U(Δd) R(e)；

G71 P(n_s) Q(n_f) U(Δu) W(Δw) F(f) S(s) T(t)；

N（n_s）…

…

N（n_f）…

说明：

Δd——背吃刀量，无正负号，半径值；

e——退刀量，无正负号，半径值；

n_s——指定精加工路线的第一个程序段的段号；

n_f——指定精加工路线的最后一个程序段的段号；

Δu——X 方向上的精加工余量，直径值，有正负号；

Δw——Z 方向上的精加工余量；

f，s，t——粗车时的进给量、主轴转速和刀具。

例：G71 U1.5 R0.5；

G71 P100 Q200 U0.5 W0.25 F0.15；

注意：

G71 循环过程如图 2.4.8 所示，刀具起点位于 A，循环开始时由 A ~ C 为留精车余量，然后，从 C 点开始，进刀 Δd 深度，然后切削，碰到给定零件轮廓后，沿 45°方向退出，当 X 轴方向的退刀量等于给定量 e 时，沿水平方向退出至 Z 轴方向坐标与 C 相等的位置，然后再进刀切削第二刀，如此循环，直至加工到最后一刀时刀具沿着留精车余量后的轮廓切削至终点，最后返回到起始点 A。

粗车过程中从程序段号 n_s ~ n_f 之间的任何 F、S、T 被指定对粗车无效，只有 G71 指令中指定的 F、S、T 功能有效。

A ~ B 之间必须符合 X 轴、Z 轴方向的共同单调增大或减小的模式。

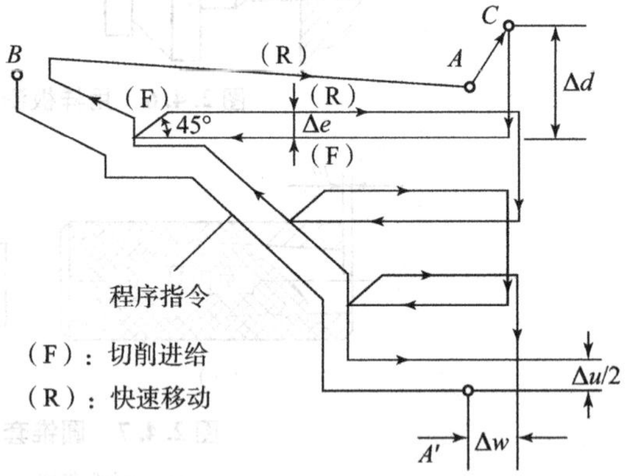

图 2.4.8　G71 内外圆粗车复合循环

2. G70 精加工循环指令

指令格式：G70 P(n_s) Q(n_f)；

式中，n_s 为精加工形状的程序段组的第一个程序段的顺序号；n_f 为精加工形状的程序段的最后一个程序段的顺序号。

例：G70 P100 Q200；

说明：在 G71 的程序段中指令的 F、S 及 T 对 G70 的程序段无效，而在顺序号 n_s 到 n_f 之间指令的 F、S、T 有效。

用G71、G72、G73指令粗加工完毕后，可用精加工循环指令，使外圆精车刀进行精加工。

3. G72端面粗车复合循环指令

格式：

G00 X(α) Z(β)（粗循环起刀点，比外径大1~2 mm，外伸出端面2~3 mm）；

G72 W(Δd) R(e)；

G72P(n_s) Q(n_f) U(Δu) W(Δw) F(f) S(s) T(t)；

N(n_s) …

…

N(n_f) …

其中：Δd为精车时每一刀切削时的背吃刀量，即Z轴方向的进刀量；e为粗车时，每一刀切削完成后在Z轴方向的退刀量。

程序中其他参数含义与G71相同，注意n_s的那行程序中不能出现X坐标，否则机床将报警。

注意：G72与G71指令加工方式相同，只是车削循环是沿着平行于X轴进行的，端面粗切循环适于Z轴方向余量小，X轴方面余量大的棒料粗加工，如图2.4.9所示。其加工过程如图2.4.10所示。不同的是，G72指令的进刀是沿着Z轴方向进行的，刀具起始点位于A，循环开始时，由A~C为留精车余量，然后，从C点开始，进刀Δd的深度，然后切削，碰到给定零件轮廓后，沿45°方向退出，当Z轴方向的退刀量等于给定e时，沿竖直方向退出X轴方向坐标与B相等位置，然后再进刀切削第二刀，如此循环，加工到最后一刀时刀具沿着留精车余量最后的轮廓切削至终点，最后返回到起始点A。

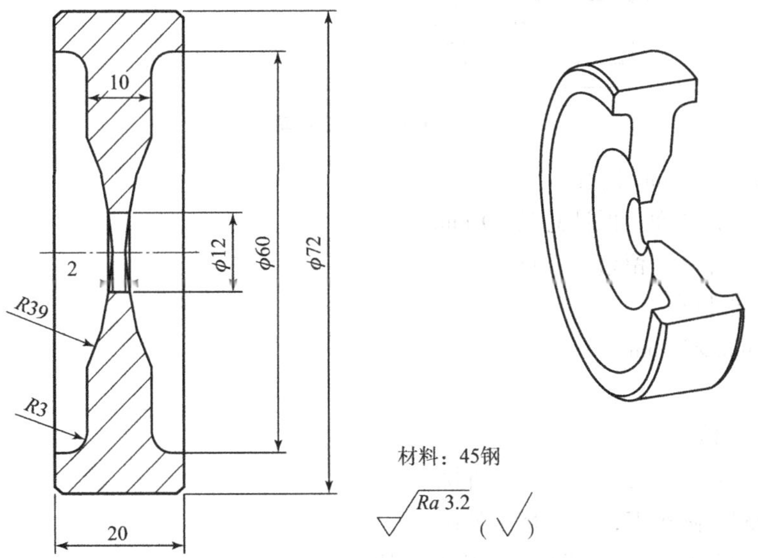

图2.4.9　端面粗加工循环指令适合加工的零件

与G71相同，G72循环中，F指定的速度是指切削速度，其他过程如进刀、退刀、返回等的速度均为快速进给的速度。

在顺序号n_s与n_f之间的程序段中，可有G02\G03指令，但不能有子程序。

n_s 与 n_f 之间的程序段中设定的 F、S 功能在粗车时无效。

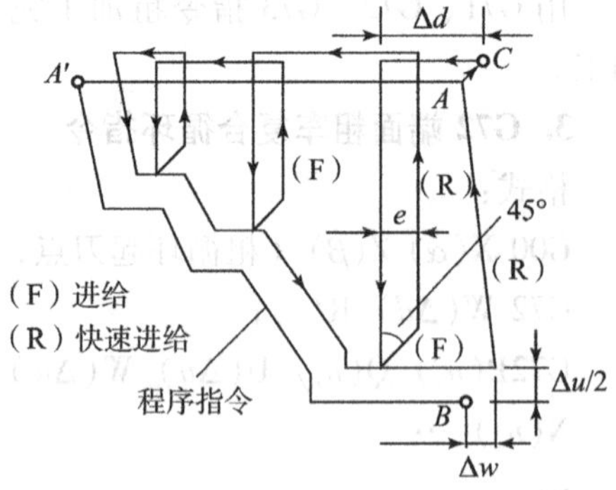

图 2.4.10　G72 端面精车复合循环

【实例 2.4】　G71、G90 内、外圆车削编程实例

任务描述：在 FANUC－0i Mate－TB 数控车床上加工如图 2.4.11 所示零件，设毛坯是 $\phi60$ 的棒料，要求采用 G71、G90 指令编写数控加工程序。

(1) 根据零件图确定加工方案。

①车左端面。

②粗精车左端外圆。

③钻 $\phi24$ mm 孔。

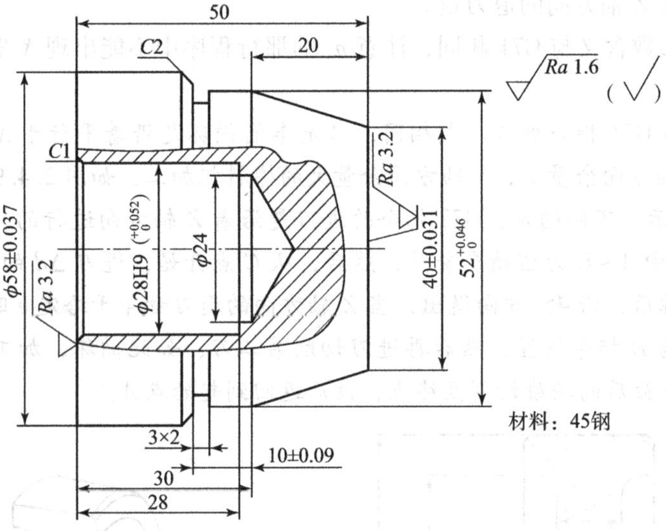

图 2.4.11　定位销轴

④粗精加工 $\phi28$ mm 内孔。

⑤掉头，车右端面，保证总长 50 mm。

⑥粗车右端外圆，留余量 1 mm。

⑦精车右端外圆。

⑧切槽 3 mm×2 mm。

⑨检查。

(2) 选择刀具。

T0101，93°外圆车刀，用于粗车外圆。

T0202，93°外圆车刀，用于精车外圆。

T0303，刀宽为 3 mm 的切槽刀，用于切槽。

T0404，刀杆为 $\phi16$ mm，95°内孔车刀，用于粗精车内孔。

T05，麻花钻。

(3) 填写相应的刀具卡、工序卡和程序卡，如表 2.4.2 所示。

表 2.4.2　定位销轴加工刀具卡、工序卡和程序单

<table>
<tr><th colspan="6">数控切削加工刀具卡</th></tr>
<tr><td>单位</td><td></td><td>零件名称</td><td>零件图号</td><td></td><td>备注</td></tr>
<tr><td rowspan="4">工件安装定位简图</td><td rowspan="4">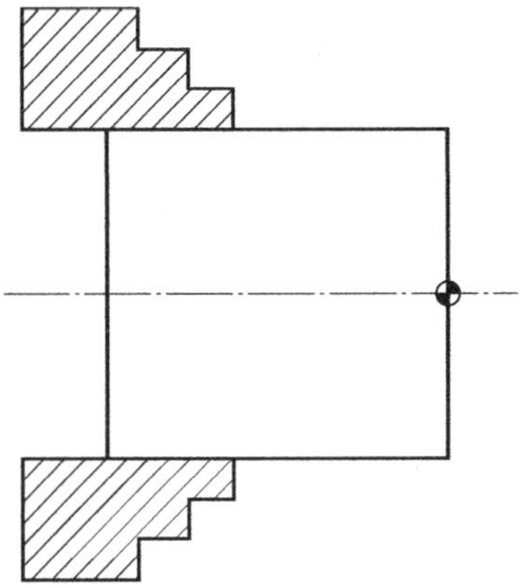
设定工件右端面中心为编程原点</td><td>车间</td><td>设备名称</td><td>设备型号</td><td>设备编号</td></tr>
<tr><td></td><td></td><td></td><td></td></tr>
<tr><td>材料牌号</td><td>毛坯种类</td><td>毛坯尺寸</td><td>工序时间</td></tr>
<tr><td>45 钢</td><td>圆棒料</td><td>ϕ60 mm×53 mm</td><td></td></tr>
</table>

序号	刀具号	刀具类型	刀杆型号	刀片类型	刀尖半径	补偿代号	换刀方式	备注
1	T01	93°外圆车刀	MCLNR2020K12	CNMG120408EN	0.8	1	自动	
2	T02	93°外圆车刀	MCLNR2020K12	CNMG120404EN	0.4	2	自动	
3	T03	切槽刀（刀宽 3 mm）	QA2020R03	Q03			自动	
4	T04	95°内孔车刀	S16R－SCLCR09	16ERAG60ISO			自动	
5	T05	麻花钻（ϕ24 mm）						

数控车削加工工序卡							
工步号	工步内容	刀具名称	主轴转速	进给量	背吃刀量	余量	备注
车左端工序							
1	检查	游标卡尺					
2	车端面，精车外圆	T01	S500，S1000	F0.1	1 mm	1 mm	
3	钻孔达尺寸 ϕ24 mm×30 mm	T05	S800				
4	粗精车内孔达尺寸 ϕ28 mm	T04	S600	F0.1	1 mm		
5	检查						
车右端工序							
1	检查						
2	车端面保证总长 50 mm	T01	S600	F0.1	1 mm	0	
3	粗车外圆	T01	S600	F2.0	2 mm	1 mm	
4	精车外圆	T02	S1000	F0.08	1 mm	0	
5	车槽	T03	S400	F0.08			
6	检查						

续表

数控加工程序单	
车左端程序:	
N01 G21 G40 G97 G99;	程序初始化
N5 M03 S500 T0101;	主轴正转,转速为 500 r/min,选择外圆粗车刀
N10 G00 X62.0;	
N13 Z0.0;	刀具快速定位到毛坯端面
N15 G01 X-1.0 F0.8;	车端面
N20 G00 X62.0 Z2.0;	加工刀具定位
N25 S1000 ;	转速调至 1 000 r/min
N30 G90 X59.0 F0.1;	单一循环车外圆到尺寸 ϕ58 mm
N35 X58.0;	
N40 G00 X120.0 Z120.0;	刀具回到换刀点
N45 M03 S600 T0404;	转速调至 600 r/min,换内孔车刀
N50 G00 X22.0 Z2.0;	加工刀具到起刀点
N55 G90 X25.0 Z-28.0 F0.15;	粗车内孔
N60 X27.0;	
N65 X32.0 Z1.0;	移动刀具到 X32.0,Z1.0 的位置
N70 G01 X28.0 Z-1.0 F0.08;	倒内角 C1
N75 Z-28.0;	精车 ϕ28 mm 内孔,到尺寸
N80 X26.0 Z2.0;	退刀至 X26.0,Z2.0 的位置
N85 G00 X120.0 Z120.0	刀具回到换刀点
N90 M05;	主轴停转
N100 M30;	程序停止
%	
车右端程序:	
N1 G21 G40 G97 G99;	程序初始化
N5 M03 T0101 S600;	主轴正转,转速为 600 r/min,选择外圆粗车刀
N10 G00 X62.0	
N13 Z2.0;	刀具快速定位到毛坯附近
N15 G71U2. R0.5;	外径粗车循环,背吃刀量为 2 mm,退刀量为 0.5 mm
N20 G71 P25 Q45 U0.5 W0.25 F0.2;	循环从 N25 开始到 N45 结束
N25 G00 X38.0 Z3.33;	加工刀具定位
N30 G01 X52.0 Z-20.0 F0.08;	车锥面
N35 W-10.0;	车 ϕ52 mm 的圆柱面
N40 X54.0;	车至 X54.0 处
N45 X58.0 W-2.0;	倒角 C2
N55 G00 X120.0 Z120.0;	退刀至换刀处
N55 M03 S1000 T0202;	主轴正转,转速调至 1 000 r/min,换外圆精车刀
N60 G70 P25 Q45	精加工循环
N65 G00 X120.0 Z120.0	刀具快速移动到换刀点
N70 M03 S400 T0303;	主轴转速调至 500 r/min,换切槽刀
N75 G00 X62.0 Z-30.0;	刀具快速移动到加工定位点
N80 G01 X48.0;	车槽 3 mm×2 mm
N85 X62.0;	刀具沿 X 方向退出
N90 G00 X120.0 Z120.0;	退刀至换刀处
N95 M05;	主轴停转
N100 M30;	程序结束
%	

编制		审核		批准		年 月 日	共 页	第 页

工作页：粗精车定位销轴

1. 信息、决策与计划

（1）分析短轴零件的图纸及工艺信息，归纳、总结相关知识，完善表2.4.3图纸信息。

表2.4.3 短轴零件图纸信息表

信息内容（问题）	信息的处理及决策
◎ 0.05 A	解释左图位置公差标的含义：
$\phi 36_{-0.05}^{\ 0}$	请计算该尺寸的公差、最大极限尺寸和最小极限尺寸：
2. 未注线性尺寸公差应符合 GB/T 1804—2000 的要求	请解释左图中的含义：
C45	分析该材料的金属含量、材料的加工工艺性：
尺寸7mm	请查表，写出该尺寸的上下偏差：
1∶2	请依据锥度1∶2的标注，计算本任务零件短轴圆锥小端直径：
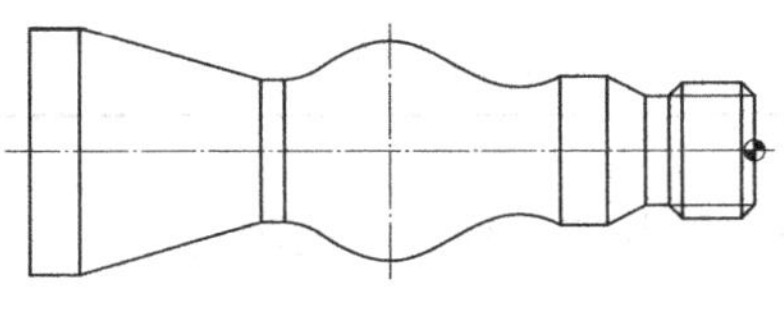	请分析左图的零件能否用G71粗加工循环指令完成，并写出原因

（2）选择题。

①在G71P（n_s）Q（n_f）U（Δu）W（Δw）S500；程序格式中，（　　）表示Z轴方向上的精加工余量。

A. Δu　　B. Δw　　C. n_s　　D. n_f

②针对G70 P（n_s）Q（n_f）指令格式，下面哪些说法是正确的？（　　）

A. 属于粗车循环，其中n_s是指精加工形状程序的第一个程序段号，n_f是指精车形状程序的最后一个程序段号。

B. 属于精车循环，其中n_s是指精加工形状程序的第一个程序段号，n_f是指精车形状程序的最后一个程序段号。

C. 属于精车循环，其中n_s是指精车X轴方向的余量，n_f是指精车Z轴方面的余量。

③在G71 P（n_s）Q（n_f）U（Δu）W（Δw）S800；程序格式中，以下关于S800、Δu的表述哪一个是正确的？（　　）

A. 粗车时，主轴的转速为800 r/min，Δu为直径编程

B. 精车时，主轴的转速为 800 r/min，Δu 为半径编程

C. 粗车时，主轴的转速为 800 r/min，Δu 为半径编程

D. S800 为精车时的主轴转速，Δu 为 X 轴方向的粗车余量，直径编程

④镗孔的关键技术是解决镗刀的（　　）和排屑问题。

A. 工艺性　　B. 刚性　　C. 红硬性　　D. 柔性

⑤钻头钻孔一般属于（　　）。

A. 精加工　　B. 半精加工　　C. 半精加工和精加工　　D. 粗加工

⑥对工件的（　　）有较大影响的是车刀的副偏角。

A. 尺寸精度　　B. 形状精度　　C. 表面粗糙度　　D. 没有影响

2. 任务实施

（1）请确定短轴的编程原点，按表 2.4.4 中图所示 1、2、3、4、5 位置点，计算出 6 个走刀点的坐标值，并填写表 2.4.4。

表 2.4.4　阶梯小轴编程坐标点计算表

坐标点	1	2	3	4	5	6
X						
Z						

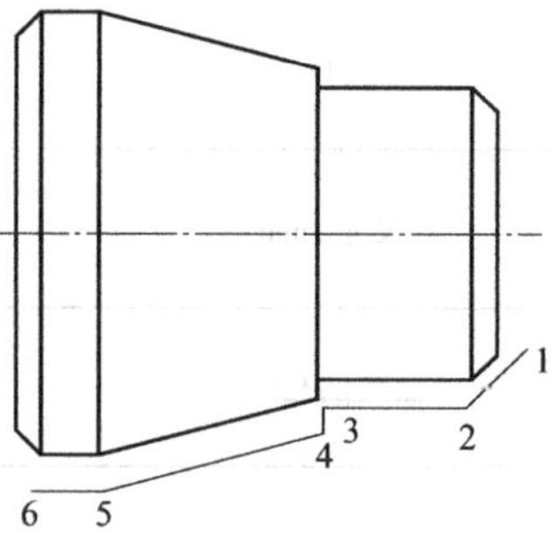

短轴坐标点图

（2）请完成表 2.4.5 数控加工记录表中刀具卡、工序卡以及加工程序单的填写。

表 2.4.5　定位销轴零件数控加工记录表

<table>
<tr><th colspan="6">数控切削加工刀具卡</th></tr>
<tr><td>单位</td><td></td><td>零件名称</td><td>零件图号</td><td></td><td>备注</td></tr>
<tr><td rowspan="4">工件安装定位简图</td><td rowspan="4">请画装夹简图，标注编程原点</td><td>车间</td><td>设备名称</td><td>设备型号</td><td>设备编号</td></tr>
<tr><td></td><td></td><td></td><td></td></tr>
<tr><td>材料牌号</td><td>毛坯种类</td><td>毛坯尺寸</td><td>工序时间</td></tr>
<tr><td></td><td></td><td></td><td></td></tr>
</table>

序号	刀具号	刀具类型	刀杆型号	刀片类型	刀尖半径	补偿代号	换刀方式	备注

续表

序号	刀具号	刀具类型	刀杆型号	刀片类型	刀尖半径	补偿代号	换刀方式	备注

数控车削加工工序卡

工步号	工步内容	刀具名称	主轴转速	进给量	背吃刀量	余量	备注
车左端工序							
车右端工序							

数控加工程序单

车左端程序：

续表

<table>
<tr><td colspan="9">车右端程序：

</td></tr>
<tr><td>编制</td><td></td><td>审核</td><td></td><td>批准</td><td></td><td>年　月　日</td><td>共　页</td><td>第　页</td></tr>
</table>

3. 检查与评价

填写表 2.4.6。

表 2.4.6　评价表

<table>
<tr><td colspan="2">零件名称</td><td colspan="2"></td><td>零件图号</td><td></td><td>操作人员</td><td></td><td>完成工时</td><td></td></tr>
<tr><td>序号</td><td colspan="3">鉴定项目及标准</td><td>配分</td><td>评分标准（扣完为止）</td><td>自检结果</td><td>得分</td><td>互检结果</td><td>得分</td></tr>
<tr><td>1</td><td rowspan="8">任务实施</td><td colspan="2">工件安装</td><td>5</td><td>装夹方法不正确扣分</td><td></td><td></td><td></td><td></td></tr>
<tr><td>2</td><td colspan="2">刀具安装</td><td>5</td><td>刀具选择不正确扣分</td><td></td><td></td><td></td><td></td></tr>
<tr><td>3</td><td colspan="2">程序编写</td><td>20</td><td>程序输入不正确或未完成每处扣 1 分</td><td></td><td></td><td></td><td></td></tr>
<tr><td>4</td><td colspan="2">程序录入</td><td>5</td><td></td><td></td><td></td><td></td><td></td></tr>
<tr><td>5</td><td colspan="2">量具使用</td><td>5</td><td>量具使用不正确每次扣 1 分</td><td></td><td></td><td></td><td></td></tr>
<tr><td>6</td><td colspan="2">对刀操作</td><td>10</td><td>对刀不正确，每步骤扣 2 分</td><td></td><td></td><td></td><td></td></tr>
<tr><td>7</td><td colspan="2">完成工时</td><td>5</td><td>每超时 5 min 扣 1 分</td><td></td><td></td><td></td><td></td></tr>
<tr><td>8</td><td colspan="2">安全文明</td><td>5</td><td>撞刀、未清理机床和保养设备扣 5 分</td><td></td><td></td><td></td><td></td></tr>
<tr><td rowspan="5">9</td><td rowspan="5">工件质量</td><td rowspan="2">ϕ24 mm</td><td>上偏差：0</td><td rowspan="2">10</td><td rowspan="2">超差扣 5 分</td><td rowspan="2"></td><td rowspan="2"></td><td rowspan="2"></td><td rowspan="2"></td></tr>
<tr><td>下偏差：−0.05 mm</td></tr>
<tr><td rowspan="2">ϕ36 mm</td><td>上偏差：0</td><td rowspan="2">10</td><td rowspan="2">超差扣 10 分</td><td rowspan="2"></td><td rowspan="2"></td><td rowspan="2"></td><td rowspan="2"></td></tr>
<tr><td>−0.05 mm</td></tr>
<tr><td>ϕ40 mm</td><td>±0.1 mm</td><td>10</td><td>左端面少一个尺寸扣 5 分</td><td></td><td></td><td></td><td></td></tr>
<tr><td>10</td><td>专业知识</td><td colspan="2">任务单题量完成质量</td><td>10</td><td>未完成一道题扣 2 分</td><td></td><td></td><td></td><td></td></tr>
<tr><td colspan="2">合计</td><td colspan="2"></td><td>100</td><td colspan="5"></td></tr>
</table>

4. 思考与练习

(1) 下列程序为加工毛坯尺寸 ϕ70 mm 的圆钢，请分析程序中存在的3处问题，并重新写出改进优化程序段。

```
…
N30M03 S600;
N40G71 U2.0 R1.0;
N50G71P100 Q120 U0.5 W0.25 F0.15;
N60 G00 X65.0;
N70 G01 Z-20.0 F0.10;
N80 X80.0 Z-55.0;
N90 Z-73.0;
N110 X85.0;
N120 G00 X100.0 Z100.0;
N130 M05;
N140 M30;
```

改进程序：

(2) 请简述复合循环车削循环代码指令 G72 的格式，讲述其中的参数及字代码含义。并指出该指令与 G71 指令的应用场合的区别。

(3) 请用 G90 指令编写图 2.4.12 轴套零件内孔加工程序。

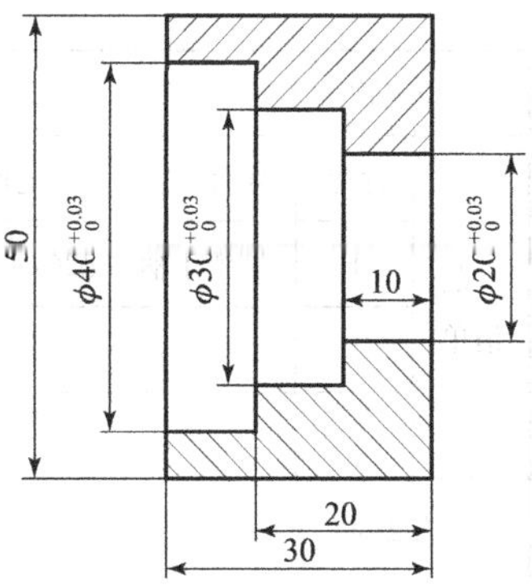

图 2.4.12 轴套

项目3　盘套零件的加工

学习目标

1. 能够编制简单成形面零件数控加工工艺文件。
2. 能够识读和分析成形面零件图纸。
3. 能够根据数控加工工艺文件选择、安装和调整数控车床圆弧刀具。
4. 能够运用数学知识计算零件轮廓的节点坐标。
5. 能够运用复合循环编制由直线、圆弧组成的二维轮廓数控加工程序。
6. 能够操作仿真软件模拟加工出外圆弧类零件。
7. 能够进行零件圆弧的精度检验。

任务3.1　圆弧手柄零件的加工

任务描述

根据表3.1.1所示生产任务单，加工图3.1.1所示零件，毛坯用$\phi 26$ mm×97 mm棒料，材料为11SMn30（德标牌号）易切钢。要求编写数控加工刀具卡、数控加工工序卡。

表3.1.1　生产任务单

单位名称								编号	
产品清单	序号	零件名称	毛坯外形	数量	材料	德国牌号	出单日期	交货日期	技术要求
	1	圆弧手柄	$\phi 26$ mm×97 mm	1	Y15	11SMn30			见图纸
出单人签字： 日期：　年　月　日					接单人签字： 日期：　年　月　日				
车间负责人签字： 日期：　年　月　日									

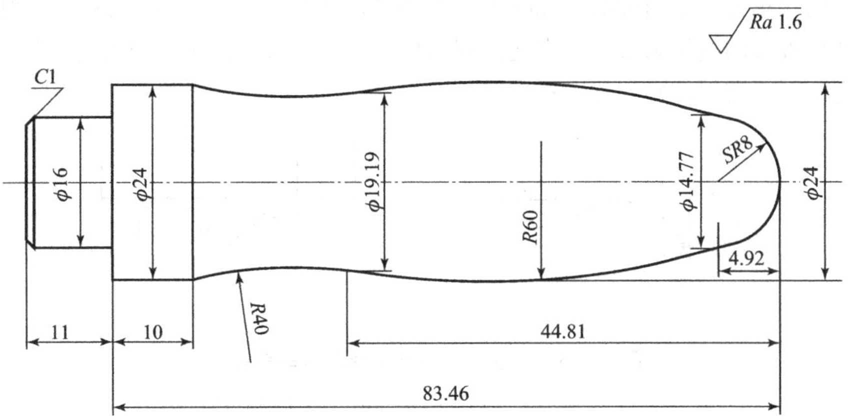

技术要求：
去除毛刺，抛光。

图 3.1.1　圆弧手柄零件图

知识链接：圆弧插补指令

（一）车削成形面的工艺知识

1. 刀具选择

车削一般的成形面可以采用以直线形切削刃为特征的尖形车刀，如图 3.1.2 所示。用这种车刀车削成形面时，有时会因为主偏角或副偏角过小而发生干涉，导致零件过切报废。但若主偏角或副偏角过大，将使刀具刀尖角过小，从而影响到刀具的强度。因此选择外圆尖形车刀的原则是在保证不干涉的前提下，尽量采用刀尖角较大的车刀，以提高刀具的强度。对一些用一般尖形车刀无法或很难加工的复杂成形面，可以采用以圆弧形切削刃为主要特征的外圆圆弧形车刀，如图 3.1.2 所示 4 号车刀。如果采用夹固式车刀，不管是尖形车刀还是圆弧形车刀，由于刀片圆弧半径均为标准值，加工时应进行相应的刀尖圆弧半径补偿以保证圆弧的加工精度。

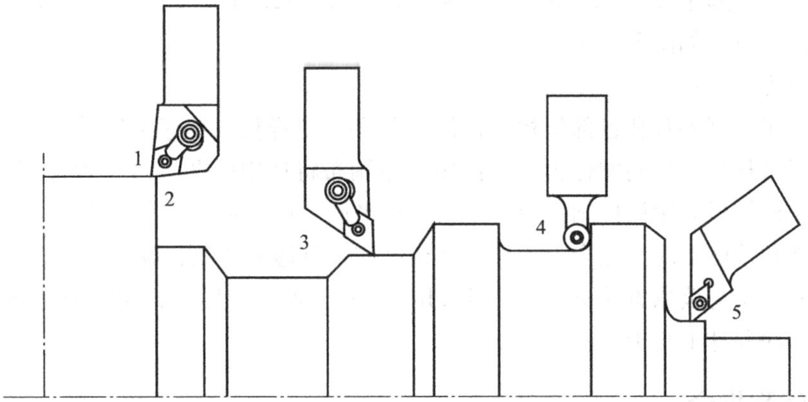

图 3.1.2　车削外圆成形面加工刀具选择

圆弧形车刀的几何参数选择：加工图 3.1.3（a）、（b）所示零件，当选择用尖形车刀进行加工时，由于车刀主切削刃的实际吃刀量在圆弧轮廓段总是不均匀，致使切削阻力变化，因此可能产生较大的线轮廓误差。当选择圆弧形车刀加工时，由于切削点离刀具圆弧中心距离总是恒定的，可获得较好的加工精度。

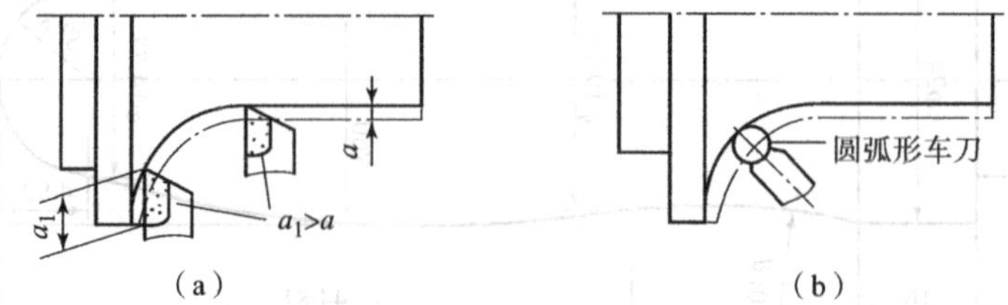

图 3.1.3　圆弧形车刀与尖形车刀车削对比

(a) 尖形车刀加工零件的曲面；(b) 圆弧形车刀加工零件的曲面

选择圆弧形车刀时注意，车刀切削刃的圆弧半径应当小于或等于零件凹形轮廓上的最小曲率半径，以免发生干涉。

2. 圆弧的加工路线

加工外凸圆弧常采用图 3.1.4 所示路线，其中先根据圆弧面加工出多个台阶，再车削圆弧轮廓，如图 3.1.4（d）所示的台阶车削法，在复合固定循环中被广泛应用。

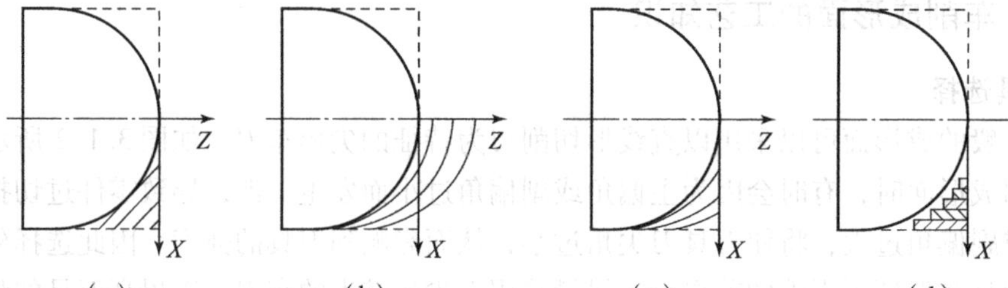

图 3.1.4　圆弧加工路线

(a) 车锥法；(b) 移圆法；(c) 车圆法；(d) 台阶车削法

3. 圆弧的检测

半径规也称半径样板或 R 规，是一种测量精度要求不高的圆弧常用量具，如图 3.1.5（a）所示，检测范围有 1 ~ 6.5 mm，7 ~ 14.5 mm，15 ~ 25 mm 三种。通过数显半径规可进行一定精度的测量，如图 3.1.5（c）所示。

圆弧测量方法是：

检：检查半径规外观和各部位相互作用（如凹、凸样板，锁紧夹钳等）。选：选择与被测圆弧角半径公称尺寸相同的样板。擦：用干净绸布将选中的凹、凸样板等部位擦净。测：将选中的凹、凸样板靠紧被检圆弧角，要求样板平面与被测圆弧垂直。读：用透光法查看样板与被测圆弧角接触情况，完全不透光为合格；如果有透光现象，说明被检圆弧角的弧度不符合要求，其测量与读取方法如图 3.1.5（b）所示。养：使用时，用力要适当；使用完后要将其擦拭干净并抹上凡士林。

（二）编程指令

1. 圆弧插补指令

半径指令格式：G02(G03) X(U) ______ Z(W) ______ R______ F______;

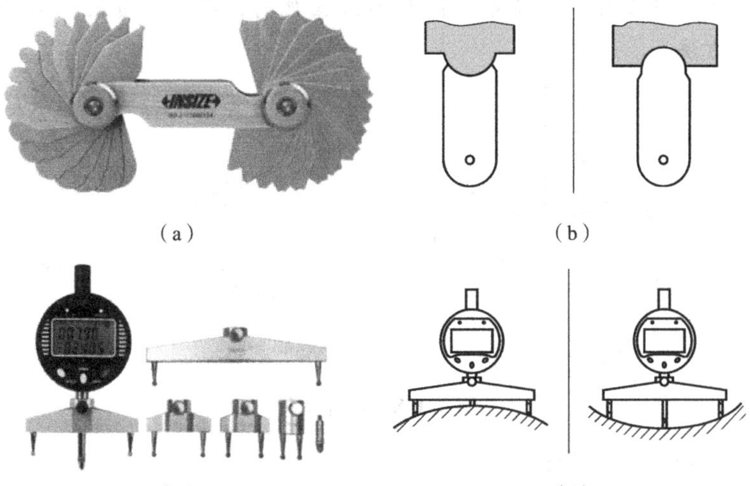

（a）　（b）　（c）　（d）

图3.1.5 半径规与测量方法

(a)半径规；(b) 半径规使用（凸凹面检测）；(c) 数显半径规；(d) 数显半径规使用（凸凹面测量）

圆心坐标指令格式：G02（G03）X(U) ____ Z(W) ____ I____ K____ F____;

其中：X(U)、Z(W) 为圆弧终点坐标，增量值编程时，为圆弧终点相对圆弧起点坐标增量；I、K 为圆心相对圆弧起点的坐标增量，I 为 X 轴方向增量，K 为 Z 轴方向增量，均为半径值；R 为圆弧半径（圆弧 >180°，R <0；圆弧≤180°，R >0）；F 为进给速度或进给量。

注意：

(1) 功能：使刀具从圆弧起点，沿圆弧移动到圆弧终点；其中 G02 为顺时针圆弧插补，G03 为逆时针圆弧插补。

(2) 圆弧的顺、逆方向的判断：沿与圆弧所在平面（如 XOZ）相垂直的另一坐标轴的负方向（如 $-Y$）看去，顺时针为 G02，逆时针为 G03。图 3.1.6 所示为数控车床上圆弧的顺逆方向。

(3) 用圆心坐标编程时，用 I 和 K 表示圆心位置，是指圆心相对于圆弧起点的坐标增量，如图 3.1.7 所示。这两个值始终这样计算，与绝对坐标和增量坐标无关。

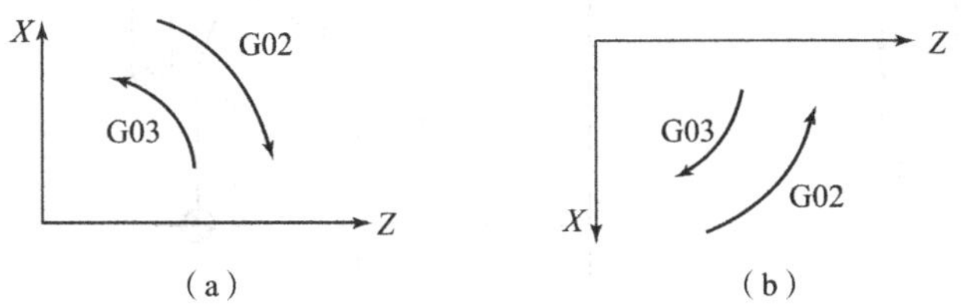

图3.1.6 圆弧的顺、逆方向判断

（a）后置坐标系；（b）前置坐标系

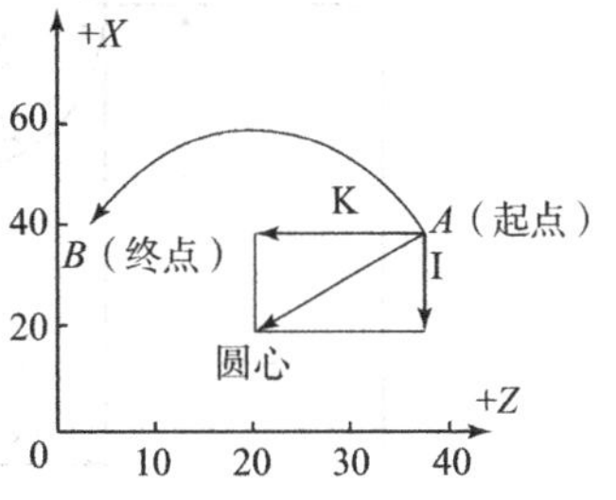

图3.1.7 圆心坐标编程

(4) 半径编程时，如图 3.1.8 所示 A～B 段圆弧有两段，半径相同，若需要表示

$(AB)_1$ 圆弧时，半径取正值；若需要表示 $(AB)_2$ 圆弧时，半径取负值。整圆加工编程只能用圆心坐标编程方法。

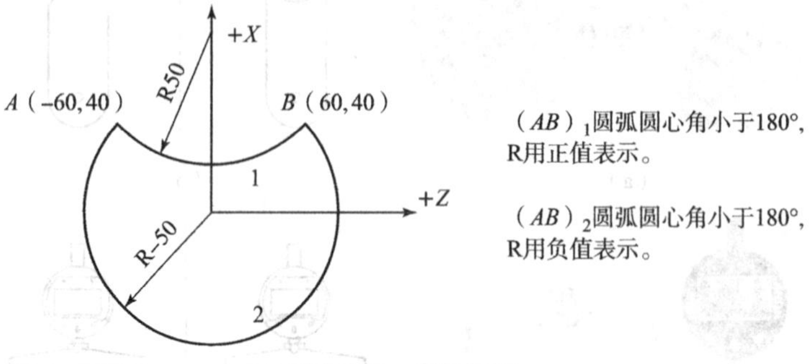

图 3.1.8　半径编程

（5）G02（或 G03）为模态指令。

例 3.1.1：顺时针圆弧插补，如图 3.1.9 所示。

（1）绝对坐标方式。

G02 X64.5 Z－18.4 I15.7 K－2.5 F0.2;

或　G02 X64.5 Z－18.4 R15.9 F0.2;

（2）增量坐标方式。

G02 U32.3 W－18.4 I15.7 K－2.5 F0.2;

或　G02 U32.3 W－18.4 R15.7 F0.2;

例 3.1.2：逆时针圆弧插补，如图 3.1.10 所示。

1）绝对坐标方式

G03 X64.6 Z－18.4 I0.0 K－18.4 F0.2;

或　G03 X64.6 Z－18.4 R18.4 F0.2;

2）增量坐标方式

G03 U36.8 W－18.4 I0.0 K－18.4 F0.2;

或　G03 U36.8 W－18.4 R18.4 F0.2;

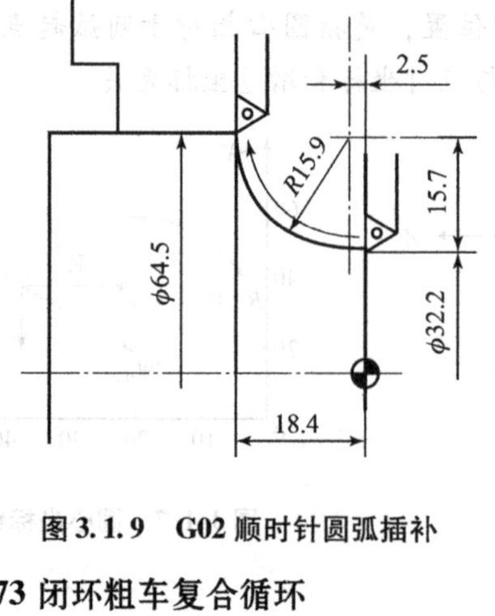

图 3.1.9　G02 顺时针圆弧插补

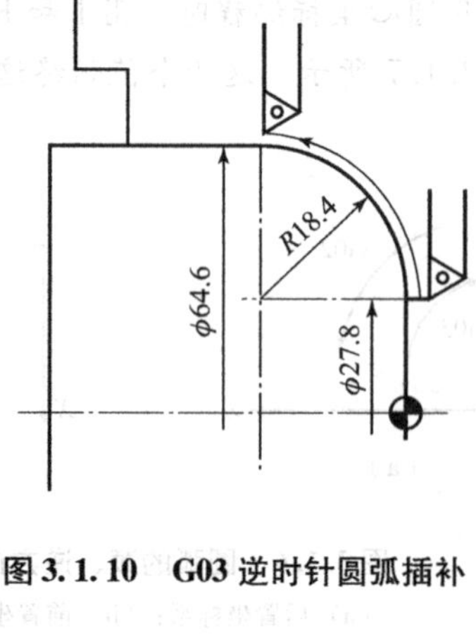

图 3.1.10　G03 逆时针圆弧插补

2. G73 闭环粗车复合循环

该指令只需指定精加工路线，系统会自动给出粗加工路线，适于对铸造、锻造类毛坯或半成品等有基本形状的毛坯进行切削。对零件轮廓的单调性则没有要求。

格式：G73　U(Δi) W(Δk) R(d)；

G73 P(n_s) Q(n_f) U(Δu) W(Δw) F(f) S(s) T(t)；

其中：Δi 为 X 轴方向总切除量，半径值；Δk 为 Z 轴方向总切除量；d 为循环次数；n_s 为指定精加工路线的第一个程序段的段号；n_f 为指定精加工路线的最后一个程序段的段号；Δu 为 X 轴方向上的精加工余量，直径值；Δw 为 Z 轴方向上的精加工余量。

粗车过程中程序段号 $n_s \sim n_f$ 之间的任何 F、S、T 功能均被忽略，只有 G73 指令中指定的 F、S、T 功能有效。

注意：

(1) 与 G71 和 G 72 不同，G73 的循环过程每次加工都是按照相同的形状轨迹进行走刀，只不过在 X、Z 轴方向进了一个量，这个量等于总切削量除以粗加工循环次数。循环起点在 A 点，如图 3. 1. 11 所示，循环开始时，从 A 点向 D 点退一定距离，X 轴方向为 $\Delta i+\Delta u/2$，Z 轴方向为 $\Delta k+\Delta w$，然后从 D 点进刀切削，按图中箭头所示的过程进行循环切削，直到达到留余量后的轮廓轨迹为止。

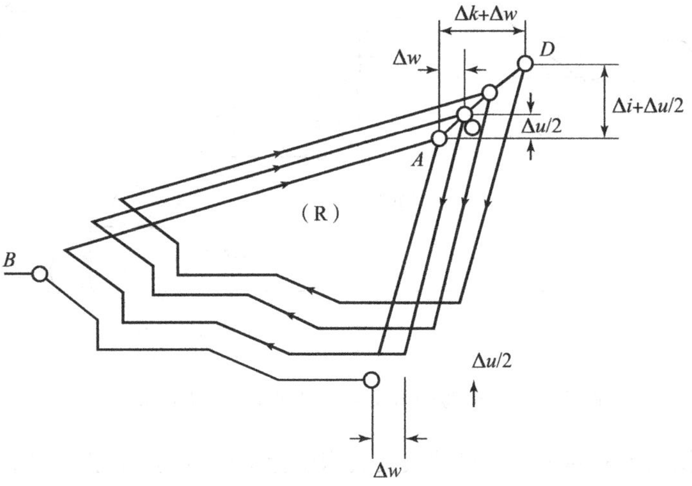

图 3. 1. 11　闭环粗车复合循环

(2) 习惯上，为使 X 向、Z 向切除量一致，常取 $\Delta i=\Delta k$，由于粗车次数是预选设定的，因此，每次的被吃刀量是相等的。

(3) 由于加工的毛坯一般为圆柱体，因此，Δi 的取值一般以工件去除量最大的地方为基准来考虑，经验参数取值公式为

$$\Delta i=\frac{d_{毛坯}-d_{最小}}{2}-k$$

式中，$d_{毛坯}$ 为毛坯直径；$d_{最小}$ 为工件最小直径；k 为第一刀切除量（半径值）。

另外，此式结合起刀点 Z 坐标的偏离情况，Δi 取值还可以大大减小。

(4) 从 G73 的加工过程看，它特别适合毛坯已经具备所要加工工件形状的零件的加工，如铸件、锻造件等。

3. 刀具补偿功能

1）刀尖圆弧半径补偿的类型

在数控编程过程中，为使编程工作更加方便，通常将数控刀具的刀尖假想成一个点，该点称为刀位点或刀尖点。尖形车刀的刀位点通常是指刀具的刀尖；圆弧形车刀的刀位点是指圆弧刃的圆心；成形刀具的刀位点也通常是指刀尖。任何一把刀具，不论制造或刃磨得如何锋利，在其刀尖部分都存在一个刀尖圆弧。图 3. 1. 12 表示了以假想刀尖位置编程时的过切削及欠切削现象。编程时若以刀尖圆弧中心编程，可避免过切削和欠切削现象，但计算刀位点比较麻烦，数控系统的刀具半径补偿功能正是为解决这个问题所设定的。它允许编程者以假想刀尖位置编程，然后给出刀尖圆弧半径，由系统自动计算补偿值，生成刀具路径，完成对工件的合理加工。当用理论刀尖点编出的程序进行端面、外径、内径等与轴线平等或垂直的表面加工时，是不会产生误差的。但在进行倒角、锥面及圆弧切削时，则会产生少切或过切现象。

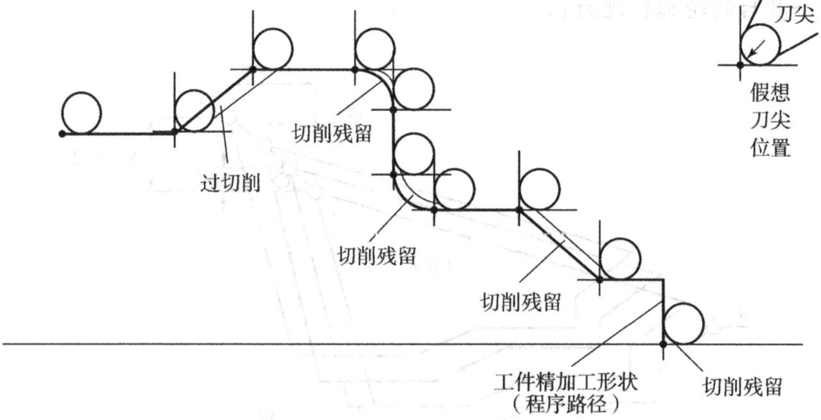

图 3. 1. 12　假想的刀尖与刀尖圆弧造成少切或过切

数控机床根据刀具实际尺寸，自动改变机床坐标轴或刀具刀位点位置，使实际加工轮廓和编程轨迹完全一致的功能，称为刀具补偿（系统画面上为“刀具补正”）功能。机床自动进行刀尖补偿的指令是 G41（左补偿）、G42（右补偿）、G40（取消补偿）指令。

2）G41、G42、G40 刀具半径补偿指令

功能：G41 是刀具半径左补偿指令，按程序路程前进方向刀具零件左侧进给，如图 3. 1. 13所示；G42 是刀具半径右补偿指令，按程序路程前进方向刀具零件右侧进给，如图 3. 1. 13 所示；G40 是取消刀具半径补偿指令。

格式：　G41　G01　X(U) ______　Z(W) ______;

　　　　G42　G01　X(U) ______　Z(W) ______;

　　　　G40　G00　X(U) ______　Z(W) ______;

注意： G41、G42 只能预读两段程序。

G41、G42、G40 必须与 G01 或 G00 指令组合完成；

X(U)、Z(W) 是 G01、G00 运动的目标点坐标。

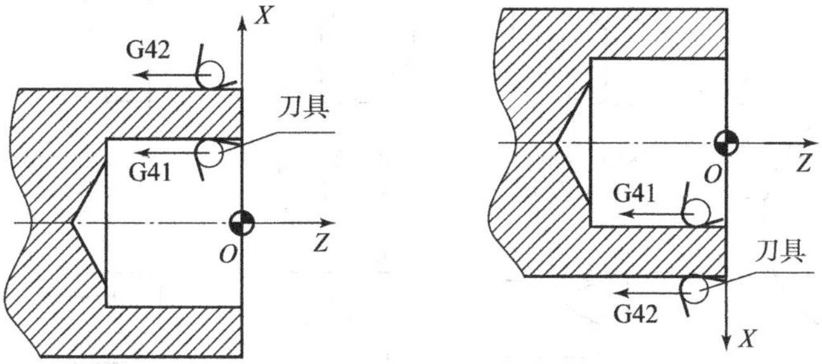

（a）　　（b）

图 3.1.13　刀补方式的确定

（a）后置刀架，+*Y*轴向外；（b）前置刀架，+*Y*轴向内

3）刀尖半径补偿的建立与取消

刀尖半径补偿的过程分为三步：建立刀尖半径补偿，在加工开始的第一个程序段之前。一般用 G00 和 G01 指令补偿。如图 3.1.14 所示，例如，通过 G01 G42 X30.0 Z1.0 程序段，在加工起点前建立。刀尖补偿进行，执行 G41 和 G40 指令后的程序，如 G01 X50.0 Z－60.0。加工结束后，用 G40 取消刀尖补偿，如 G00 G40 X50.0 Z－30.0。

注意： G41/G42 为模态指令；

G41/G42 与 G40 必须成对使用；不能出现转移加工，如镜像、子程序等中。

4）刀具圆弧半径补偿量的设定

在进行刀具半径补偿之前，还应对刀具半径补偿代码 0～8 进行选择。刀具半径补偿代码的选择方法如图 3.1.15 所示。在设置刀具半径补偿时，应将补偿代码和刀尖半径值分别输入刀具补偿的 T 和 R 中，如图 3.1.16 所示。

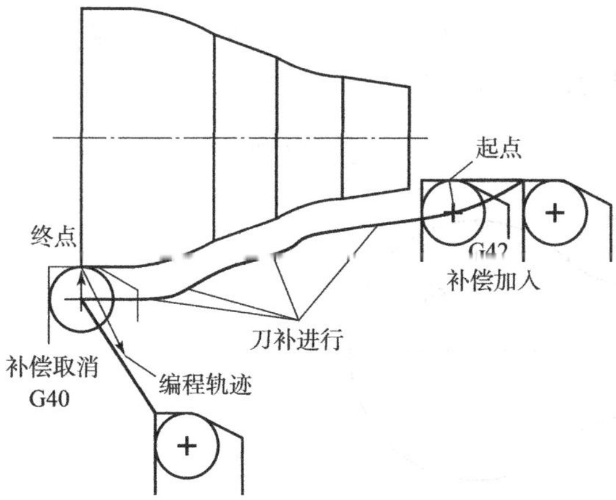

图 3.1.14　刀尖半径补偿的建立与取消

工具补正/形状　　O0001 N0000

番号	X	Z	R	T
G01	0.000	0.000	0.000	0
G02	−10.000	5.000	0.000	0
G03	0.000	0.000	0.000	0
G04	10.000	10.000	1.500	3
G05	0.000	0.000	0.000	0
G06	0.000	0.000	0.000	0
G07	0.000	0.000	0.000	0
G08	0.000	0.000	0.000	0

现在位置（绝对坐标）

X50.000 Z30.000

S　0　T0000

[磨耗][形状][工件移动][　][　]

图 3.1.15　刀具半径补偿代码

4. 刀具磨损偏移

刀具偏移是用来补偿假定刀具长度与基准刀具长度之差的。车床数控系统规定 *X* 轴与 *Z* 轴可同时实现刀具偏移。而刀具磨损偏移是由刀具刀尖的磨损产生的刀具偏移。当刀具磨损或工件加工尺寸有误差时，只要修改“刀具磨耗设置”界面中的数值即可。

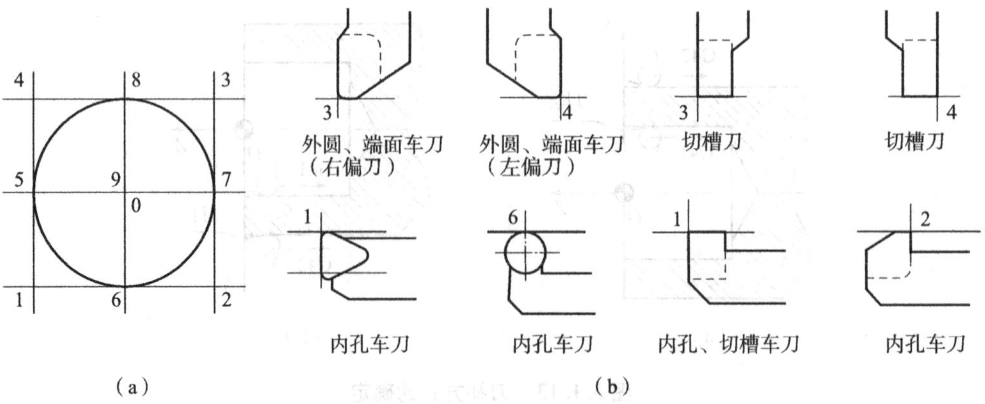

图 3.1.16　刀具半径补偿设置

(a) 刀具半径补偿代码；(b) 常用车刀半径补偿代码

FANUC 系统的刀具几何偏移参数设置如图 3.1.15 所示，如要进行刀具磨损偏移设置，则只需按下软键【磨耗】即可进入相应的设置画面。

图中的代码"T"指刀沿类型，不是指刀具号，也不是指刀补号。

刀具偏移的应用：利用刀具偏移功能，可以修整因对刀不正确或刀具磨损等原因造成的工件加工误差。

例如，加工外圆表面时，如果外圆直径比要求的尺寸大了 0.2 mm，此时只需将刀具偏移存储器中的 X 值减小 0.2 mm，即在原来 x 向输入"－0.2"，再按"＋输入"。并用原刀具及原程序重新加工该零件，即可修整该加工误差。同样，如出现 Z 方向的误差，则其修整办法相同。

【实例 3.1】　G73 外圆车削编程实例。

任务描述：在 FANUC－0i Mate－TB 数控车床上加工如图 3.1.17 所示球头手柄零件，毛坯尺寸为 ϕ35 mm×70 mm，材料为 45 钢，要求编写数控加工程序。

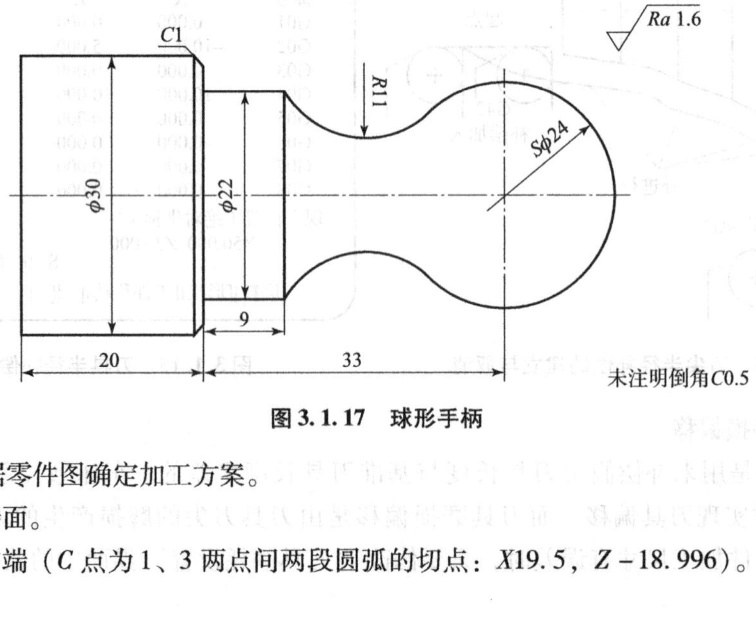

图 3.1.17　球形手柄

(1) 根据零件图确定加工方案。

①车右端面。

②粗车右端（C 点为 1、3 两点间两段圆弧的切点：X19.5，Z－18.996）。

③精车右端。

④切断。

⑤检查。

（2）选择刀具。

T0101，93°外圆车刀，用于粗车外圆。

T0202，93°外圆车刀，用于精车外圆。

T0303，刀宽为 3 mm 的切槽刀，用于切槽。

（3）计算刀路轨迹各点坐标值，如图 3.1.18 所示。

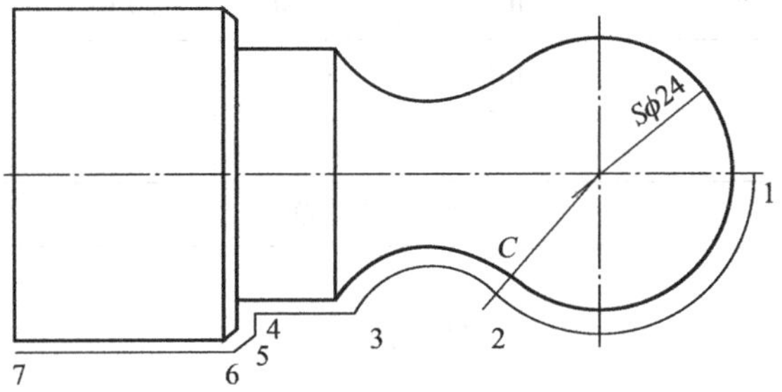

图 3.1.18　球形手柄刀路轨迹点

1（0，0），2（19.5，－18.996），3（22，－36），4（22，－45），5（28，－45），6（30，－46），7（30，－65）。

（4）完善表 3.1.2 中的数控加工刀具卡、工序卡和程序单。

表 3.1.2　球形手柄刀具卡、工序卡和程序单

<table>
<tr><td colspan="9">数控切削加工刀具卡</td></tr>
<tr><td>单位</td><td colspan="3"></td><td>零件名称</td><td colspan="2">零件图号</td><td></td><td>备注</td></tr>
<tr><td rowspan="4">工件安装定位简图</td><td colspan="3" rowspan="4">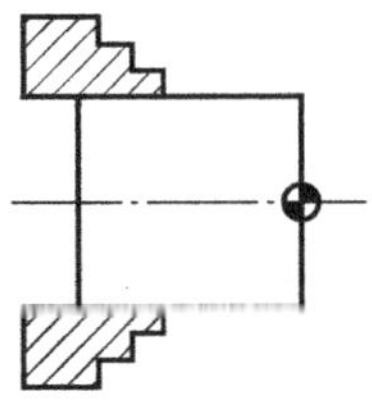</td><td>车间</td><td colspan="2">设备名称</td><td>设备型号</td><td>设备编号</td></tr>
<tr><td></td><td colspan="2"></td><td></td><td></td></tr>
<tr><td>材料牌号</td><td colspan="2">毛坯种类</td><td>毛坯尺寸</td><td>工序时间</td></tr>
<tr><td>45 钢</td><td colspan="2">圆棒料</td><td>φ35 mm×70 mm</td><td></td></tr>
<tr><td>序号</td><td>刀具号</td><td>刀具类型</td><td>刀杆型号</td><td>刀片类型</td><td>刀尖半径/mm</td><td>补偿代号</td><td>换刀方式</td><td>备注</td></tr>
<tr><td>1</td><td>T01</td><td>93°外圆车刀</td><td>MCLNR2020K12</td><td>CNMG120408EN</td><td>0.8</td><td>1</td><td>自动</td><td></td></tr>
<tr><td>2</td><td>T02</td><td>93°外圆车刀</td><td>MCLNR2020K12</td><td>CNMG120404EN</td><td>0.4</td><td>2</td><td>自动</td><td></td></tr>
<tr><td>3</td><td>T03</td><td>切槽刀（刀宽 3 mm）</td><td>QA2020R03</td><td>Q03</td><td></td><td></td><td>自动</td><td></td></tr>
</table>

续表

数控车削加工工序卡							
工步号	工步内容	刀具名称	主轴转速	进给量	背吃刀量	余量	备注
车右端工序							
1	检查						
2	车端面	T0101	S600	F0.1	1 mm	0	
3	粗车外圆	T0101	S600	F2.0	2 mm	1 mm	
4	精车外圆	T0202	S1000	F0.08	1 mm	0	
5	切断	T0303	S500	F0.08			
6	检查						

数控加工程序单

程序:O3101	
N1G21 G99 G97 G40;	程序初始化
N2 T0101 M03 S600;	选择粗车刀,主轴转速为 600 r/min
N3 G00 X36.0 Z0.0;	刀具快速进刀
N4 G01 X-1.0 F0.08;	车削端面
N5 G00 X36.0 Z4.0;	车刀到定位点
N6 G73 U12.0 W0.0 R8.0;	粗车循环 X 轴方向总切削余量 12 mm(半径值),Z 向 0,分 8 刀
N7 G73 P8 Q17 U0.4 W0.0 F0.2;	留余量 X 向 0.4 mm,Z 向 0,进给量为 0.2 mm/r
N8 G00 G42 X0.0 Z0.0 F0.08;	进刀并建立刀具半径右补偿
N10 G03 X19.5 Z-18.996 I0.0	
K-12.0 F0.08;	车 Sϕ24 mm 球面
N11 G02 X22.0 Z-36.0 R11.0;	车 R11 mm 外圆
N13 G01 W-9.0;	车 ϕ22 mm 圆柱面
N15 X28.0;	X 向进刀到 40 mm
N16 X30.0 W-1.0;	倒角 C1
N17 G40 ;	取消刀具半径补偿
N19 G00 X100.0 Z100.0;	快速退刀至换车点
N22 M03 S1000 T0202;	主转速调至 1 000 r/min,换精车刀
N23 G70 P8 Q17;	精车循环
N24 G00 X100.0 Z100.0;	刀具快速退刀到换车点
N26 T0303;	换切槽刀
N28 M03 S500;	车速调至 500 r/min
N27 G00 X35.0 Z-50.0;	车刀快速定位
N29 G01 X0.0 F0.08;	切断工件
N30 X35.0;	X 向退刀
N32 G00 X100.0 Z100.0;	快速退刀
N34 M05;	主轴停转
N36 M30;	程序停止
%	

编制		审核		批准		年 月 日	共 页	第 页

工作页：圆弧手柄加工

1. 信息、决策与计划

（1）分析圆弧手柄零件的图纸及工艺信息，归纳、总结相关知识，完善表3.1.3中图纸技术信息。

表3.1.3　圆弧零件图纸技术信息表

信息内容（问题）	信息的处理及决策
11SMn30	解释该材料的含义，以及切削加工性能：
*SR*8	请解释图纸中左框中标注的含义：
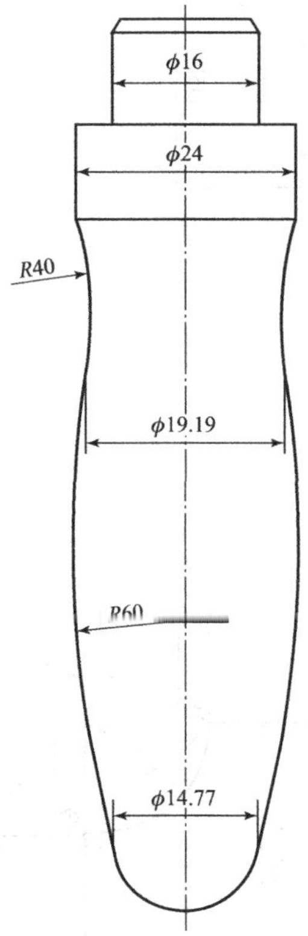	请分析左图中零件编程加工适合用哪个指令。
	请分析圆弧手柄零件图圆弧面的加工是否会产生加工误差。如果有，如何消除过切或少切现象？
	请分析左图零件的工艺，在刀具选择方面应如何考虑。
	请分析左图零件的工艺，在量具选择方面应如何考虑。

（2）选择题。

①G90 X50.0 Z－60.0 R－2.0 F0.1；完成的是（　　）的加工。

A. 圆柱面　　B. 圆锥面　　C. 圆弧面　　D. 螺纹

②使刀具轨迹在工件左侧沿编程轨迹移动的 G 代码为（　　）。

A. G40　　B. G41　　C. G42　　D. G43

③FANUC 系统数控车床用增量编程时，X 轴、Z 轴地址分别用（　　）表示。

A. X、W　　B. U、V

C. X、Z　　D. U、W

④G70 P ______ Q ______指令格式中的“Q”的含义是（　　）。

A. 精加工路径的首段顺序号　　B. 精加工路径的末段顺序号

C. 退刀量　　D. 进刀量

⑤刀具半径补偿功能为模态指令，数控系统初始状态是（　　）。

A. G42　　B. G41

C. G40　　D. 由操作者指定

⑥如图 3.1.19 所示工件要求在数控车床上加工。下面哪一组选择答案正确给出了点 P4 的坐标尺寸（绝对尺寸）？（　　）

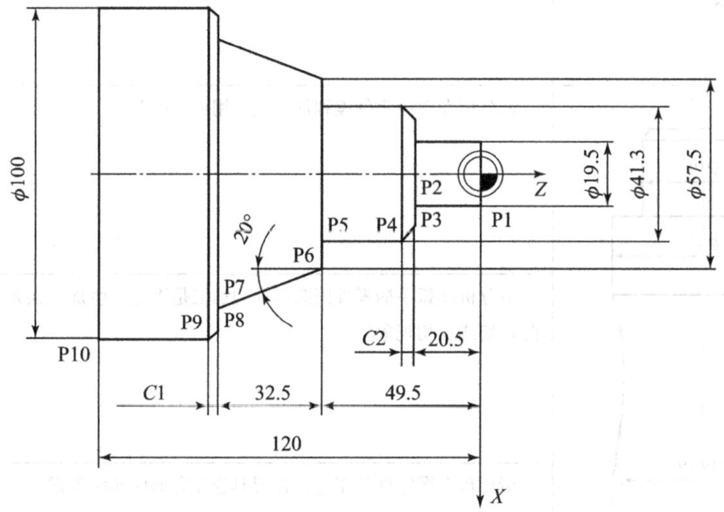

图 3.1.19　题⑥图

A. X41.3　Z－22.5

B. X41.2　Z－22.5

C. X39.3　Z－20.5

D. X37.3　Z－20.5

⑦车削圆弧编程时，当其圆弧所对应的圆心角等于 360°时，应采用（　　）指令编程。

A. I、K 编程

B. R 编程

C. 两种方式均可

⑧如图 3.1.20 所示零件加工采用圆弧插补指令，以下哪个编程程序段是正确的？（　　）

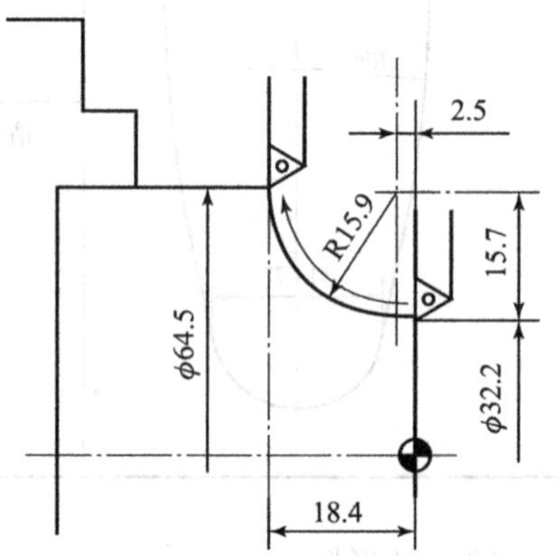

图 3.1.20　题⑧图

A. G02 U32.3 W－18.4 R15.9 F0.2；

B. G03 X64.5 Z-18.4 R15.9 F0.2；

C. G02 U16.25 W-18.4 R15.9 F0.2；

⑨圆弧插补指令 G03X __ Y __ R __；中，X、Y 的值表示圆弧的（　　）。

A. 起点坐标　　B. 终点坐标　　C. 圆心坐标相对于起点的值

⑩数控车床中的 G41/G42 是对（　　）进行补偿。

A. 刀具的几何长度　　B. 刀具的刀尖圆弧半径

C. 刀具的半径　　D. 刀具的角度

⑪在进行圆弧插补时，圆弧的起始位置是否必须在圆弧插补前输入？（　　）

A. 不用　　B. 必须

C. 既可输入也可手动开到位　　D. 视情况而定

⑫在加工内圆弧面时，刀具半径的选择应该（　　）圆弧半径。

A. 大于　　B. 等于　　C. 小于　　D. 大于或等于

⑬通过半径为圆弧编制程序，半径取负值时刀具移动角应（　　）。

A. 大于等于 180°　　B. 小于等于 180°

C. 等于 180°　　D. 大于 180°

⑭切削循环 G73 适用于加工（　　）形状。

A. 圆柱　　B. 圆锥

C. 铸毛坯　　D. 球

2. 任务实施

（1）加工圆弧手柄右端时，请确定编程原点，并标识出圆弧手柄 1～5 的坐标点值，以及加工圆弧左端时，6～8 的坐标点值，并填写表 3.1.4。

表 3.1.4　圆弧手柄编程原点及坐标点

确定圆弧手柄的编程原点为：

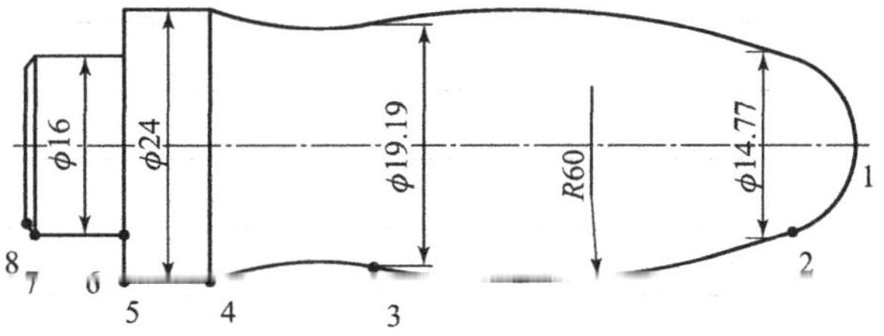

坐标点	1	2	3	4	5	6	7	8	
X									
Z									

（2）请按定位销轴零件图完成表 3.1.5 所示数控加工刀具卡、工序卡以及程序单。

表 3.1.5　数控加工刀具卡、工序卡和加工程序单

数控切削加工刀具卡					
单位		零件名称	零件图号		备注
工件安装定位简图	请画安装简图，并标识编程原点：	车间	设备名称	设备型号	设备编号
		材料牌号	毛坯种类	毛坯尺寸	工序时间

序号	刀具号	刀具类型	刀杆型号	刀片类型	刀尖半径	补偿代号	换刀方式	备注

数控车削加工工序卡							
工步号	工步内容	刀具名称	主轴转速	进给量	背吃刀量	余量	备注
车左端工序							
车右端工序							

数控加工程序单
车左端程序：

续表

数控加工程序单								
车右端程序：								
编制		审核		批准		年　月　日	共　页	第　页

3. 检查与评价

填写表 3.1.6（请自己查表确定上下偏差）。

表 3.1.6　评价表

零件名称		零件图号			操作人员		完成工时		
序号	鉴定项目及标准			配分	评分标准（扣完为止）	自检结果	得分	互检结果	得分
1	任务实施	工件安装		5	装夹方法不正确扣分				
2		刀具安装		5	刀具选择不正确扣分				
3		程序编写		20	程序输入不正确或未完成每处扣 1 分				
4		程序录入		5					
5		量具使用		5	量具使用不正确每次扣 1 分				
6		对刀操作		10	对刀不正确，每步骤扣 2 分				
7		完成工时		5	每超时 5 min 扣 1 分				
8		安全文明		5	撞刀、未清理机床和保养设备扣 5 分				
9	工件质量	ϕ24 mm	上偏差：	10	超差扣 5 分				
			下偏差：						
			*Ra*3.2 μm	5	降一级扣 1 分				
		83.46 mm	上偏差：	5	超差扣 10 分				
			下偏差：						
		ϕ16 mm	加工完成	10	左端面少一个尺寸扣 5 分				
10	专业知识	任务单题量完成质量		10	未完成一道题扣 2 分				
合计				100					

4. 思考与练习

如图 3. 1. 21 所示零件图，请分析并回答以下问题。

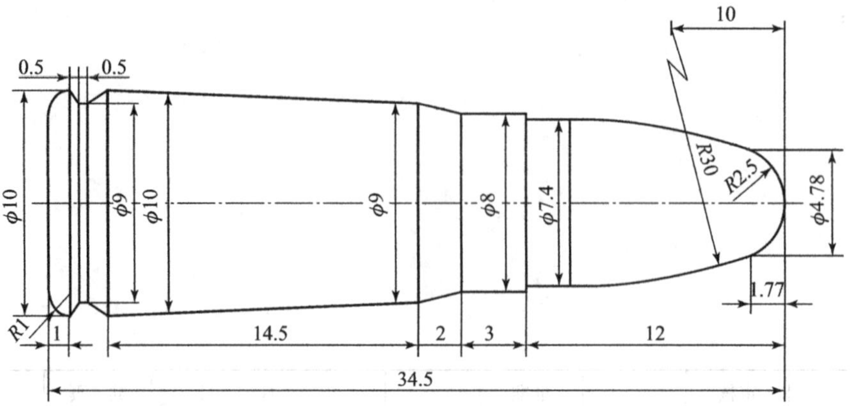

图 3. 1. 21　子弹零件图

(1）该子弹用铝棒加工完成，请问下料尺寸如何选择？

(2）请分析铝的切削加工工艺性能及刀具、切削参数的选择？

(3）如果在数控车床上进行一次安装加工，请问选择 G71、G72、G73 何种加工指令代码合适？并解释原因。

(4）如果采用 G73 指令编码加工零件，请问该指令中 Δi 与 d 参数如何确定？

（5）请写出子弹零件的加工程序，并进行仿真加工。

任务3.2 盘套类零件的加工

任务描述

根据表3.2.1所示生产任务单加工图3.2.1所示零件，毛坯用 ϕ40 mm×40 mm棒料，材料为11SMn30易切钢。要求编写数控加工刀具卡、数控加工工序卡。

表3.2.1 生产任务单

单位名称								编号	
产品清单	序号	零件名称	毛坯	数量	材料	德国牌号	出单日期	交货日期	技术要求
	1	套管	ϕ40 mm×40 mm	1	Y15	11SMn30			见图纸
出单人签字： 日期：　年　月　日						接单人签字： 日期：　年　月　日			
车间负责人签字： 日期：　年　月　日									

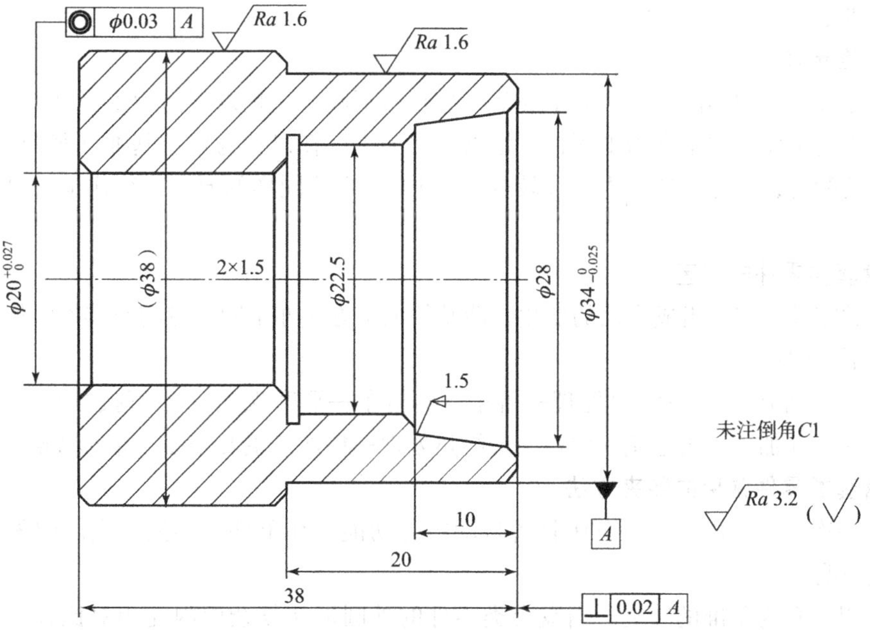

图3.2.1 轴套零件图

知识链接：盘套类零件加工工艺

（一）盘套类零件的作用与特点

盘套类零件主要由端面、外圆和内孔等组成，零件直径一般大于零件的轴向尺寸，在机器中主要起支承、连接、定位和密封等作用。除了有较高尺寸精度和表面粗糙度要求外，盘套类零件往往对支承用端面有较高的平面度、两端面平行度要求；对转接作用中的内孔等有与平面的垂直度要求，对外圆、内孔间的同轴度要求；不少盘套类零件的外圆对孔有径向跳动的要求，端面对孔有端面圆跳动的要求。常见的盘套类零件有齿轮、带轮、飞轮、法兰、轴承端盖、联轴器、套环和垫圈等，如图 3. 2. 2 所示。

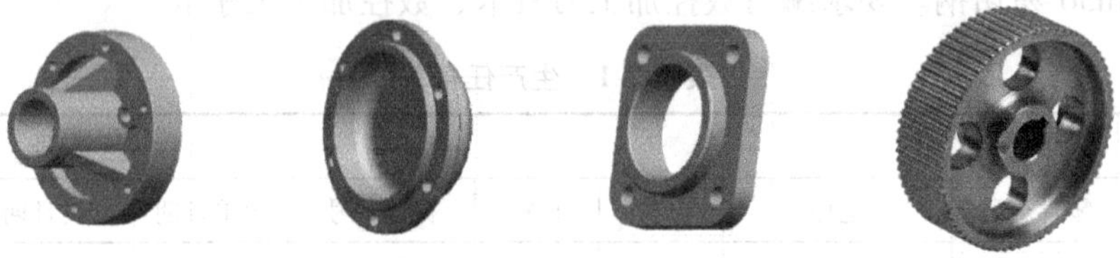

（a）　　（b）　　（c）　　（d）

图 3. 2. 2　常见盘套类零件

（a）法兰盘；（b）闷盖；（c）支承盖；（d）齿轮

（二）盘套类零件的制造工艺

1. 毛坯选择

盘套类零件常采用钢、铸铁、青铜或黄铜制成。孔径小的一般选择热轧或冷拔棒料，根据不同的材料，亦可选择实心铸件，孔径较大时，可做预孔。若生产批量较大时，可选择冷挤压等先进毛坯制造工艺，既提高生产率，又节约材料。

2. 基准选择

根据零件的作用不同，零件的主要基准会有所不同。一是以端面为主（如支承块），其零件加工中的主要定位基准为平面；二是以内孔为主，在以孔为定位基准（径向）的同时，辅以端面的配合；三是以外圆为主（较少），与内孔定位同样的原因，往往也需要有端面的辅助配合。

3. 盘套类零件的工艺

盘套类零件随零件组成表面的变化，涉及的加工方法亦不同。盘套类零件的加工过程通常包括以下步骤：

下料（或备坯）—去应力处理—粗车—半精车—平磨端面（亦可按零件情况不做安排）—非回转面加工—去毛刺—中检—最终热处理—精加工主要表面（精车或磨）—终检。

4. 盘套类零件常用的装夹方法

（1）一次装夹。由于数控车床具备自动换刀功能，在单件、小批量生产中采用一次装夹方式优势明显。

（2）以内孔为基准的装夹。当盘套类零件的外圆形状复杂而内孔相对比较简单时，可先将内孔加工至图纸要求，再按孔的尺寸配置心轴，以内孔为定位基准套在心轴上加工，从而保证工件的同轴度和垂直度等位置精度。

(3) 以外圆为基准的装夹。当盘套类零件的内孔形状复杂而外圆相对比较简单时，在车床上可以先加工外圆至尺寸要求，再以外圆为装夹基准加工其他部位，从而保证零件的位置精度。

(三) 几何公差的测量

1. V形块

V形块是一种比较常见而又特殊的定位元件，其定位基准面为V形两侧面，主要用于对圆（柱）形零件的定位，如图3.2.3所示。V形块可以用于检测零件的某些形位公差，如圆度、对称度（图3.2.4）、同轴度和圆跳动度（图3.2.5）等。

图3.2.3 普通V形块

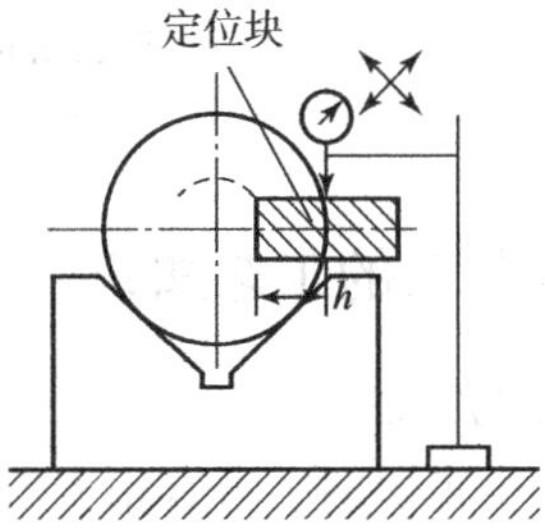

图3.2.4 测对称度

下面以圆跳动度为例介绍V形块的测量过程：将两块V形块置于某平面上，如图3.2.5所示，调整好距离。将被测零件基准A和基准B分别置于两个等高的刃口状V形架上，并对一端做轴向固定。将百分表测头与被测部分的某一截面接触，在指针压缩1~2圈后锁紧表座。转动被测件一周，记下百分表读数的最大值和最小值，该最大值与最小值之差即该截面的径向圆跳动误差值。

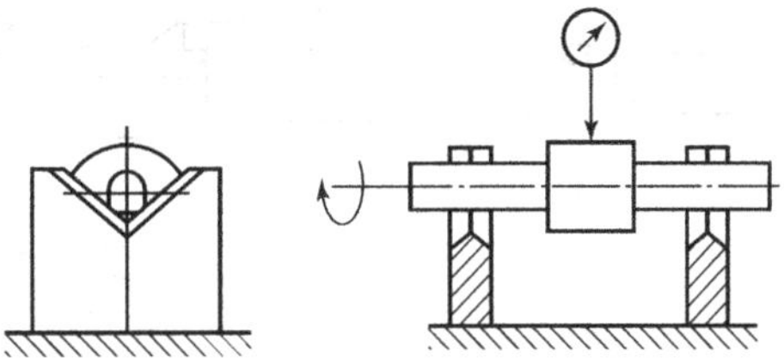

图3.2.5 V形架测径向圆跳动

2. 偏摆检查仪

偏摆检查仪是一种用于检测轴类、盘套类零件的径向圆跳动和端面圆跳动的仪器，如图3.2.6（a）所示。下面是测量径向圆跳动的操作步骤。

将零件擦净，置于偏摆仪两顶尖之间（带孔零件要装在心轴上），使零件转动自如，但不允许轴向窜动，然后紧固两顶尖座，当需要卸下零件时，一手扶着零件，一手向下按手把L即取下零件。将百分表装在表架上，使表杆通过零件轴心线，并与轴心线大致垂直，测头与零件表面接触，并压缩1~2圈后紧固表架。转动被测件一周，记下百分表读数的最大值和最小值，该最大值与最小值之差为*I—I*截面的径向圆跳动误差值。测量应在轴向的三个截面上进行，如图3.2.6（b）所示。取三个截面中圆跳动误差的最大值，为该零件的径向圆跳动误差。

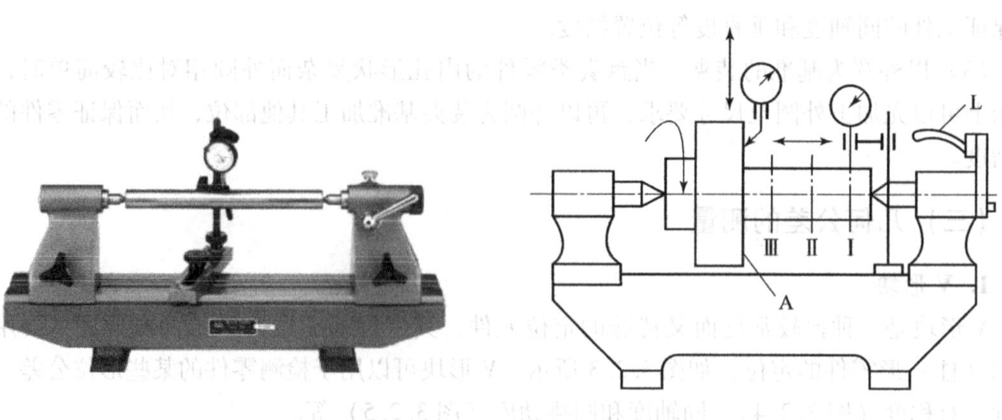

（a）　　（b）

图 3.2.6　偏摆检查仪结构及工作原理

（a）偏摆检查仪；（b）偏摆检查仪工作原理

（四）孔加工的工艺知识

1. 加工孔的方法

孔加工在金属切削中占有很大的比例，应用广泛。孔的加工方法比较多，在数控车床上常用的方法有钻中心孔、钻孔、车内孔和铰孔等，如图 3.2.7 所示。

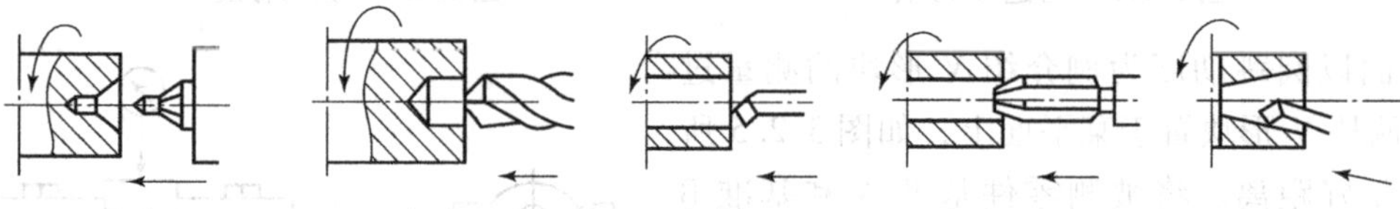

（a）　（b）　（c）　（d）　（e）

图 3.2.7　孔的加工方法

（a）钻中心孔；（b）钻孔；（c）车内孔；（d）铰孔；（e）车内锥孔

根据孔的尺寸精度、位置精度及表面粗糙度等要求，孔的加工方案与步骤选择如表 3.2.2所示。钻孔时的切削用量，可查阅相关切削手册。

表 3.2.2　孔的加工方案与步骤选择

序号	加工方案	精度等级	表面粗糙度 Ra/μm	适用范围
1	钻	11 ~ 13	50 ~ 12.5	加工未淬火钢及铸铁的实心毛坯，也可用于加工有色金属（但粗糙度较差），孔径 < 15 ~ 20 mm
2	钻—铰	9	3.2 ~ 1.6	
3	钻—粗铰（扩）—精铰	7 ~ 8	1.6 ~ 0.8	
4	钻—扩	11	6.3 ~ 3.2	同上，但孔径 > 15 ~ 20 mm
5	钻—扩—铰	8 ~ 9	1.6 ~ 0.8	
6	钻—扩—粗铰—精铰	7	0.8 ~ 0.4	
7	粗镗（扩孔）	11 ~ 13	6.3 ~ 3.2	除淬火钢外各种材料，毛坯有铸出孔或锻出孔
8	粗镗（扩孔）—半精镗（精扩）	8 ~ 9	3.2 ~ 1.6	
9	粗镗（扩）—半精镗（精扩）—精镗	6 ~ 7	1.6 ~ 0.8	

2. 内孔车刀的类型

内孔车刀可分为通孔车刀和盲孔车刀两种。通孔车刀切削部分的几何形状与外圆车刀相似，为减小径向切削抗力，防止车孔时的振动，主偏角 κ_r 应取得大些，一般在 60°～75°之间，副偏角 κ_r' 一般为 15°～30°。为防止内孔车刀后刀面和孔壁摩擦又不使后角磨得太大，一般磨成两个后角，如图 3.2.8 所示 α_{01} 和 α_{02}，其中 α_{01} 取 6°～12°，α_{02} 取 30°左右。盲孔车刀用来车削盲孔或台阶孔，它的主偏角 κ_r 大于 90°，一般取 92°～95°。注意盲孔车刀的刀尖到刀杆外端的距离小于孔半径，否则无法车平孔的底面。

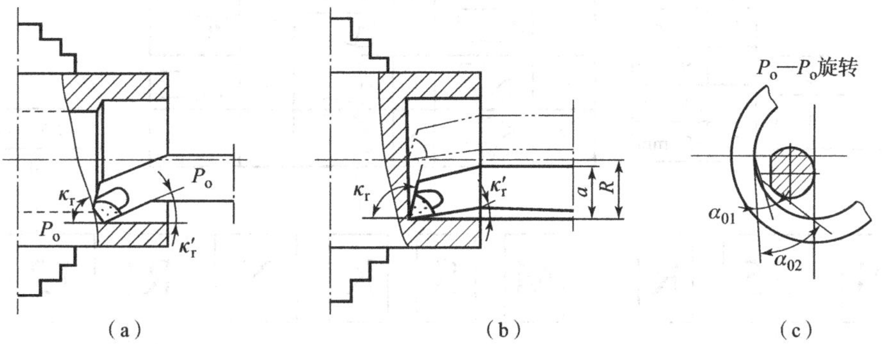

图 3.2.8　内孔车刀图

对于夹固式内孔车刀，由于其刀具参数已设置成标准化参数，因此使用时只要按要求选用相应的刀杆和刀片即可。如图 3.2.9 所示，一般 90°和 95°（图 3.2.10）车刀的应用更为广泛。

3. 内孔车刀的安装

内孔车刀安装得正确与否，直接影响到车削状况及孔的精度，所以在安装内孔车刀时要注意以下几点：

（1）刀尖应与工件中心等高或稍高。

（2）刀杆伸出不宜过长，一般比被加工孔长 5～6 mm。尽可能缩短刀杆的伸出长度，以增加车刀的刚性，减小切削过程中的振动。此外还可将刀杆上下两个平面做成互相平行，以方便根据孔深调节刀杆伸出的长度。

（3）刀杆基本平行于工件轴线，否则在车削到一定深度时，刀杆后半部分容易碰到工件孔口。

（4）盲孔车刀安装时，内偏刀的主刀刃应与孔底平面成 3°～5°角，并且在车平面时要求径向有足够的退刀余量。在退刀余量足够，不碰刀的情况下，尽可能选择大的刀柄截面积。

【实例 3.1】　G73 外圆车削编程实例。

任务描述：在 FANUC－0i Mate－TB 数控车床上加工如图 3.2.11 所示盘盖零件图，毛坯尺寸为 ϕ95 mm×35 mm，材料为 45 钢，要求编写数控加工程序。

（1）图样分析。该盘盖零件径向尺寸较大，轴向尺寸较小，为典型的盘套类零件。孔 ϕ50 mm 是该零件与其他零件装配时的关键要素，也是零件其他尺寸的基准，因此精度要求较高，其中尺寸精度为 IT7，表面粗糙度要求为 Ra1.6 μm。

（2）夹具选择：该零件可选用通用夹具——三爪车卡盘进行装夹。

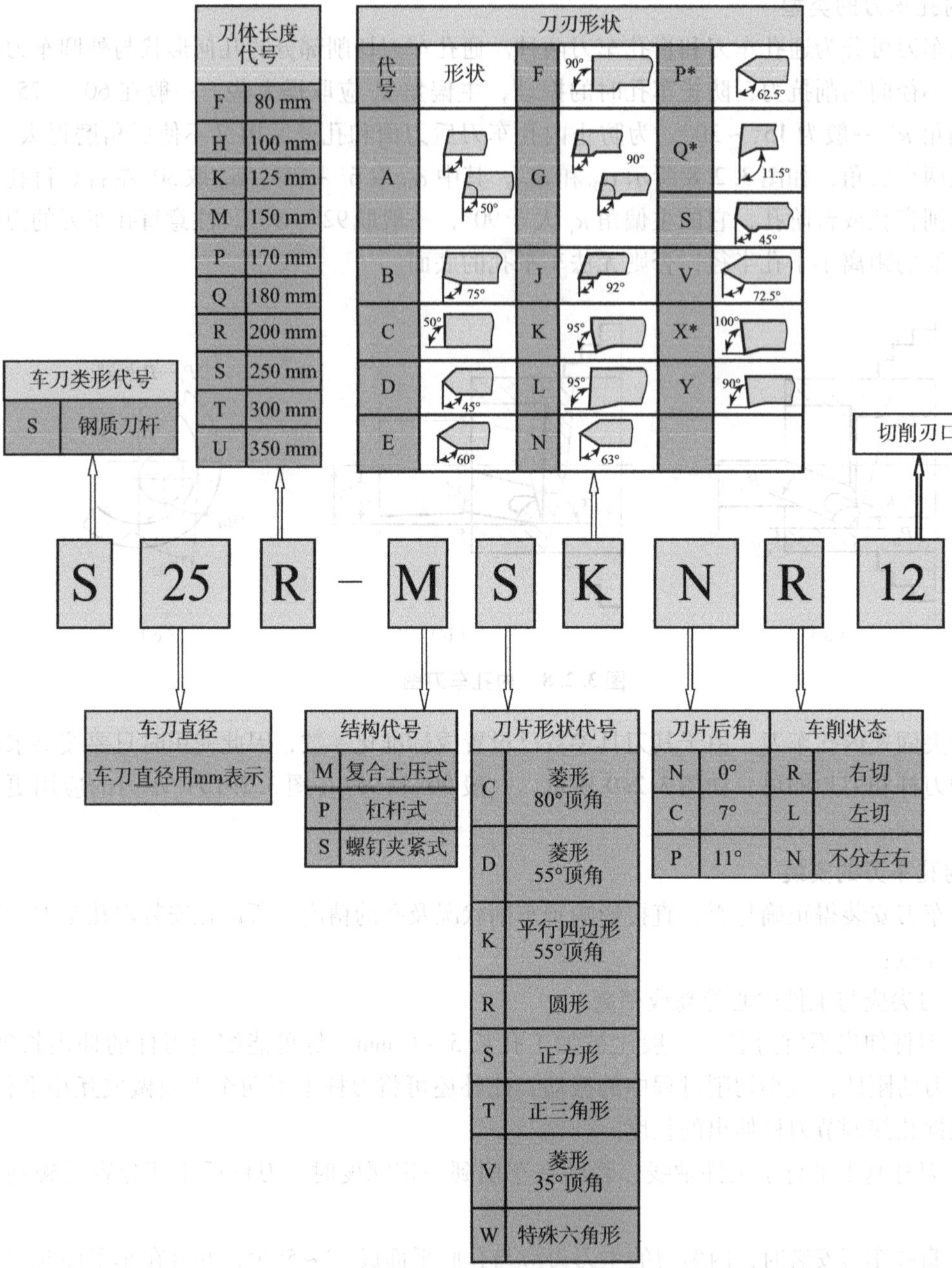

图 3.2.9　内孔车刀型号编制说明

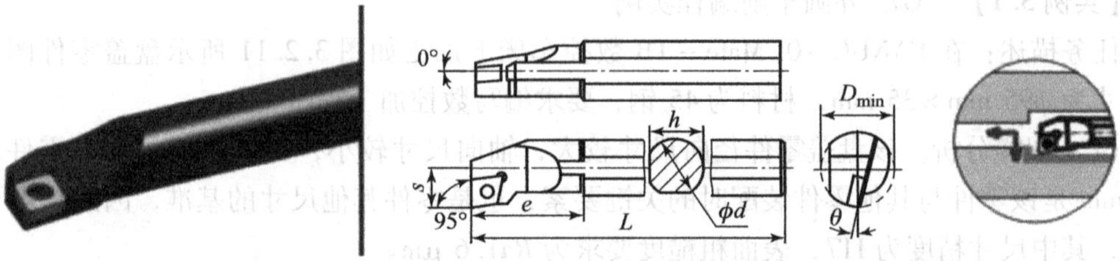

图 3.2.10　95°车刀外形、刀杆及刀片规格尺寸及走刀路线

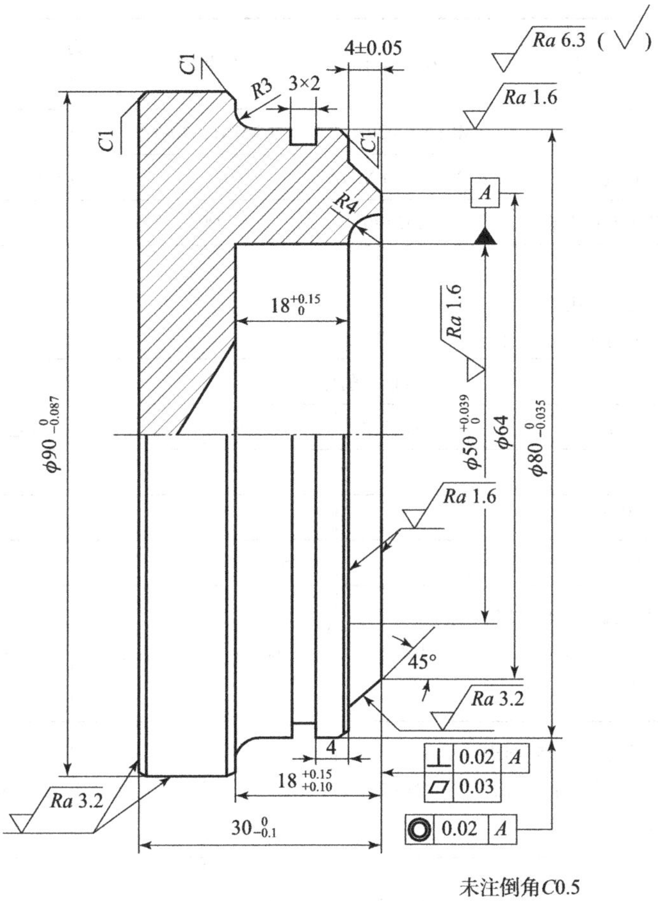

图 3.2.11 盘盖零件图

（3）填写刀具卡、工艺卡和程序单，如表 3.2.3 所示。

表 3.2.3 盘盖零件加工刀具卡、工序卡和程序单

<table>
<tr><th colspan="9">数控切削加工刀具卡</th></tr>
<tr><td>单位</td><td colspan="3" rowspan="5">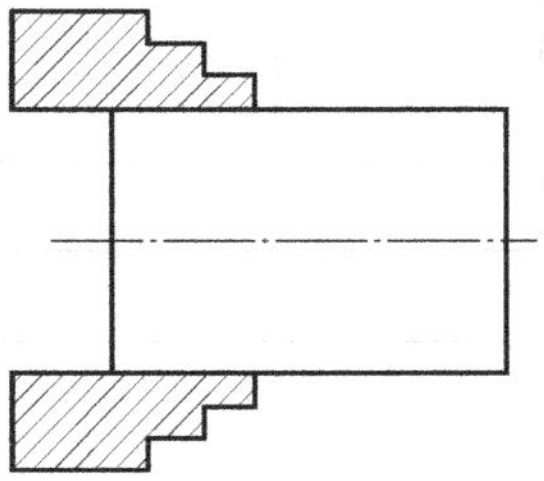</td><td>零件名称</td><td>零件图号</td><td></td><td colspan="2">备注</td></tr>
<tr><td rowspan="4">工件安装定位简图</td><td>车间</td><td>设备名称</td><td>设备型号</td><td colspan="2">设备编号</td></tr>
<tr><td></td><td></td><td></td><td colspan="2"></td></tr>
<tr><td>材料牌号</td><td>毛坯种类</td><td>毛坯尺寸</td><td colspan="2">工序时间</td></tr>
<tr><td>45 钢</td><td>圆棒料</td><td>ϕ95 mm×35mm</td><td colspan="2"></td></tr>
<tr><td>序号</td><td>刀具号</td><td>刀具类型</td><td>刀杆型号</td><td>刀片类型</td><td>刀尖半径</td><td>补偿代号</td><td>换刀方式</td><td>备注</td></tr>
<tr><td>1</td><td>T01</td><td>95°外圆车刀</td><td>MCLNR2020K12</td><td>CNMG120408EN</td><td>0. 8 mm</td><td>1</td><td>自动</td><td></td></tr>
</table>

续表

序号	刀具号	刀具类型	刀杆型号	刀片类型	刀尖半径	补偿代号	换刀方式	备注
2	T02	95°外圆车刀	MCLNR2020K12	CNMG120404EN	0.4 mm	2	自动	
3	T03	95°内孔车刀	S20R - SCLNR12		0.4 mm	2	自动	
4	T04	切槽刀（刀宽 3 mm）	QA2020R03	Q03			自动	
		A3 中心钻 ϕ10 直柄麻花钻 ϕ25 锥柄麻花钻						

数控车削加工工序卡

工步号	工步内容	刀具名称	主轴转速	进给量	背吃刀量	余量	备注
车右端工序							
1	检查						
2	钻孔并扩孔至 ϕ25 mm		S600				
3	粗车零件右端面、45°圆锥面、ϕ80 mm 外圆柱面、R3 mm圆角及其他台阶面	T0101	S600	F0.2	2 mm	1 mm	
4	精车零件右端面、45°圆锥面、ϕ80 mm 外圆柱面、R3 mm圆角及其他台阶面	T0202	S1000	F0.08	1mm	0	
5	粗车零件 R4 mm 圆弧，ϕ50 mm内孔表面和孔底面	T0303	S800	F0.08			
6	精车零件 R4 mm 圆弧，ϕ50 mm内孔表面和孔底面	T0303					
7	车槽 3 mm×2 mm	T0404	S500				
8	调头粗车 ϕ90 mm 外圆柱面和左端面	T0101					
9	调头精车 ϕ90 mm 外圆柱面和左端面	T0202					
10	检查						

数控加工程序单

程序:O4131	
N1 G21 G99 G97 G40;	程序初始化
N2 T0101 M03 S600;	选择 95°外圆粗车刀，主轴转速为 600 r/min
N3 G00 X98.0 Z2.0 M08;	刀具快速定位到工件附近，并开冷却液
N4 G94 X24.0 Z0.5 F0.2;	粗车端面，进给量为 0.2 mm/r
N5 G71 U2.0 R0.5;	外圆粗车循环，背吃刀量为 2 mm，退刀量为 0.5 mm
N6 G71 P7 Q13 U1.0 W0.2;	粗车循环，从 N7 开始至 N13 结束，留余量 X 向 1，Z 向 0.2

续表

数控加工程序单	
N7 G00 G42 X60.0;	刀具沿 X 向进刀,并设定刀尖半径右补偿
N8 G01 X72.0 Z -4.0 F0.08;	车 45°圆锥面
N9 X80.0 C1.0;	车端面并倒角
N10 G02 X86.0 Z -18.125 R3.0;	车 ϕ80 mm 外圆并倒 R3 mm 圆角
N11 X88.0;	车端面
N12 U4.0 W -2.0;	倒角
N13 G40 X95.0;	取消刀具半径补偿
N14 S1000 T0202;	主转速调至 1 000 r/min
N15 G94 X24.0 Z0.0;	精车右端面
N16 G70 P7 Q13;	精车循环
N17 G00 X100.0 Z100.0;	刀具快速退刀到换车点
N18 M03 S800 T0303;	车速调至 800 r/min,选择内孔车刀
N19 G00 X25.0 Z2.0;	刀具快速定位到工件附近
N20 G71 U2.0 R0.5;	粗车内圆循环,背吃刀量为 2 mm,退刀量为 0.5 mm
N21 G71 P22 Q27 U -1.0 W0.2;	粗车循环从 N22 开始,N27 结束
N22 G00 G41 X58.0;	进刀,并设定刀尖半径补偿
N23 G01 Z0.0 F0.1;	进刀
N24 G03 X50.0 Z -4.0 R4.0	车内圆弧 R4 mm
N25 G01 Z -18.075;	车 ϕ50 mm 孔至深 18.075 mm
N26 X14.0;	车孔底平面
N27 G40 Z2.0;	取消刀尖半径补偿
N28 G00 X150.0 Z150.0;	退刀至换刀点
N29 S1000;	主轴转速为 1 000 r/min
N30 G00 X25.0 Z2.0;	进刀
N31 G70 P22 Q27;	精车循环
N32 G00 X150.0 Z150.0;	退刀至换刀点
N33 S500 T0404;	主轴转速为 500 r/min
N34 G00 X82.0 Z -11.0;	刀具快速进刀
N35 G01 X76.0 F0.08;	切槽
N36 X82.0;	退刀
N37 G00 X100.0 Z100.0 M09;	刀具快速退刀,开关冷却液
N38 T0100;	换回 1#刀
N39 M30;	程序结束
O0432	
N1 G21 G40 G97 G99;	程序初始化
N2 M03 S600 T0101;	主轴以 600 r/min 正转,并选择外圆车刀
N3 G00 X98.0 Z2.0 M08;	刀具快速定位到工件附近,并开冷却液
N4 G90 X91.0 Z -13.0 F0.2;	粗车外圆,进给量为 0.2 mm/r
N5 G94 X -1.0 Z0.5;	粗车端面
N6 G00 X100.0 Z100.0;	快速退刀至换刀点

续表

数控加工程序单	
N7 S800 T0202;	主轴转速调至 800 r/min
N8 G00 X92.0 Z-2.0;	进刀
N9 G01 X88.0 Z0.0 F0.1;	倒角
N10 X-1.0;	精车端面
N11 G00 Z2.0;	退刀
N12 X100.0 Z100.0 M09;	退刀并关冷却液
N13 M05;	主轴停转
N14 M30;	程序停止
%	

编制		审核		批准		年 月 日	共 页	第 页

工作页：盘套类零件加工

1. 信息、决策与计划

（1）分析零件的图纸及工艺信息，归纳、总结相关知识，完善表格 3.2.4。

表 3.2.4 轴套零件图纸技术信息表

信息内容（问题）	信息的处理及决策
◎ ϕ0.03 A	解释其含义：
⊥ 0.02 A	解释其含义：
1:5	解释其含义：
A（基准符号）	解释其含义：
(ϕ38)	ϕ38 mm 为任务中已加工好的表面，请分析如何安装工件，以保证零件位置精度要求。
内孔加工	为避免内孔车刀加工时与内孔壁相干涉，内孔车刀应如何选择？

（2）选择题。

①程序使用（　　）时，刀具半径补偿被取消。

A. G40　　B. G41　　C. G42　　D. G43

②钻孔一般属于（　　）。

A. 精加工　　B. 半精加工　　C. 粗加工　　D. 半精加工和精加工

③数控机床适用于生产（　　）和形状复杂的零件。

A. 单件小批量　　B. 单品种大批量　　C. 多品种小批量　　D. 多品种大批量

④数控机床每次接通电源后在运行前首先应做的是（　　）。

A. 给机床加润滑油　　B. 检查刀具安装是否正确

C. 机床各坐标轴回参考点　　D. 工件是否安装正确

⑤数控机床主轴以800 r/min转速正转时，其指令应是（　　）。

A. M03 S800　　B. M04 S800　　C. M05 S800　　D. M06 S800

⑥G02 X20.0 Z－20.0 R－5.0 F0.1指令所加工的一般是（　　）。

A. 整圆　　B. 夹角≤180°的圆弧

C. 180°＜夹角＜360°的圆弧　　D. 夹角≤90°的圆弧

⑦数控机床对刀过程实际上是确定（　　）的过程。

A. 编程原点　　B. 刀架参考点　　C. 刀偏量　　D. 刀尖起始点

⑧刀具半径补偿指令（　　）。

A. G39 G42 G40　　B. G39 G41 G40　　C. G39 G41 G42　　D. G41 G42 G40

⑨机床上的卡盘、中心架等属于（　　）夹具。

A. 通用　　B. 专用　　C. 组合　　D. 简单

⑩刀具半径尺寸补偿指令的起点不能写在（　　）程序段中。

A. G00　　B. G02/G03　　C. G01

2. 任务实施

请按轴套零件图完成表3.2.5所示数控加工刀具卡、工序卡以及加工程序单。

表3.2.5　轴套零件刀具卡、工序卡及加工程序单

<table>
<tr><th colspan="9">数控切削加工刀具卡</th></tr>
<tr><td>单位</td><td colspan="3"></td><td>零件名称</td><td>零件图号</td><td colspan="2"></td><td>备注</td></tr>
<tr><td rowspan="4">工件安装定位简图</td><td colspan="3" rowspan="4">请画零件定位简图，并标编程原点：</td><td>车间</td><td>设备名称</td><td colspan="2">设备型号</td><td>设备编号</td></tr>
<tr><td></td><td></td><td colspan="2"></td><td></td></tr>
<tr><td>材料牌号</td><td>毛坯种类</td><td colspan="2">毛坯尺寸</td><td>工序时间</td></tr>
<tr><td></td><td></td><td colspan="2"></td><td></td></tr>
<tr><td>序号</td><td>刀具号</td><td>刀具类型</td><td>刀杆型号</td><td>刀片类型</td><td>刀尖半径</td><td>补偿代号</td><td>换刀方式</td><td>备注</td></tr>
<tr><td></td><td></td><td></td><td></td><td></td><td></td><td></td><td></td><td></td></tr>
<tr><td></td><td></td><td></td><td></td><td></td><td></td><td></td><td></td><td></td></tr>
</table>

续表

数控车削加工工序卡							
工步号	工步内容	刀具名称	主轴转速	进给量	背吃刀量	余量	备注

数控加工程序单								
段号	程序名		注释					
编制		审核		批准		年　月　日	共　页	第　页

3. 检查与评价

填写见表 3.2.6。

表 3.2.6　评价表

零件名称			零件图号		操作人员		完成工时	
序号	鉴定项目及标准		配分	评分标准（扣完为止）	自检结果	得分	互检结果	得分
1	任务实施	工件安装	5	装夹方法不正确扣分				
2		刀具安装	5	刀具选择不正确扣分				
3		程序编写	20	程序输入不正确每处扣 1 分				
4		程序录入	5					
5		量具使用	5	量具使用不正确每次扣 1 分				
6		对刀操作	20	对刀不正确，每步骤扣 2 分				
7		完成工时	5	每超时 5 min 扣 1 分				
8		安全文明	5	撞刀、未清理机床和保养设备扣 5 分				

续表

序号	鉴定项目及标准			配分	评分标准（扣完为止）	自检结果	得分	互检结果	得分
9	工件质量	ϕ20 mm	上偏差：0.027 mm	10	超差扣5分				
			下偏差：0						
			*Ra*3.2 μm	5	降一级扣1分				
10		ϕ34 mm	上偏差：0	5	超差扣10分				
			下偏差：−0.025 mm						
11	专业知识	任务单题量完成质量		10	未完成一道题扣2分				
合计				100					

4. 思考与拓展

（1）可转位车刀一般按照哪些特征选择刀具类型？

（2）车内孔时，容易引起振动的原因有哪些？请至少列举两个原因。

（3）简述测量径向圆跳动度的方法及步骤。

项目4 螺纹轴的加工

学习目标 ○○○

1. 能够读懂带沟槽面、螺纹零件图纸。
2. 能够编制沟槽面、简单螺纹零件的数控加工工艺文件。
3. 能够运用 G04、G75、G92、G32、G76 等编程代码进行零件加工程序的编制。
4. 能够根据数控加工工艺文件选择、安装和调速数控车床切槽刀。
5. 能够根据数控加工工艺文件选择、安装和调整数控车床螺纹车刀。
6. 能够进行外径槽的仿真加工，并达到尺寸精度要求。
7. 能够进行零件外圆、沟槽的检测。
8. 能够进行单线螺纹的普通三角螺纹、锥螺纹的加工，达到相应要求。
9. 能够进行螺纹零件精度的检验。

任务4.1 外沟槽零件的加工

任务描述

根据表4.1.1所示生产任务单，试对图4.1.1所示零件进行加工分析，毛坯用 ϕ40 mm×62 mm 棒料，材料为 AlCuMg。要求编写数控加工刀具卡、数控加工工序卡和程序单。

表4.1.1 生产任务单

<table>
<tr><td colspan="2">单位名称</td><td colspan="6"></td><td>编号</td><td></td></tr>
<tr><td rowspan="3">产品清单</td><td>序号</td><td>零件名称</td><td>毛坯</td><td>数量</td><td>材料</td><td>德国牌号</td><td>出单日期</td><td>交货日期</td><td>技术要求</td></tr>
<tr><td>1</td><td>沟槽销</td><td>ϕ40 mm×62 mm</td><td>1</td><td>铝合金</td><td>AlCuMg</td><td></td><td></td><td>见图纸</td></tr>
<tr><td></td><td></td><td></td><td></td><td></td><td></td><td></td><td></td><td></td></tr>
<tr><td colspan="6">出单人签字：

日期： 年 月 日</td><td colspan="4">接单人签字：

日期： 年 月 日</td></tr>
<tr><td colspan="10">车间负责人签字：
日期： 年 月 日</td></tr>
</table>

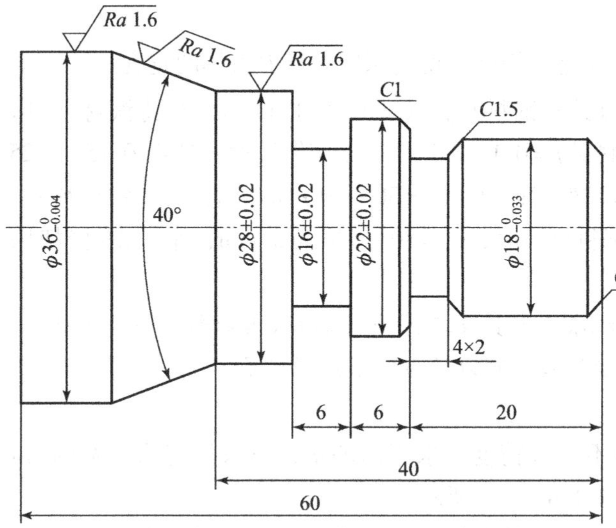

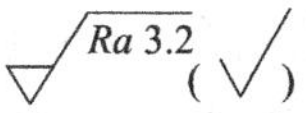

技术要求：

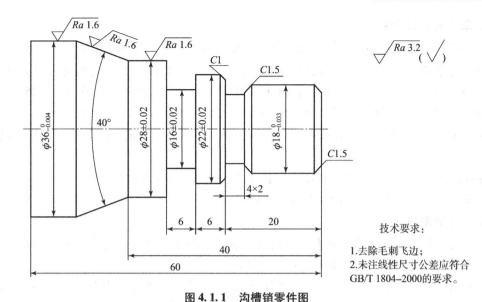

1.去除毛刺飞边；
2.未注线性尺寸公差应符合GB/T 1804–2000的要求。

图 4.1.1　沟槽销零件图

知识链接：车槽加工

（一）车槽工艺知识

1. 槽的作用

（1）切削螺纹时的退刀作用：在车削螺纹时，为了便于退出刀具，常在零件的待加工表面的末端车出螺纹退刀槽，如图 4.1.2 所示。退刀槽的尺寸一般按“直径×槽宽”的形式标注。

（2）用于零件间的装配。

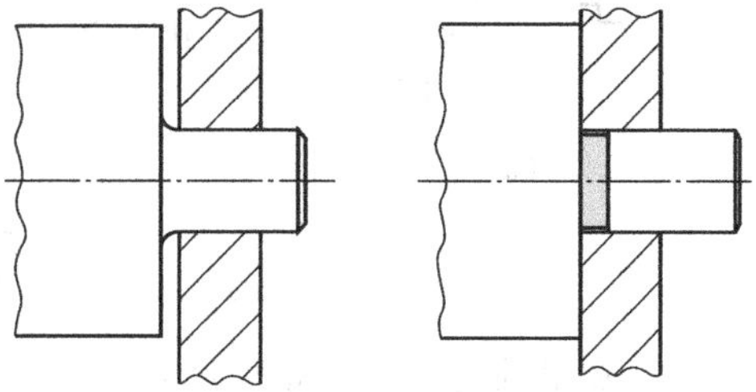

（a）　　（b）

图 4.1.2　槽的作用

（a）错误；（b）正确

2. 切槽刀

切槽刀的形状如图 4.1.3 所示。切槽刀前面的刀刃是主刀刃，两侧刀刃是副刀刃。切槽刀安装后刀尖应与工件轴线等高，主切削刃平行于工件轴线，两副偏角相等，主偏角为 90°。

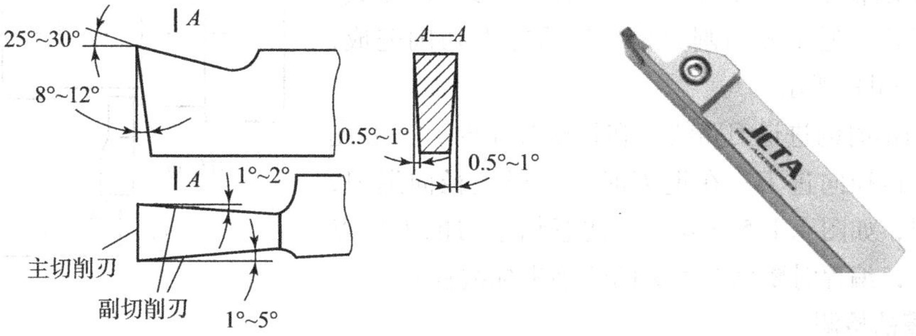

（a）　　（b）

图 4.1.3　切槽刀结构参数及实物

（a）切槽刀结构参数；（b）切槽刀实物

3. 车槽的切削用量

（1）切削深度 a_p：切槽为横向进给切削，切削深度 = 槽刀刀体的宽度。

（2）进给量 f：一般高速钢刀具车钢料时 $f=0.05\sim0.1$ mm/r，车铸铁材料时 $f=0.1\sim0.2$ mm/r；用硬质合金车刀车钢料时 $f=0.1\sim0.2$ mm/r，车铸铁材料时 $f=0.15\sim0.25$ mm/r。

（3）切削速度：用高速钢车刀车钢料时，$v_c=30\sim40$ mm/min，车铸铁材料时 $v_c=15\sim25$ mm/min；用硬质合金车刀车钢料材料时，$v_c=80\sim120$ mm/min，车铸铁材料时 $v_c=60\sim100$ mm/min。

注意：实际加工时，应根据机床、刀具及其材料、工件及其材料、夹具等具体情况进行分析，如果机床、刀具及夹具刚性较差，可以适当减小切削用量。

4. 车外沟槽的方法

（1）对于宽度、深度值相对不大且精度要求不高的槽，可采用与槽等宽的刀具，直接切入一次成型的方法加工，如图 4.1.4（a）所示。

（2）对于宽度值不大，但深度较大的深槽，为了避免切槽过程中由于排屑不畅，使刀具前部压力过大而出现扎刀和折断刀具的现象，应采用分次进刀的方式，刀具在切入工件一定深度后，停止进刀并退回一段距离，达到排屑的目的，如图 4.1.4（b）所示。

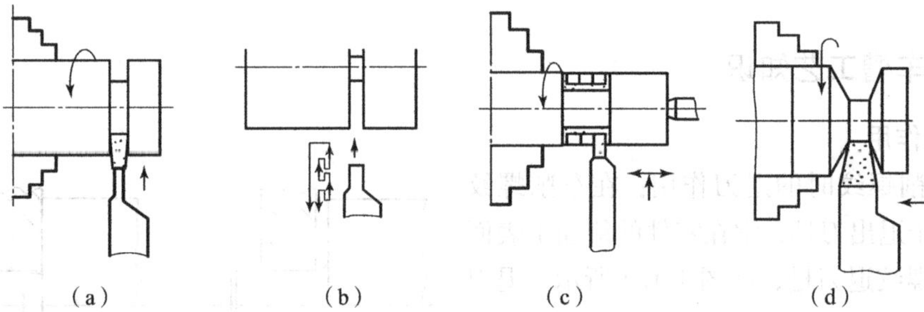

图 4.1.4　车外槽的方法

（a）槽；（b）深槽；（c）宽槽；（d）梯形槽

（3）宽槽的切削。通常把大于一个切刀宽度的槽称为宽槽，宽槽的宽度、深度的精度及表面质量要求相对较高。在切削宽槽时常采用排刀的方式进行粗切，然后是用精切槽刀沿槽的一侧切至槽底，精加工槽底至槽的另一侧，再沿侧面退出，切削方式如图 4.1.4（c）所示。

（4）车削较小的梯形槽，一般用成型刀一次完成；较大的梯形槽，通常先切割直槽，然后左右切削完成，如图 4.1.4（d）所示。

（5）切槽时的进退刀路线。在切槽加工时，一般先轴向进刀，再径向进刀；在退刀时，一般先径向退刀，再轴向退刀，如图 4.1.5 所示。（注意切槽刀的刀位点在左刀尖上，编程时要用左刀尖的轨迹坐标编程）

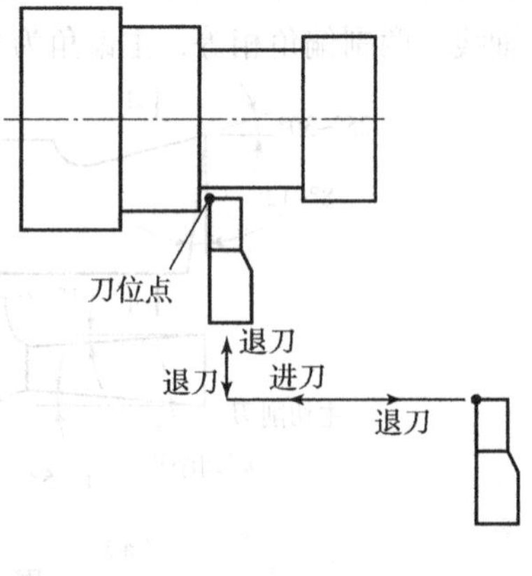

图 4.1.5　切槽时的进退路线

5. 沟槽的检测

精度要求低的沟槽，可用钢尺测量，如图 4.1.6（a）、（b）所示。精度要求高的沟槽，可用外径千分尺、样板和游标卡尺等测量，如图4.1.6（c）、（d）、（e）所示。

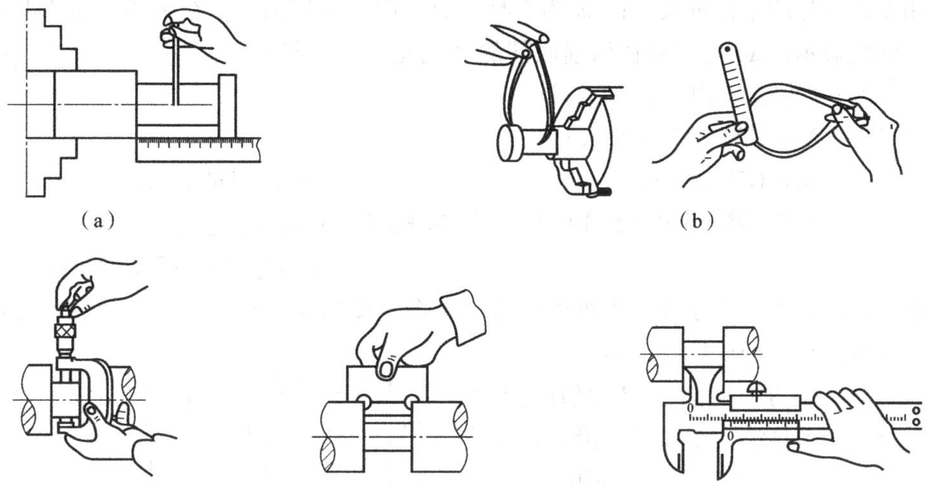

图4.1.6 沟槽的检验与测量

（a），（b）用钢直尺和外卡钳检测；（c）用外径千分尺测量；

（d）用样板测量；（e）用游标卡尺测量

（二）加工程序编程制

1. 暂停延时指令G04

该指令通常用于车槽、镗平和锪孔等场合，实现刀具做短时间的无进给光整加工，以提高表面加工质量。

格式：

G04 X ______：G04 U ______：G04 P ______：

其中：①X ______和P ______为指定延时时间间隔：

②X ______单位为s；P后面只能跟一个整数表示停留时间，单位为ms，不允许带小数点。U单位为转，其值为U/F，如U40（若进给率为F10），表示零件转40/10 = 4（转）。

注意：延时指令G04和刀具补偿指令G41/G42不能在同一程序段中指定。暂停时，数控车床主轴不会停止运动，但刀具会停止运动。

编程举例：

N5 G01 F0.2 Z-50.0 S300 M03；进给量F为0.2 mm/r主轴转速为300 r/min

N10 G04 X2.5；暂停2.5 s

N20 X70；

N30 G04 P1200；暂停1.2 s

N40 X…；进给率和主轴转速继续有效

2. 内外径车槽循环指令G75

用于较宽或较深的槽或多处均匀相间、形状尺寸相同的槽。

格式：G75 R(e)；

G75 X(U) Z(W) P(Δi) Q(Δk) R(Δd) F(f)；

其中，e 为退刀量，模态值；X(U)、Z(W) 为切槽终点处坐标；Δi 为 X 方向的每次切深量，用不带符号的半径量表示；Δk 为刀具完成一次径向切削后，在 Z 方向的偏移量，用不带符号的值表示；Δd 为刀具在切削底部的 Z 向退刀量，符号一定是正，单位为 μm。无要求时可省略；f 为径向切削时的进给量。

编程举例：N10 G00 X32.0 Z－13.0；

N20 G75 R1.0；　　　　　　　　　　　R：退刀量 1 mm

N30 G75 U6.0 W5.0 P1500 Q2000 F0.1；X 向每次吃刀量 1.5 mm（半径值）

Z 向每次增量移动 2 mm

注意：G75 指令无法对槽底及两侧面进行精车，因此对精度要求较高的槽，可以先用 G75 完成粗车，再用 G01 进行精车。

G75 沿着 X 轴方向切削，G75 循环过程如图 4.1.7 所示，刀具定位在 A 点，沿 Z 轴方向进行加工，每次加工 Δi 后，退 e 的距离，然后再加工 Δi，依次循环至 Z 轴方向坐标给定的值，返回 A 点。

使用 G75 指令既可加工单个槽（通过设置 Δk 参数大于刀宽的槽），也可加工多个槽（槽宽与刀宽等值，槽间距及槽底尺寸相等），只需在编程时注意设置相关参数。

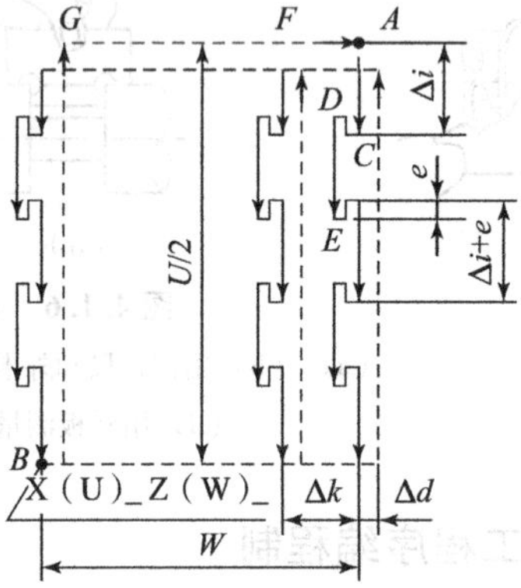

图 4.1.7　G75 复合循环轨迹

3. 端面车槽循环指令 G74

端面车槽循环指令 G74 如图 4.1.8 所示。

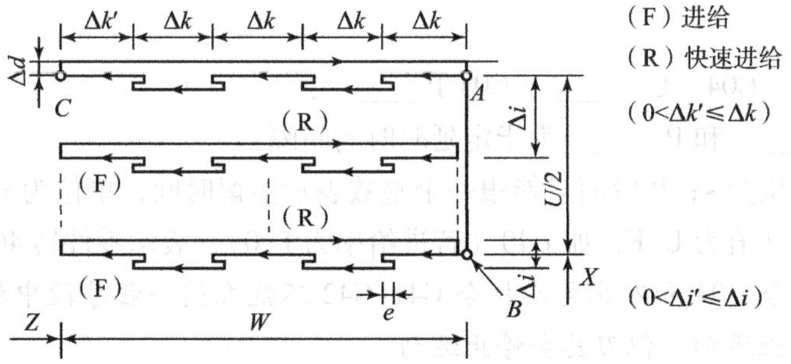

图 4.1.8　端面车槽循环指令 G47

格式：G74 R(e)；

G74 X(U) Z(W) P(Δi) Q(Δk) R(Δd) F(f)；

其中，e 为退刀量；X(U)、Z(W) 为车槽终点处坐标；Δi 为刀具完成一次轴向切削后，X 方向的移动量（不带符号），半径值，单位为 μm；Δk 为 Z 方向的每次切深量，不带符号，单位为 μm；Δd 为刀具在切削底部的退刀量，Δd 的符号一定是正；f 为进给量。

【实例 4.1】　G75 沟槽车削编程实例。

任务描述：试用 G75 指令编写如图 4.1.9 所示工件（设所用切槽刀的刀宽为 4 mm）的沟槽加工程序。

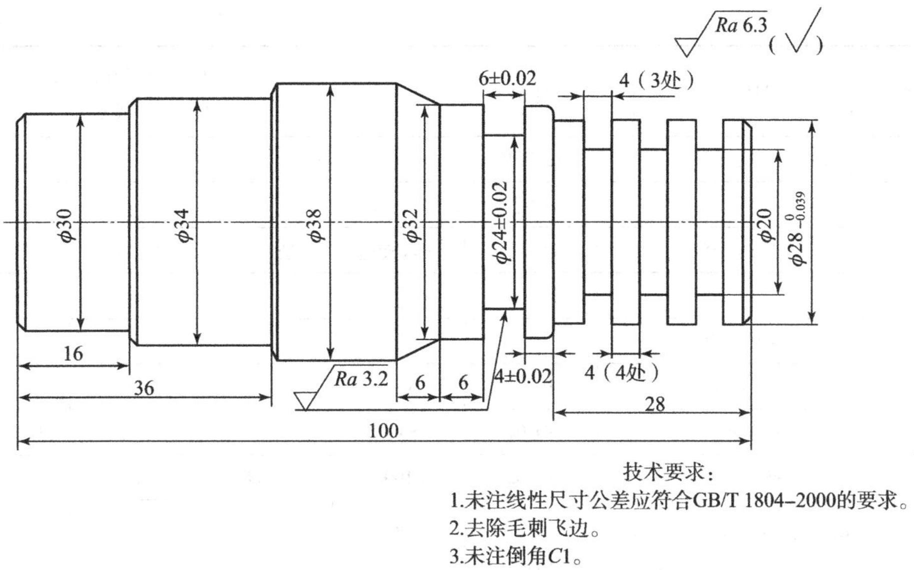

图 4.1.9　沟槽轴

方案选定：

（1）编程原点：为方便计算与编程，编程坐标原点定于工件右端中心。

（2）加工方案选定：

三处 φ20 mm × 4 mm 槽：可用 G75 指令用直进车削一次成型，主轴转速设定为 500 r/min，进给量为 0.06 mm/r。

φ24 mm × 6 mm 槽：槽比刀具宽，而且精度要求较高，不能一次成型，工艺安排为先粗加工，再精加工。粗加工安排两次直进车槽，槽底和两侧壁留约 0.1 mm 余量，主轴转速为 400 r/min，进给量为 0.1 mm/r；精加工采用先光右侧，再光槽底，最后光左侧壁的走刀路线，主轴转速为 600 r/min，进给量为 0.06 mm/r。

（3）编制加工程序，填写表 4.1.2 中内容。

表 4.1.2　沟槽轴加工刀具卡、工序卡和程序单

<table>
<tr><th colspan="6">数控切削加工刀具卡</th></tr>
<tr><td>单位</td><td></td><td>零件名称</td><td>零件图号</td><td></td><td>备注</td></tr>
<tr><td rowspan="4">工件安装定位简图</td><td rowspan="4">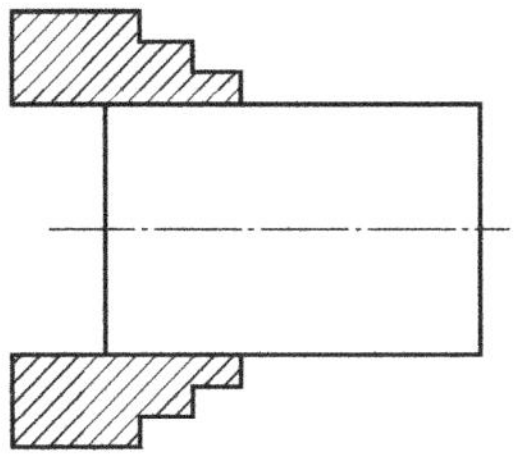</td><td>车间</td><td>设备名称</td><td>设备型号</td><td>设备编号</td></tr>
<tr><td>材料牌号</td><td>毛坯种类</td><td>毛坯尺寸</td><td>工序时间</td></tr>
<tr><td>45 钢</td><td>圆棒料</td><td>φ40 × 105</td><td></td></tr>
<tr><td></td><td></td><td></td><td></td></tr>
</table>

序号	刀具号	刀具类型	刀杆型号	刀片类型	刀尖半径	补偿代号	换刀方式	备注
1	T01	93°外圆车刀	MCLNR2020K12	CNMG120408EN	0.8 mm	01	自动	
2	T02	93°外圆车刀	MCLNR2020K12	CNMG120404EN	0.4 mm	02	自动	

续表

序号	刀具号	刀具类型	刀杆型号	刀片类型	刀尖半径	补偿代号	换刀方式	备注
3	T03	切槽刀（刀宽 4 mm）	QA2020R03	Q03			自动	

数控车削加工工序卡

工步号	工步内容	刀具名称	主轴转速	进给量	背吃刀量	余量	备注
车右端工序							
1	去毛刺、检查						
2	车端面	T0101	S500	F0.1	1 mm	$Z2$	
3	粗车外圆	T0101	S600	F0.2		$X0.5$	
4	精车外圆	T0202	S1000	F0.08	1 mm	0	
5	切槽三处 ϕ20 mm×4 mm 粗车 ϕ24 mm×6 mm 精车 ϕ24 mm×6 mm	T0303	S400 S600	F0.1 F0.06	2 mm		
6	检查						

数控加工程序单

粗精车外圆程序（略）

切槽程序:O4101

N1G21 G99 G97 G40;	程序初始化
N2 T0303 M03 S400;	选择切断刀,主轴转度为 400 r/min
N3 G00 X34.0 Z-8.0;	刀具快速定位到毛坯附近
N4 G75 R1;	R:退刀量 1 mm
N5 G75 X20. Z-24.0 P3000 Q8000 F0.1;	车三处 ϕ20 mm×4 mm 槽
N6 G00 X34.0;	
N7 Z-36.1;	刀具重新定位
N8 G75 R1.0;	粗车 ϕ24 mm×6 mm 槽
N9 G75 X24.2 Z-37.9 P3000 Q3000 F0.1;	进给量 0.08 mm/r,槽底与两侧面均留 0.1 mm 余量
N10 M03 S600 T0101;	主轴转速为 800 r/min,选择 1#刀,1#刀补
N12 G00 X34.0 Z-36.0;	刀具快速定位
N14 G01 X24.0 F0.06;	精车槽右侧壁
N16 Z-38.0;	精车槽底
N18 X34.0;	精车左槽底
N20 G01 X40.0;	X 向退刀
N22 G00 X100.0 Z100.0;	快速退刀
N24 M05;	主轴停转
N26 M30;	程序停止
%	

编制		审核		批准		年 月 日	共 页	第 页

工作页：车削外沟槽零件

1. 信息、决策与计划

（1）分析零件的图纸及工艺信息，归纳、总结相关知识，完善表4.1.3图纸信息表。

表4.1.3　沟槽销零件图纸技术信息

信息内容（问题）	信息的处理及决策
AlCuMg	解释该材料的含义，以及切削加工性能。
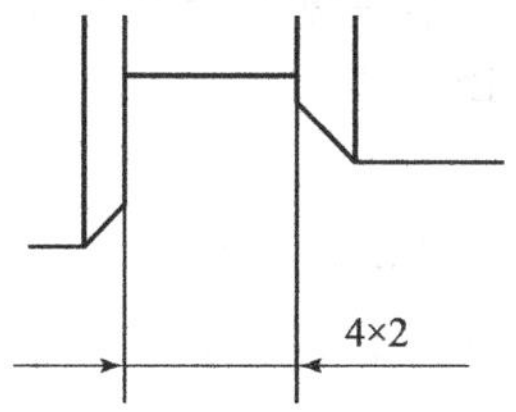	请解释图纸中左框中标注的含义。
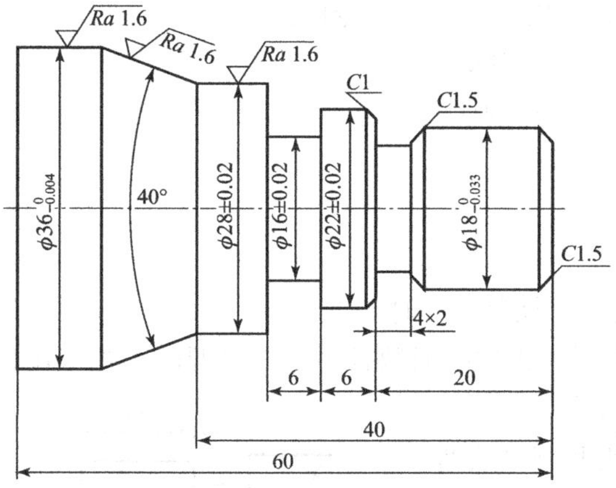	请分析并计算左图中锥面的轴向尺寸是多少。 请分析左图零件的加工工艺，用切槽刀加工零件的两处槽，与车外圆相比，其加工特点是什么？切削参数如何选择？ 请分析左图零件的工艺，在量具选择方面应如何考虑？
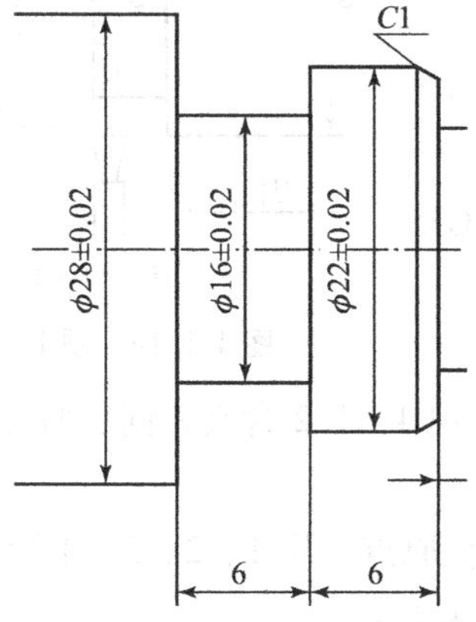	如左图中所示，如果为保证6 mm槽底的表面质量，程序如何编写比较好？

（2）单项选择题。

①在加工内圆弧面时，刀具半径的选择应该是（　　）圆弧半径。

A. 大于　　B. 小于

C. 等于　　D. 大于或等于

②某一段数控车削程序中 N70 G00 G90 X80.0 Z50.0；N80 X50.0 Z30.0；说明（　　）。

A. 执行完 N80 后，*X* 轴移动 50 mm，*Z* 轴移动 30 mm

B. 执行完 N80 后，*X* 轴移动 −30 mm，*Z* 轴移动 −20 mm

C. 执行完 N80 后，*X* 轴移动 30 mm，*Z* 轴移动 20 mm

③下列哪种加工过程会产生过切现象？（　　）

A. 加工半径小于刀具半径的半径内圆弧　　B. 被铣削槽底宽小于刀具直径

C. 加工比刀具半径小的台阶　　D. 以上均正确

④T0204 表示（　　）。

A. 2 号刀具 2 号刀补　　B. 2 号刀具 4 号刀补

C. 4 号刀具 2 号刀补　　D. 4 号刀具 4 号刀补

⑤（　　）是 G71、G74、G73 粗加工后精加工指令。

A. G75　　B. G72　　C. G70　　D. G90

⑥在中低速切槽时，为保证槽底尺寸精度，可用（　　）指令停顿修整。

A. G00　　B. B02

C. G03　　D. G04

⑦在（　　）情况下，需要手动返回机床参考点。

A. 机床电源接通开始工作之前

B. 机床停电后，再次接通数控系统的电源时

C. 机床在急停信号或超程警报信号解除之后，恢复工作时

D. 机床电源接通开始工作之前、机床停电后，再次接通数控系统的电源时、机床在急停信号或超程警报信号解除之后，恢复工作时都是

⑧如图 4.1.10 所示沟槽加工，其数控车编程指令合理的是（　　）。

A. N15 G00 X42.0 Z −24.0；N20 G75 R0.1；N25 G75 X30.0 Z −30.0 P500 Q3500 F0.1；

B. N15 G00 X42.0 Z −30.0；N20 G75 R0.1；N25 G75 X30.0 Z −30.0 P500 Q3500 F0.1；

C. N15 G00 X42.0 Z −24.0；N20 G75 R0.1；N25 G75 X30.0 Z −30.0 P500 Q4500 F0.1；

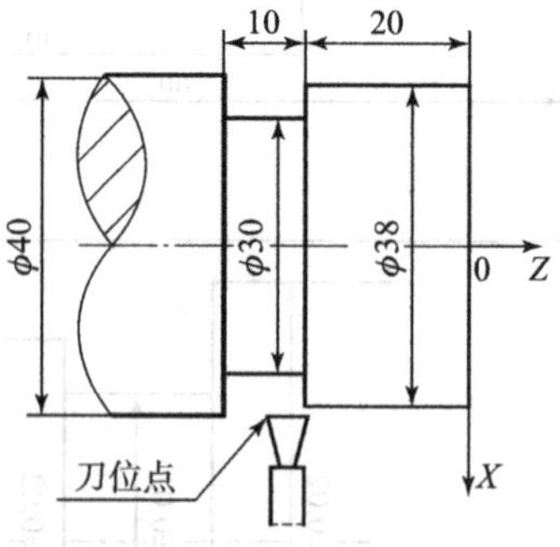

图 4.1.10　题 1（9）

⑨指令 G04 P1200 表示（　　）

A. 暂停 12 s　　B. 暂停 1 200 s　　C. 与 G04 X1.2 含义相同，暂停 1.2 s

2. 任务实施

（1）加工沟槽销右端时，请确定表 4.1.4 中图的编程原点，用 1、2、3、4 标识出4 mm与6 mm槽走刀点，计算出相应走刀点的坐标，并填写表 4.1.4。

表 4.1.4　沟槽销槽加工刀具轨迹坐标

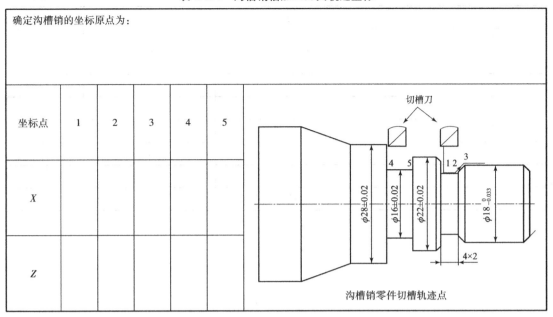

确定沟槽销的坐标原点为：					
坐标点	1	2	3	4	5
X					
Z					

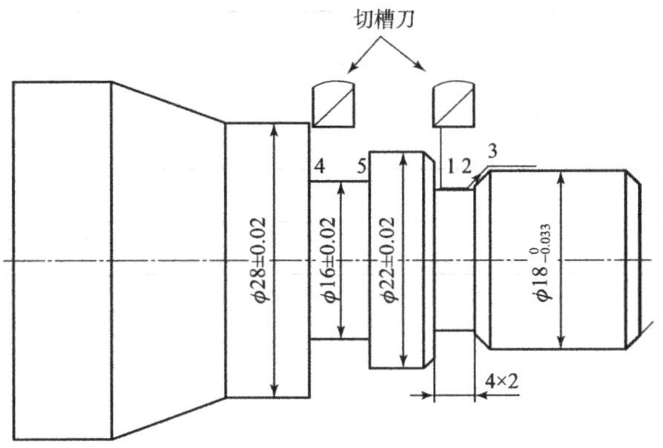

沟槽销零件切槽轨迹点

（2）请按沟槽销零件图完成表 4.1.5 所示数控加工刀具卡、工序卡以及加工程序单。

表 4.1.5　沟槽销加工刀具、工序和加工程序单

数控切削加工刀具卡					
单位		零件名称	零件图号		备注
工件安装定位简图	请画零件定位简图，标注编程原点。	车间	设备名称	设备型号	设备编号
		材料牌号	毛坯种类	毛坯尺寸	工序时间

序号	刀具号	刀具类型	刀杆型号	刀片类型	刀尖半径	补偿代号	换刀方式	备注

数控车削加工工序卡							
工步号	工步内容	刀具名称	主轴转速	进给量	背吃刀量	余量	备注
车右端工序							

续表

数控车削加工工序卡							

数控加工程序单									
车右端程序：									
车左端程序：									
编制		审核		批准		年 月 日	共 页	第 页	

3. 检查与评价

填写表 4.1.6。

表 4.1.6　评价表

<table>
<tr><td colspan="2">零件名称</td><td></td><td colspan="2">零件图号</td><td>操作人员</td><td></td><td colspan="2">完成工时</td><td></td></tr>
<tr><td>序号</td><td colspan="3">鉴定项目及标准</td><td>配分</td><td>评分标准（扣完为止）</td><td>自检结果</td><td>得分</td><td>互检结果</td><td>得分</td></tr>
<tr><td>1</td><td rowspan="8">任务实施</td><td colspan="2">工件安装</td><td>5</td><td>装夹方法不正确扣分</td><td></td><td></td><td></td><td></td></tr>
<tr><td>2</td><td colspan="2">刀具安装</td><td>5</td><td>刀具选择不正确扣分</td><td></td><td></td><td></td><td></td></tr>
<tr><td>3</td><td colspan="2">程序编写</td><td>20</td><td>程序输入不正确或未完成每处扣 1 分</td><td></td><td></td><td></td><td></td></tr>
<tr><td>4</td><td colspan="2">程序录入</td><td>5</td><td></td><td></td><td></td><td></td><td></td></tr>
<tr><td>5</td><td colspan="2">量具使用</td><td>5</td><td>量具使用不正确每次扣 1 分</td><td></td><td></td><td></td><td></td></tr>
<tr><td>6</td><td colspan="2">对刀操作</td><td>10</td><td>对刀不正确，每步骤扣 2 分</td><td></td><td></td><td></td><td></td></tr>
<tr><td>7</td><td colspan="2">完成工时</td><td>5</td><td>每超时 5 min 扣 1 分</td><td></td><td></td><td></td><td></td></tr>
<tr><td>8</td><td colspan="2">安全文明</td><td>5</td><td>撞刀、未清理机床和保养设备扣 5 分</td><td></td><td></td><td></td><td></td></tr>
<tr><td rowspan="5">9</td><td rowspan="5">工件质量</td><td rowspan="2">ϕ16 mm</td><td>上偏差：+0.02 mm</td><td rowspan="2">10</td><td rowspan="2">超差扣 5 分</td><td rowspan="2"></td><td rowspan="2"></td><td rowspan="2"></td><td rowspan="2"></td></tr>
<tr><td>下偏差：−0.02 mm</td></tr>
<tr><td>6 mm</td><td></td><td>10</td><td>超差扣 1 分</td><td></td><td></td><td></td><td></td></tr>
<tr><td rowspan="2">ϕ18 mm</td><td>上偏差：0</td><td rowspan="2">10</td><td rowspan="2">超差扣 10 分</td><td rowspan="2"></td><td rowspan="2"></td><td rowspan="2"></td><td rowspan="2"></td></tr>
<tr><td>下偏差：−0.033 mm</td></tr>
<tr><td>10</td><td>专业知识</td><td colspan="2">任务单题量完成质量</td><td>10</td><td>未完成一道题扣 2 分</td><td></td><td></td><td></td><td></td></tr>
<tr><td colspan="2">合计</td><td colspan="2"></td><td>100</td><td colspan="5"></td></tr>
</table>

4. 思考与拓展

如果上述零件车槽加工出现了表 4.1.7 中所示问题，请分析原因，并提出改进措施（每个问题至少列举两项）。

表 4.1.7　零件车槽加工中出现的问题

车槽出现的问题	原因分析	改进措施
槽底有振纹		
槽底表面粗糙度值大		
槽底直径尺寸不正确		

续表

车槽出现的问题	原因分析	改进措施
槽宽尺寸不正确		
崩刀或切削热使工件发红		

任务 4.2　螺纹轴的加工

任务描述

根据表 4.2.1 所示生产任务单，试对螺纹轴零件图 4.2.1 进行分析，毛坯用 $\phi45$ mm × 62 mm 棒料，材料为 45 钢（C45）。要求编写数控加工刀具卡、工序卡和程序单。

表 4.2.1　生产任务单

单位名称								编号	
产品清单	序号	零件名称	毛坯	数量	材料	德国牌号	出单日期	交货日期	技术要求
	1	螺纹轴	$\phi45$ mm × 62 mm	1	45 钢	C45			见图纸
出单人签字： 日期：　年　月　日						接单人签字： 日期：　年　月　日			
车间负责人签字： 日期：　年　月　日									

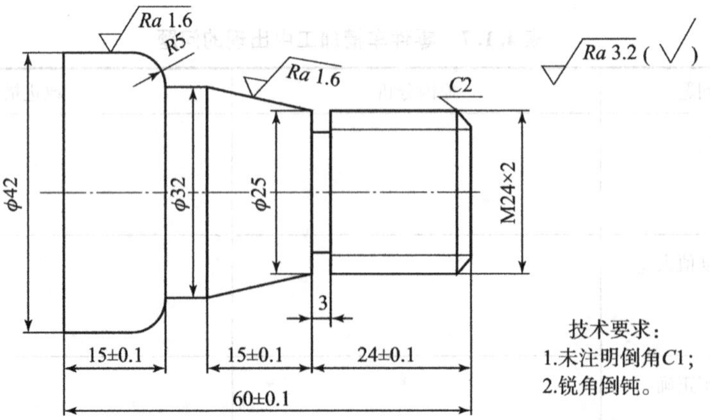

图 4.2.1　螺纹轴零件图

知识链接：车削螺纹

（一）螺纹的基本知识

螺纹是轴类零件外圆表面中常见的加工表面，采用数控车削方法可加工各种不同类型的螺纹，如普通螺纹、梯形螺纹和锯齿形螺纹等，在加工时除采用的刀具形状不同外，其加工方法大致相同。现以普通螺纹加工为例进行介绍。

1. 车削圆柱螺纹

圆柱螺纹的主要参数见图4.2.2。

大径 D（d）：与外螺纹的牙顶（或内螺纹的牙底）相重合的假想圆柱面的直径，也是公称直径（管螺纹除外）。

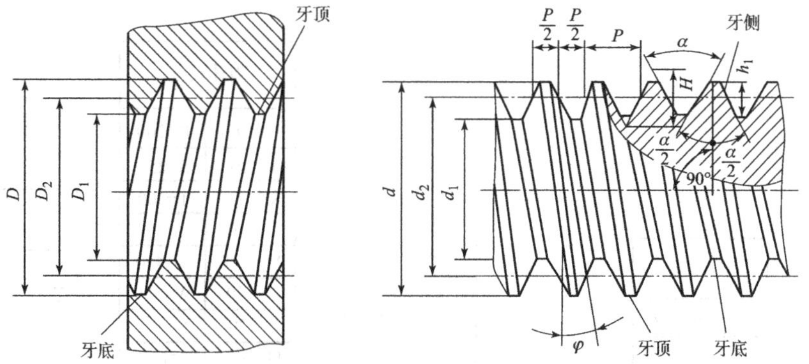

（a）　　　　（b）

图4.2.2　圆柱螺纹的主要参数

（a）内螺纹；（b）外螺纹

小径 D_1（d_1）：与外螺纹的牙底（或内螺纹的牙顶）相重合的假想圆柱直径。常用于计算危险剖面的直径。

螺距 P：螺距是相邻两螺牙在中径线上对应两点间的轴向距离。

导程 L（P）：螺栓在固定的螺母中旋转一周时，沿自身轴线所移动的距离。单头螺纹中螺距与导程是一致的。多头螺纹中，导程等于螺距 P 和线数 n 的乘积。

原始三角形高 H 和螺纹牙深 h_1：前者是由原始三角形顶点沿垂直轴线方向到其底边的距离；后者是在螺纹牙型上，牙顶到牙底在垂直于轴线方向上的距离，两者之间的计算为：$h_1=\frac{5}{8}H$。

2. 普通三角形外螺纹车刀

1）车刀型号参数及选型

硬质合金螺纹车刀在切削碳素钢时的角度参数可参考图4.2.3。在确定角度参数的过程中，应考虑工件材料、硬度、切削性能、具体

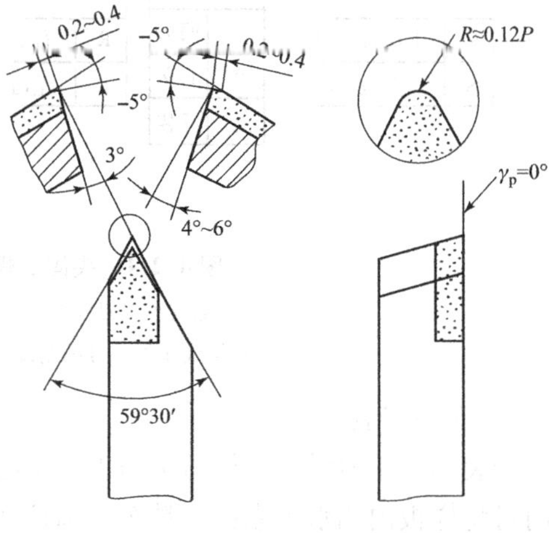

图4.2.3　硬质合金三角外螺纹车刀刀具参数

轮廓形状和刀具材料等因素。

对于夹固式螺纹车刀，刀杆及刀片的参数已做成标准值，可直接按参数选用。夹固式螺纹车刀型号如图 4.2.4 所示。

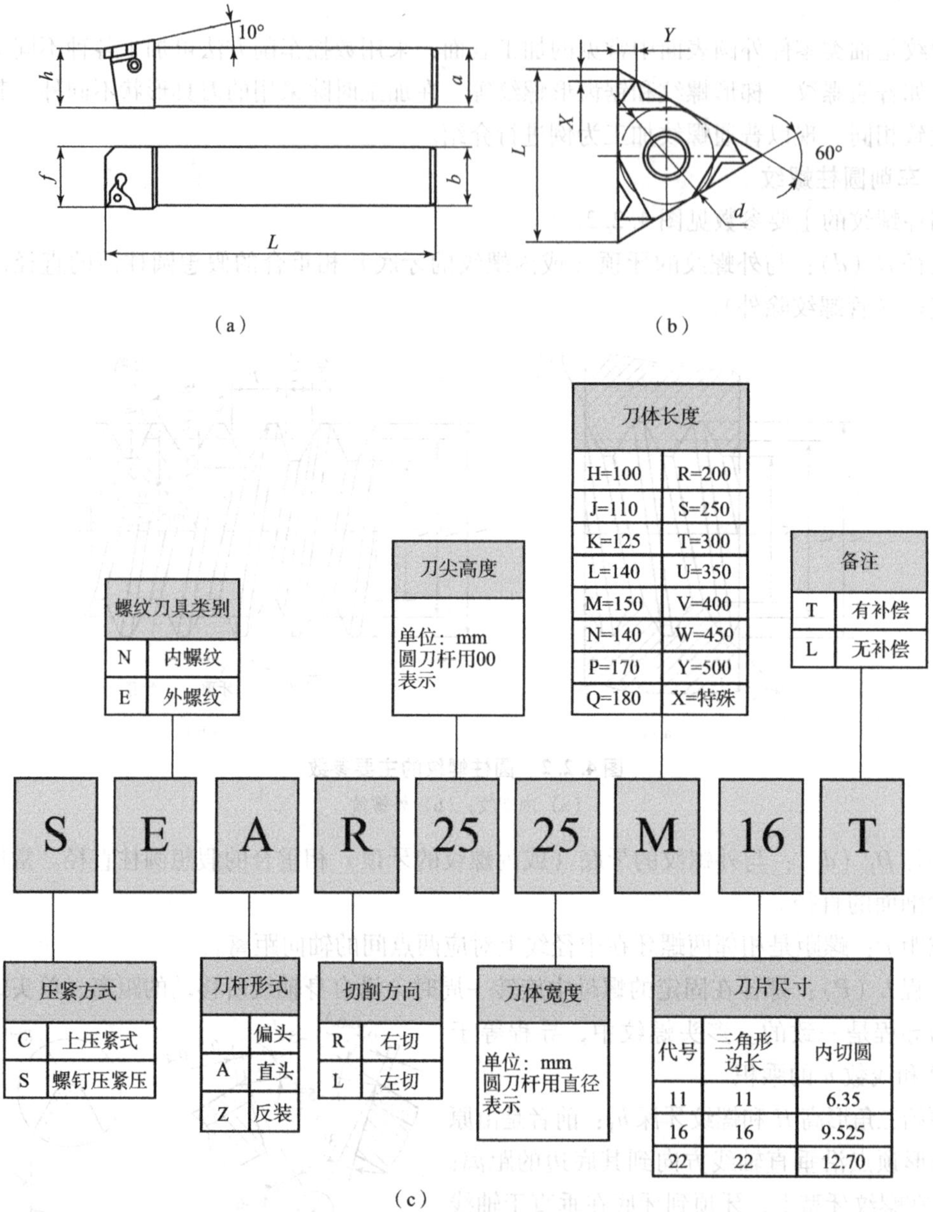

图 4.2.4　夹固式螺纹车刀型号参数选型示例

(a) 外螺纹车刀刀杆参数示意；(b) 外螺纹车刀刀片参数示意；

(c) 螺纹车刀型号编制说明（Toolholder Indentification System）

2）车刀安装

安装螺纹车刀时，应使刀尖与工件中心高同高，并使两刃夹角中线垂直于工件轴线。安装时可将样板内侧水平靠在已精车外圆柱面，然后将车刀移入样板相应角度缺口中，通过对比车刀两刃与缺口的间隙来调整刀具的安装角，如图 4.2.5 所示。

3. 螺纹加工的工艺知识

1）车螺纹的进刀方式

车削螺纹时，有两种进刀方法，如图4.2.6所示。

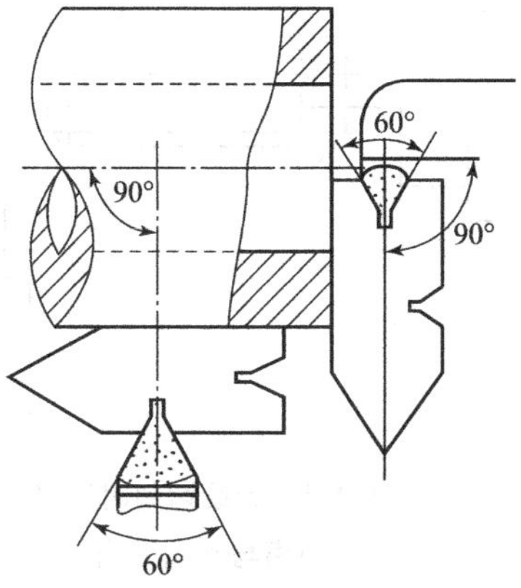

图4.2.5　螺纹车刀的安装

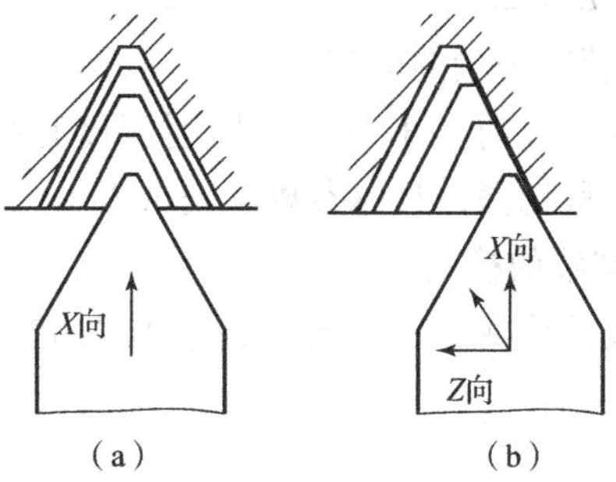

图4.2.6　车螺纹时的进刀方式

（a）直进法；（b）斜进法

直进法：车削时只朝 X 方向进给。编程简单，左、右切削刃后刀面磨损均匀，牙型与刀头的吻合度高；但切屑控制困难，可能产生振动，刀尖处负荷大且温度高。适合于小螺距（导程）螺纹的加工，用G92编程常执行该进刀方式。

斜进法：从 X、Z 方向进刀，可降低切削力，切屑排出控制方便；但由于纯单侧刃切削，左、右切削刃磨损不均匀，右侧后刀面磨损大。适合于稍大螺距（导程）螺纹的粗、精加工。G76复合固定循环指令编程常执行该进刀方式。

2）确定车螺纹前的直径尺寸

螺纹加工前，需要对工件相关直径进行计算，以确保车削螺纹的程序段中的有关参数。对于普通螺纹，设单线螺距为 P，实际加工时，由于螺纹车刀刀尖半径的影响，并考虑到螺纹配合使用，加工内外螺纹时实际尺寸可按下面经验公式确定：

外螺纹实际大径：$d = d_{公称} - (0.13 \sim 0.15)P$　或 $d = d_{公称} - 0.2$ mm

内螺纹实际大径：$D = D_{公称} - P$

式中，d（D）为螺纹加工前，精车外（内）圆的实际应加工直径，单位为mm；$d_{公称}$（$D_{公称}$）为螺纹的公称直径，单位为mm；P 为螺距，单位为mm。

3）确定螺纹的行程

在数控车床加工螺纹时，沿着螺距方面（Z 轴方向）的进给速度与主轴转速必须保证严格的比例关系，但是螺纹加工时，刀具起始时的速度为零，不能和主轴转速保证一定的比例关系。在这种情况下，当刚开始切入时，必须留一段切入距离，图4.2.7所示的 L_1 称为引入距离（升速段）；同样的道理，当螺纹加工结束时，必须留一段切出距离，L_2 称为超越距离（降速段）。

通常 L_1、L_2 按下面经验公式计算：

$$L_1 = n \times P/400,\ L_2 = n \times P/1\ 800$$

式中，n 为主轴转速；P 为螺纹螺距。

由于以上公式所计算的 L_1、L_2 是理论上所需的进退刀量，实际应用时一般取值比计算值略大。经验值：$L_1 = 2P \sim 3P$，$L_2 = 1P \sim 2P$。

4）背吃刀量的确定

车削螺纹时，车刀总的切削深度是螺纹的牙型高度，称切深，具体参数见表 4.2.2。

4. 螺纹的检测

螺纹的检测方法可分为综合检验和单项检验两类。

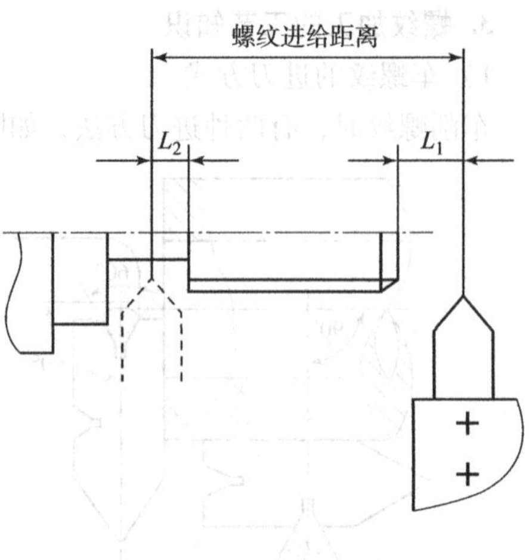

图 4.2.7　螺纹切削时的引入距离与超越距离

表 4.2.2　普通螺纹切削深度及走刀次数参考表

米制螺纹								
螺距/mm		1.0	1.5	2.0	2.5	3.0	3.5	4.0
牙深/mm		0.549	0.974	1.299	1.524	1.949	2.273	2.598
背吃刀量及切削次数/mm	1 次	0.5	0.8	0.8	1.0	1.2	1.5	1.5
	2 次	0.4	0.5	0.5	0.7	0.7	0.7	0.8
	3 次	0.2	0.3	0.5	0.5	0.5	0.5	0.5
	4 次	0.1	0.2	0.4	0.4	0.4	0.5	0.5
	5 次		0.15	0.2	0.4	0.4	0.4	0.4
	5 次			0.1	0.15	0.4	0.4	0.4
	7 次					0.2	0.2	0.4
	8 次						0.15	0.3
	9 次							0.2

1）综合检验

综合检验是指同时检验螺纹各主要部分的精度，通常采用螺纹极限量规来检验内、外螺纹是否合格（包括螺纹的旋合性和互换性）。

螺纹量规有螺纹环规和螺纹塞规两种，如图 4.2.8 所示，前者用于测量外螺纹，后者用于测量内螺纹，每一种量规均由通规和止规两件（两端）组成。检验时，通规能顺利与工件旋合，止规不能旋合或不完全旋合，则螺纹为合格；反之，通规不能旋合，则说明螺母过小，螺栓过大，螺纹应予修退；当止规与工件能旋合，则表示螺母过大，螺栓过小，螺纹是废品。对于精度要求不高的螺纹，也可以用标准螺母和螺栓来检验，以旋入工件时是否顺利和旋入后的松动程度来判定螺纹是否合格。

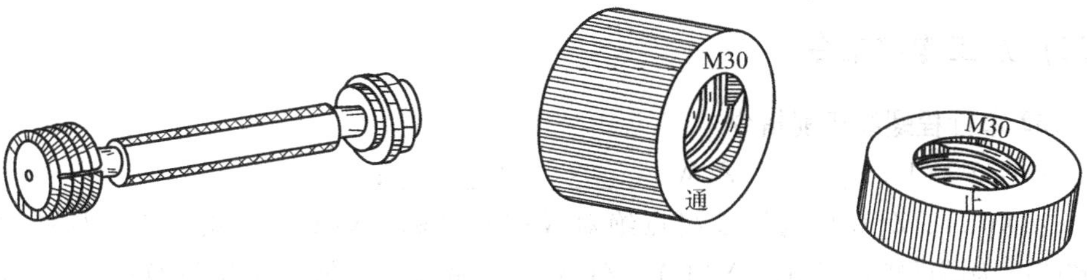

（a）　　（b）

图 4.2.8　螺纹量规

（a）螺纹塞规；（b）螺纹环规

2）单项检验

单项检验是指用量具或量仪测量螺纹每个参数的实际值。

（1）测量大径。由于螺纹的大径公差较大，一般只需采用游标卡尺或千分尺测量。

（2）测量螺距。用钢直尺、游标卡尺量出几个螺距的长度 L，如图 4.2.9（a）所示，然后按螺距公式 $P = L/n$ 计算出螺距；或用螺距规直接测定螺距，测量时把钢片平行轴线方向嵌入齿形中，轮廓完全吻合者，则为被测螺距值，如图 4.2.9（b）所示。

（a）　　（b）

图 4.2.9　螺距的测量

（a）钢直尺测量螺距；（b）用螺纹规测量螺距

（3）测量中径。螺纹千分尺测量中径，其读数原理也与普通千分尺相同，其测量杆上安装了适用于不同螺纹牙型和不同螺距的、成对配套的测量头，如图 4.2.10 所示。在测量时，两个测量头正好卡在螺纹牙型面上，这时千分尺读数就是螺纹中径的实际尺寸。

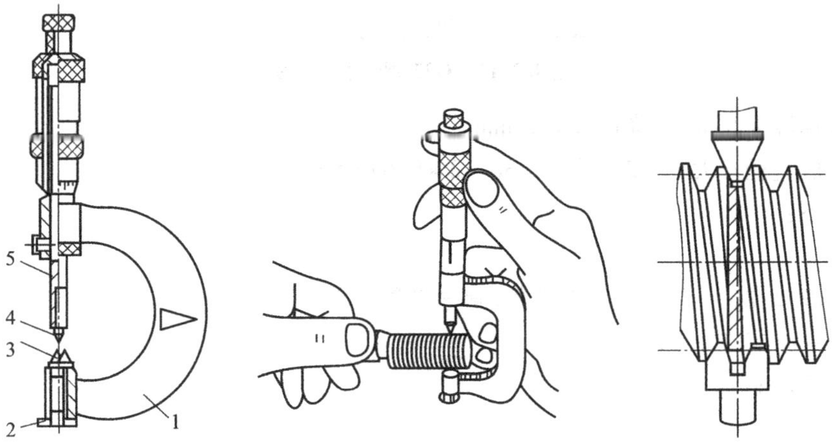

（a）　　（b）　　（c）

图 4.2.10　三角形螺纹中径的测量

（a）螺纹千分尺；（b）测量方法；（c）测量原理

1—尺架；2—砧座；3—下测量头；4—上测量头；5—测量螺杆

（二）加工螺纹指令

1. G32 单行程螺纹切削指令

格式：G32 X(U) ______ Z(W) ______ F______;

其中：X(U)、Z(W) 为螺纹终点绝对或相对坐标，X(U) 省略时为圆柱螺纹切削，Z(W)省略时为端面螺纹切削，X(U)、Z(W) 都编入时可加工圆锥螺纹；F 为螺纹导程（单线螺纹为螺距），单位为 mm/r。

注意：

(1) 该指令用于车削等螺距直螺纹、锥螺纹，为单行程螺纹切削指令，每使用一次，切削一刀。

(2) 在车螺纹期间进给速度倍率、主轴速度倍率无效（固定 100%），螺纹切削过程中不能停止进给，一旦停止进给，切深便会加剧，很危险。

(3) 车螺纹期间不要使用恒表面切削速度控制，而要使用 G97。

(4) 因受机床结构及数控系统的影响，车螺纹时主轴的转速有一定的限制。一般取 300～400 r/min。

螺纹加工中的走刀次数和进刀量（背吃刀量）会直接影响螺纹的加工质量，车削螺纹时的走刀次数和背吃刀量可参考表 4.2.1。

示例 1：如图 4.2.11 所示，用 G32 进行圆柱螺纹切削。

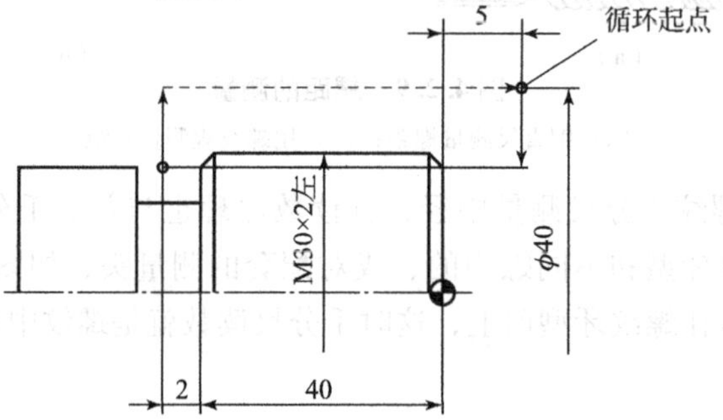

图 4.2.11　G32 螺纹加工示例

设定升速段为 5 mm，降速段为 2 mm。

螺纹牙底直径 = 大径 − 2 × 牙深 = 30 − 2 × 0.649 5 × 2 = 27.4 （mm）。

程序如下：

```
⋮
G00 X29.1 Z5.0;(第一次车螺纹,背吃刀量为 0.9 mm)
G32 Z-42.0 F2.0;
G00 X32.0;
Z5.0;
X28.5;(第二次车螺纹, 背吃刀量为 0.6 mm)
G32 Z-42.0 F2.0;
G00 X32.0;
```

```
Z5.0;
X27.9;(第三次车螺纹，背吃刀量为0.6 mm)
G32 Z -42.0 F2.0;
```

2. G92 螺纹切削单一固定循环指令

适用于对直螺纹和锥螺纹进行循环切削，每指定一次，螺纹切削自动进行一次循环。

格式：G92 X(U) ______ Z(W) ______ F______ R______;

其中：X(U)、Z(W) 为螺纹切削的终点坐标值；F 为螺纹导程；R 为螺纹切削起点与切削终点的半径差。加工圆柱螺纹时，R = 0。加工圆锥螺纹时，当 *X* 向切削起始点坐标小于切削终点坐标时，R 为负，反之为正。

注意：用 G92 指令加工螺纹时，循环过程如图 4.2.12 所示，一个指令完成四步动作“1R 进刀—2F 加工—3R 退刀—4R 返回”，除加工外，其他三步的速度为快速进给的速度。

用 G92 指令加工螺纹的计算方法同 G32 指令。

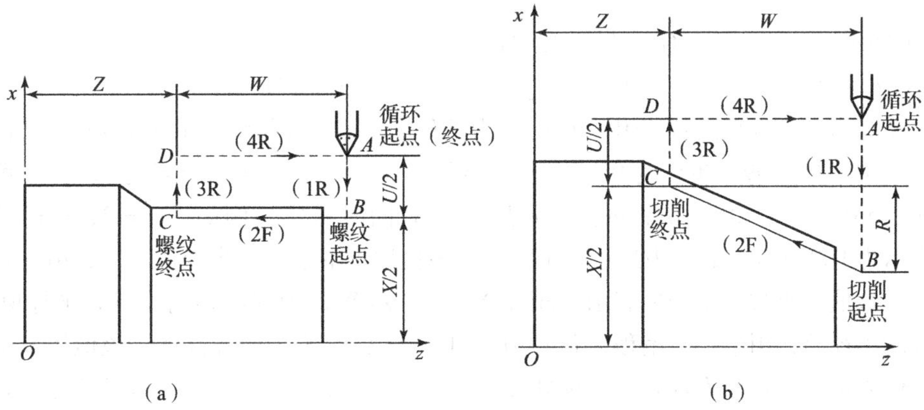

图 4.2.12　G92 车螺纹示意图

(a) 圆柱螺纹固定循环；(b) 圆锥螺纹固定循环

示例2：如图 4.2.12 所示，用 G92 指令编程。

```
⋮
G00 X35.0  Z5.0;(刀具定位到循环起点)
G92 X29.1 Z -42.0  F2.0;(第一次车螺纹)
X28.5;(第二次车螺纹)
X27.9;(第三次车螺纹)
X27.5;(第四次车螺纹)
X27.4;(最后一次车螺纹)
G00 X150 Z150;(刀具回换刀点)
```

3. G76 螺纹切削复合循环

该指令用于多次自动循环车螺纹，数控加工程序中只需指定一次，并在指令中定义好有关参数，则能自动进行加工，车削过程中，除第一次车削深度外，其余各次车削深度自动计算，该指令的执行过程如图 4.2.13 所示。

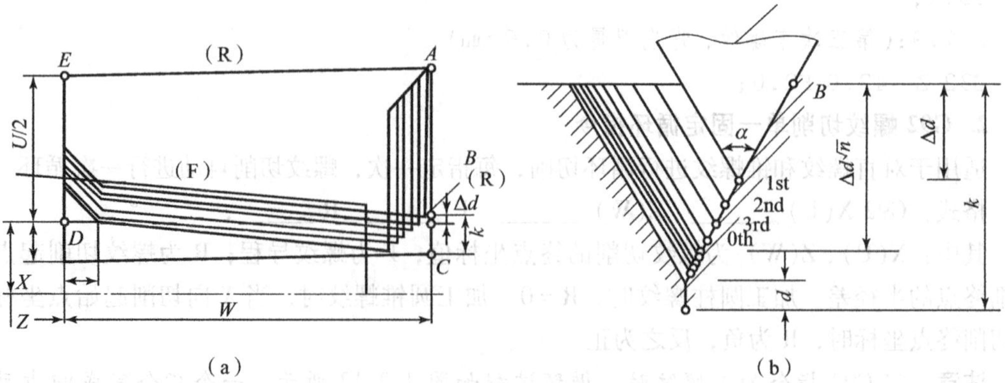

图 4.2.13　G76 螺纹切削复合循环轨迹

(a) 切削轨迹；(b) 参数定义

格式：

G76 P(m) (r) (a) Q(Δd_{min}) R(d)；

G76 X(U) ______ Z(W) ______ R(i) P(k) Q(Δd) F______；

其中：m 为精加工重复次数（01 ~ 99）；r 为倒角量，即螺纹切削收尾处斜 45°的 Z 向退刀量，设定范围从 00 ~ 99，单位为 0.1L（L 为导程）；a 为刀尖角度（螺纹牙型角），可选择 80°、60°、55°、30°、29°、0°；m、r、a 用地址 P 同时指定，例如，$m=2$，$r=1.2L$，$a=60°$，表示为 P021260；Δd_{min} 为最小切削深度，该值用不带小数点半径值表示，μm；d 为精加工余量，该值用小数点半径值表示，mm；X(U)、Z(W) 为螺纹切削终点处坐标值；i 为螺纹部分的半径差，用半径值编程，若 $i=0$，则为直螺纹；k 为螺牙高度，该值用不带小数点的半径值表示，μm；Δd 为第一次的切削深度，该值用不带小数点的半径值表示，μm；F 为导程，如果是单线螺纹，则该值为螺距。

注意： G76 螺纹切削复合循环轨迹如图 4.2.13 所示。由图可知，其以斜进法分层切削螺纹，因此更适合加工螺距较大、牙型较深的螺纹。

示例 3：如图 4.2.13 所示，用 G76 指令编程。

G00 X35.0 Z5.0；	快速到起刀点
G76　P011060　Q100　R0.1；	车 60°螺纹，最小切深为 0.1 mm，倒角为 2 mm，精切余量为 0.1 mm，精切 1 刀
G76　X27.4　Z-42.0　P1299　Q500　F2.0；	螺纹大径为 28 mm，总切深为 1.299 mm，第一刀切深 0.5 mm，螺距为 2 mm

【实例 4.2】 G92 螺纹加工编程实例。

任务描述：在 FANUC-0i Mate-TB 数控车床上加工如图 4.2.14 所示 M20 螺钉零件，零件毛坯尺寸为 ϕ30 mm × 40 mm，材料为 45 钢，要求编写数控加工程序。

(1) 编程原点：为方便计算与编程，编程坐标原点定于工件右端中心。

(2) 根据零件图确定加工方案，并编写工艺及加工程序。

M20 螺钉刀具卡、工序卡及程序单如表 4.2.3 所示。

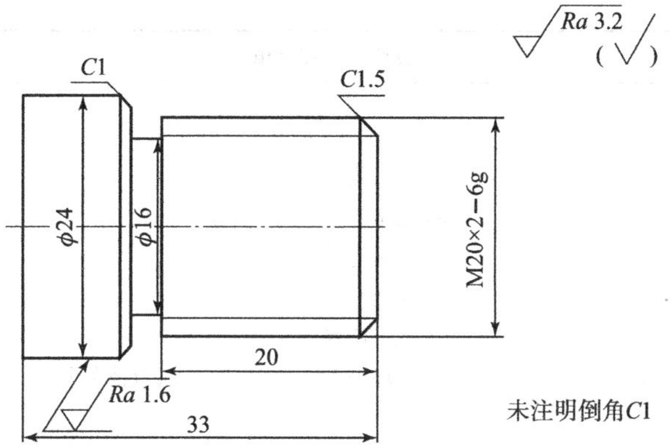

未注明倒角C1

图 4.2.14　M20 螺钉

表 4.2.3　M20 螺钉刀具卡、工序卡、程序清单

<table>
<tr><th colspan="6">数控切削加工刀具卡</th></tr>
<tr><td>单位</td><td></td><td>零件名称</td><td>零件图号</td><td></td><td>备注</td></tr>
<tr><td rowspan="4">工件安装定位简图</td><td rowspan="4">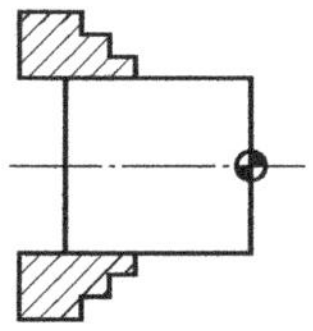</td><td>车间</td><td>设备名称</td><td>设备型号</td><td>设备编号</td></tr>
<tr><td></td><td></td><td></td><td></td></tr>
<tr><td>材料牌号</td><td>毛坯种类</td><td>毛坯尺寸</td><td>工序时间</td></tr>
<tr><td>45#</td><td>圆棒料</td><td>φ30 mm×40 mm</td><td></td></tr>
</table>

序号	刀具号	刀具类型	刀杆型号	刀片类型	刀尖半径	补偿代号	换刀方式	备注
1	T01	93°外圆车刀	MCLNR2020K12	CNMG120408EN	0. 8 mm	01	自动	
2	T02	切槽刀（刀宽 3 mm）	QA2020R03	Q03		02	自动	
3	T03	60°外螺纹车刀	SER2020M16T	16ER2ISO			自动	

数控车削加工工序卡

工步	工步内容	刀具名称	主轴转速	进给量	背吃刀量	余量	备注
1	检查	游标卡尺					
2	车端面	T0101	S600	F0. 1	1 mm	0	
3	粗车外圆	T0101	S600	F0. 2	2 mm	1 mm	
4	精车外圆	T0101	S1000	F0. 08	0. 5 mm	0	
5	切槽	T0202	S500	F0. 08			
6	车螺纹	T0303	S300	F2	查表		
7	切断	T0202	S500	F0. 08			
8	检查	螺柱环规					

续表

<table>
<tr><th colspan="2">数控加工程序单</th></tr>
<tr><td>程序:O3101</td><td></td></tr>
<tr><td>N1 G21 G99 G97 G40;</td><td>程序初始化</td></tr>
<tr><td>N2 T0101 M03 S600;</td><td>选择粗车刀,主轴转速为 600 r/min</td></tr>
<tr><td>N3 G00 X31.0 Z0.0;</td><td>刀具快速进刀</td></tr>
<tr><td>N4 G01 X -1.0 F0.08;</td><td>车削端面</td></tr>
<tr><td>N5 G00 X31.0 Z2.0;</td><td>车刀到定位点</td></tr>
<tr><td>N6 G90 X26.0 Z -34.0 F0.15;</td><td>粗车循环加工外圆至 ϕ21 mm,留精车余量 1 mm</td></tr>
<tr><td>N7 X25.0;</td><td></td></tr>
<tr><td>N8 X23.0 Z -23.0;</td><td></td></tr>
<tr><td>N9 X21.0;</td><td></td></tr>
<tr><td>N8 G01 X15.0 Z1.0 F0.08;</td><td>精加外圆,将刀具定位到起刀点</td></tr>
<tr><td>N9 X19.8 Z -1.5;</td><td>倒角</td></tr>
<tr><td>N11 Z -23.0;</td><td>精车 M20 螺钉外圆至 ϕ19.8 mm</td></tr>
<tr><td>N13 X22.0;</td><td>精车至 X 向 ϕ22 处</td></tr>
<tr><td>N15 X24.0 W -1.0;</td><td>倒角</td></tr>
<tr><td>N17 Z -33.0;</td><td>精车外圆 ϕ24 mm</td></tr>
<tr><td>N19 G00 X100.0 Z100.0;</td><td>快速移刀至换刀处</td></tr>
<tr><td>N21 T0202;</td><td>换切槽刀</td></tr>
<tr><td>N23 M03 S300;</td><td>主轴转速调至 300 r/min</td></tr>
<tr><td>N25 G00 X30.0 Z -23.0;</td><td>快速移刀至 Z -23 处</td></tr>
<tr><td>N27 G01 X16.0;</td><td>切槽到尺寸</td></tr>
<tr><td>N29 G00 X100.0;</td><td>X 向快速退刀</td></tr>
<tr><td>N31 Z100.0;</td><td>Z 向快速退刀至换刀处</td></tr>
<tr><td>N33 T0303;</td><td>换螺纹车刀</td></tr>
<tr><td>N35 M03 S300;</td><td>主轴转速调至 300 r/min</td></tr>
<tr><td>N37 G00 X25.0 Z5.0;</td><td>快速定位刀具到起刀点</td></tr>
<tr><td>N39 G92 X19.1 Z -23.0 F2.0;</td><td>固定循环车削螺纹,螺距为 2 mm</td></tr>
<tr><td>N43 X18.5;</td><td></td></tr>
<tr><td>N45 X17.9;</td><td></td></tr>
<tr><td>N47 X17.5;</td><td></td></tr>
<tr><td>N49 X17.4;</td><td></td></tr>
<tr><td>N51 G00 X100.0;</td><td>X 向快速退刀</td></tr>
<tr><td>N53 Z100.0;</td><td>Z 向退刀至换刀点</td></tr>
<tr><td>N55 T0202;</td><td>换切槽刀</td></tr>
<tr><td>N57 M03 S500;</td><td>车速调至 500 r/min</td></tr>
<tr><td>N59 G00 X30.0 Z -36.0;</td><td>车刀快速定位</td></tr>
<tr><td>N61 G01 X0.0 F0.08;</td><td>切断工件</td></tr>
<tr><td>N63 X35.0;</td><td>X 向退刀</td></tr>
<tr><td>N65 G00 X100.0 Z100.0;</td><td>快速退刀</td></tr>
<tr><td>N67 M05;</td><td>主轴停转</td></tr>
<tr><td>N69 M30;</td><td>程序停止</td></tr>
<tr><td>%</td><td></td></tr>
</table>

编制		审核		批准		年 月 日	共 页	第 页

工作页：车削螺纹轴

1. 信息、决策与计划

（1）分析零件的图纸及工艺信息，归纳、总结相关知识，完善表4.2.4图纸信息内容。

表4.2.4 螺纹轴图纸信息

信息内容	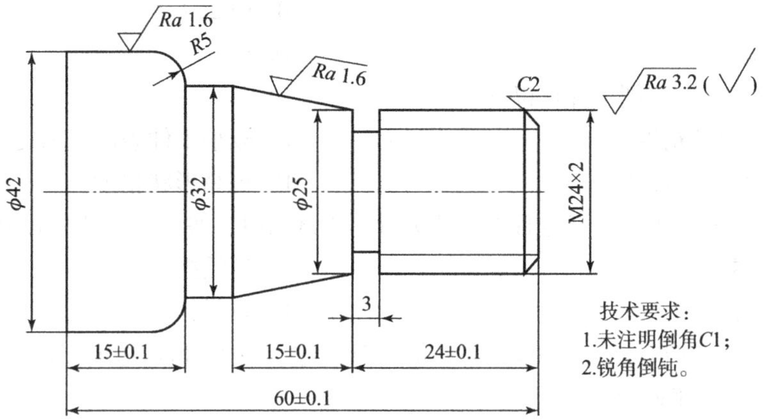
信息的处理及决策	请解释上图纸中 M24×2 标注的含义。
	该螺纹牙型角是多少？属于哪类螺纹？
	如果要对该外螺纹进行综合测量，其量具如何选择？
	请举例分析螺纹轴零件图中3 mm宽的槽的作用？
	请分析螺纹轴零件的加工工艺，螺纹加工前大径尺寸精车到多少较合适？
	请说明如何正确安装螺纹车刀。

（2）选择题。

①车削 M30×2 的双线螺纹时，F 功能字应代入（　　）mm 的编程加工。

A. 2　　B. 4　　C. 6　　D. 8

②G76 指令中的 F 是指单线螺纹的（　　）。

A. 大径　　B. 小径　　C. 螺距

③（　　）为螺纹切削单一固定循环指令。

A. G33　　B. G92

C. G75　　D. G76

④用恒线速度切削工件可以（　　）。

A. 提高尺寸精度　　B. 减小工件表面粗糙度

C. 增大表面粗糙度　　D. 提高形状精度

⑤加工中心在工件加工过程中，若进行单段试切时，快速倍率开关必须置于（　　）。

A. 最高挡　　B. 最低挡

C. 较高挡　　D. 较低挡

⑥螺纹加工时应注意在两端设置足够的升速进刀段 L_1 和降速退刀段 L_2，其数值由主轴转速和（　　）来确定。

A. 牙高　　B. 螺距

C. 进给率　　D. 进给速度

⑦针对螺纹切削单一固定循环 G92 使用注意事项哪一个是正确的？（　　）

A. 在 G92 指令执行期间，进给速度倍率、主轴速度倍率均无效

B. 进给速度倍率、主轴速度倍率均会对 G92 执行时的进给速度产生影响

C. G92 与 G32 一样，可采用很高的主轴转速

⑧用 45 钢棒料加工 M28×2 的内螺纹，下列关于车螺纹前孔直径（底孔直径）说法正确的是（　　）。

A. 按公称直径 ϕ28 mm 来加工　　B. 按 $d=D-p$，即 26 mm 来确定

C. 按 27.8 mm

2. 任务实施

（1）加工螺纹轴前，请确定编程原点，以及螺纹轴相关坐标计算，并填写表 4.2.5 螺纹相关坐标。

表 4.2.5　螺纹相关坐标表

<table>
<tr><td colspan="8">确定螺纹轴的坐标原点为：</td></tr>
<tr><td colspan="8">查表确定用 G92 加工螺纹时，刀路轨迹点坐标：</td></tr>
<tr><td>切削螺纹走刀次数</td><td>1</td><td>2</td><td>3</td><td>4</td><td>5</td><td>6</td><td></td></tr>
<tr><td>对应直径 X/mm</td><td></td><td></td><td></td><td></td><td></td><td></td><td></td></tr>
</table>

（2）请完成表 4.2.6 螺纹轴零件的数控加工刀具卡、工序卡以及加工程序单的填制。

表 4.2.6　螺纹轴零件加工刀具卡、工序卡和程序单

数控切削加工刀具卡					
单位		零件名称	零件图号		备注
工件安装定位简图	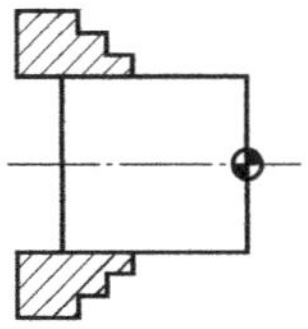	车间	设备名称	设备型号	设备编号
		材料牌号	毛坯种类	毛坯尺寸	工序时间

序号	刀具号	刀具类型	刀杆型号	刀片类型	刀尖半径	补偿代号	换刀方式	备注

数控车削加工工序卡							
工步号	工步内容	刀具名称	主轴转速	进给量	背吃刀量	余量	备注
车左端工序							
车右端工序							

数控加工程序单
车左端程序：

续表

数控加工程序单									
车右端程序：									
编制		审核		批准		年　月　日	共　页	第　页	

3. 检查与评价

填写表4.2.7。

表4.2.7　评价表

零件名称				零件图号		操作人员		完成工时	
序号	鉴定项目及标准			配分	评分标准（扣完为止）	自检结果	得分	互检结果	得分
1	任务实施	工件安装		5	装夹方法不正确扣分				
2		刀具安装		5	刀具选择不正确扣分				
3		程序编写		20	程序输入不正确或未完成每处扣1分				
4		程序录入		5					
5		量具使用		5	量具使用不正确每次扣1分				
6		对刀操作		10	对刀不正确，每步骤扣2分				
7		完成工时		5	每超时5 min扣1分				
8		安全文明		5	撞刀、未清理机床和保养设备扣5分				
9	工件质量	24 mm	上偏差：+0.1 mm 下偏差：−0.1 mm	10	超差扣5分				
		螺纹	M24×2	10	螺距等切削参数设置不合理扣5分，未完成扣10分				
		60 mm	上偏差：0.1 mm 下偏差：−0.1 mm	10	超差扣10分				
10	专业知识	任务单题量完成质量		10	未完成一道题扣2分				
合计				100					

4. 思考与拓展

（1）写出 G76 指令的格式，并说明各参数的含义。

（2）对图 4.2.15 所示零件进行工艺分析，并编写简单的加工工序、刀具卡和程序单。

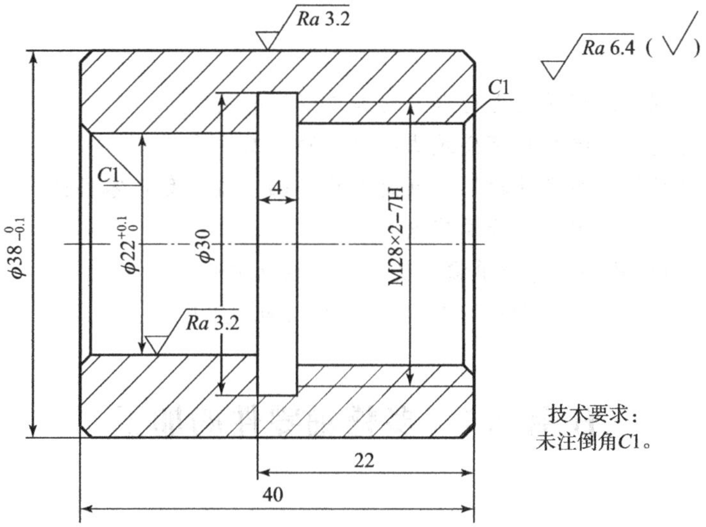

图 4.2.15　螺套

项目 5　多槽轴的加工

学习目标

1. 能够运用子程序编程功能进行零件的加工程序编制。
2. 能够运用变量功能编制含有公式曲线零件的加工程序。
3. 能够使用计算机绘图设计软件绘制简单的（轴、盘、套）零件图。
4. 能够利用计算机绘图软件计算节点。
5. 能够利用 CAM 软件进行简单零件的计算机辅助编程。
6. 能够通过各种途径（如 DNC、网络等）输入加工程序。

任务 5.1　多槽轴零件的加工

任务描述

根据表 5.1.1 生产任务单，加工图 5.1.1 所示多槽杆零件，毛坯用 ϕ55 mm × 90 mm 棒料，材料为 C45。要求编写数控加工刀具卡、工序卡和程序单。

表 5.1.1　生产任务单

单位名称								编号	
产品清单	序号	零件名称	毛坯	数量	材料	德国牌号	出单日期	交货日期	技术要求
	1	多槽轴	ϕ55 mm × 90 mm	1	45 钢	C45			见图纸
出单人签字： 日期：　　年　　月　　日					接单人签字： 日期：　　年　　月　　日				
车间负责人签字： 日期：　　年　　月　　日									

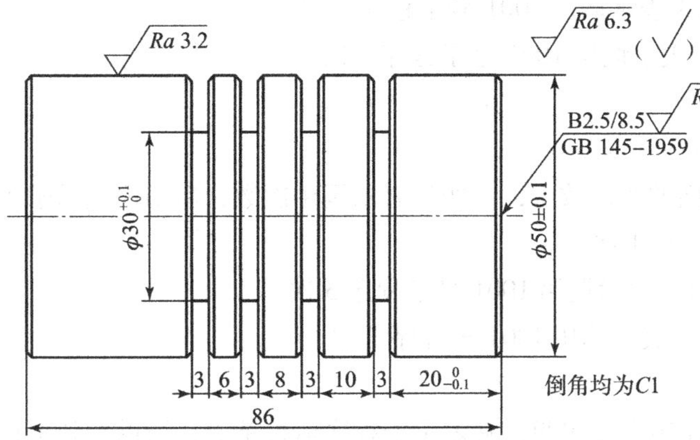

图 5.1.1 多槽杆零件图

知识链接：车削子程序

（一）子程序的定义

在编制程序时，有时会遇到一个工件上有多处相同的加工内容（即一个零件有几处形状相同，或刀具运动轨迹相同），这时为了简化程序的编制，可把相同的加工内容单独编制成一组程序段并加以命名。这一组程序段在一个程序中多次出现，或者在几个程序中都要使用。这组程序段就称为子程序。使用子程序可以减少不必要的编程重复，从而达到简化编程的目的。其作用相当于一个固定循环。

子程序存储在 CNC 系统，一般不可以作为独立的加工程序使用。只能通过主程序进行调用，实现加工中的局部动作。子程序结束后，能自动返回到调用它的主程序中。

（二）子程序的调用

1. 子程序的格式

在大多数数控系统中，子程序与主程序并无本质区别。子程序和主程序程序名及程序内容的编写方式基本相同，但结束标记不一样。主程序用 M02 或 M30 表示程序结束，而子程序则用 M99 表示程序结束，并实现自动返回到主程序功能。子程序的格式如下：

```
O1001;
G00 W-16.0;
G01 X20.0;
…
M99;
```

2. 子程序的调用

格式一：

```
M98 P○○○○  L□□□□;
```

其中，M98 为子程序调用字，P 后四位数字为子程序名，L 后的数字表示调用次数，当 L 省略时为调用一次。

如：M98 P1001 L3 表示调用 1001 号子程序 3 次。

M98 P1001　表示调用 1001 号子程序 1 次。

格式二：

```
M98 P××××××××;
```

其中，地址 P 后面的 8 位数中，前四位表示调用次数，后四位表示子程序号。当前 4 位省略时，表示子程序调用 1 次。

如：M98　P31001　表示调用 1001 号子程序 3 次。

M98　P1001　表示调用 1001 子程序 1 次。

3. 子程序的返回

子程序返回主程序用指令 M99，它表示子程序运行结束，请返回到主程序。

4. 子程序的嵌套

当主程序调用子程序时，它被认为是一级子程序。子程序调用下一级子程序称为嵌套，上一级子程序与下一级子程序的关系，与主程序与第一层子程序的关系相同，子程序调用可以嵌套 4 级，如图 5. 1. 2 所示。

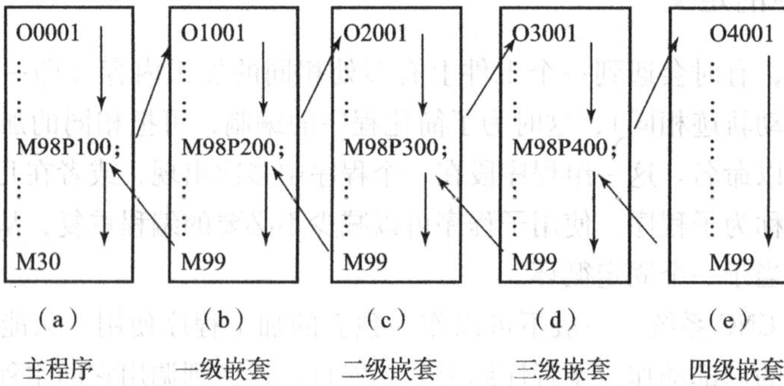

图 5. 1. 2　子程序嵌套示意图

5. 子程序调用的特殊用法

1）子程序返回到主程序的某一程序段

如果在子程序的返回程序段中加上 P*n*，则子程序在返回主程序时将返回到主程序中顺序号为 *n* 的程序段。其程序段的格式如下：

```
M99 Pn;
```

如：M99 P200；（返回到主程序的 N200 段）

2）自动返回到程序头

如果在主程序中执行 M99，则程序将返回到主程序的开头并继续执行程序。也可以在主程序中插入 M99 P*n*，用于返回到指定的程序段。为了能够执行后面的程序，通常在该指令前加“/”，以便在不需要返回执行时，跳过该程序段。

3）强制改变子程序重复执行的次数

用 M99 L××指令可强制改变子程序重复执行的次数，其中 L××表示子程序调用的次数。例如，如果主程序用 M98 P101001，而子程序采用 M99 L3 返回，则重复执行 1001 号子程序 3 次。

（三）子程序应用举例

例如：加工零件如图 5.1.3 所示，已知毛坯尺寸 $\phi40$ mm×88 mm。

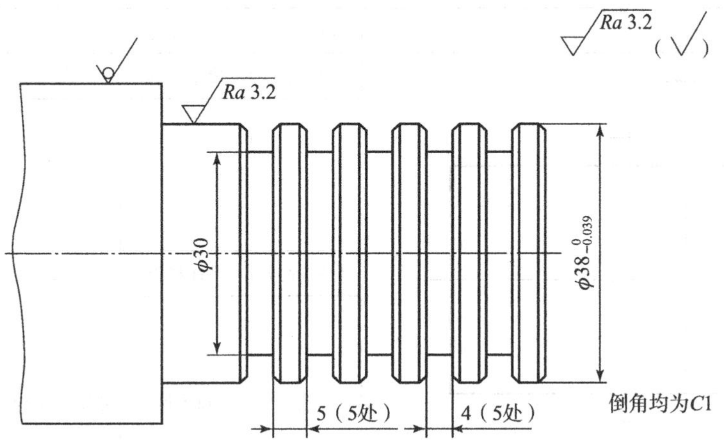

图 5.1.3　加工零件

1. 图样分析

由加工任务图 5.1.3 可知，该零件为带外沟槽的轴类零件，其中外圆尺寸为 $\phi38$，精度为 IT8，表面粗糙度为 $Ra3.2$ μm；零件上共有 5 处外槽，尺寸为 $\phi30$ mm×4 mm，间隔 5 mm，槽口要求有 $C1$ 倒角，精度要求不高。

2. 工艺编制

由于槽精度要求不高，故可用槽刀直进法一次车削成形，两侧 $C1$ 倒角可用槽刀左右两个刀尖直接车出。经分析，完成一个槽的加工需要经过刀切槽、右侧倒角、左侧倒角三个阶段。切槽包括三个动作：刀具从上一个槽结束点 A' 进入 A 点、由 A 点车槽到 B 点、从 B 点退刀回 A 点，如图 5.1.4（a）所示；右侧倒角阶段包括三个动作：从 A 点进刀至 C 点，从 C 点车右侧倒角至 D 点，从 D 点退刀回 A 点，如图 5.1.4（b）所示；左侧倒角阶段包括三个动作：从 A 点进刀至 E 点，从 E 点车左侧倒角至 D 点，从 D 点退刀回 A 点，如图 5.1.4（c）所示。

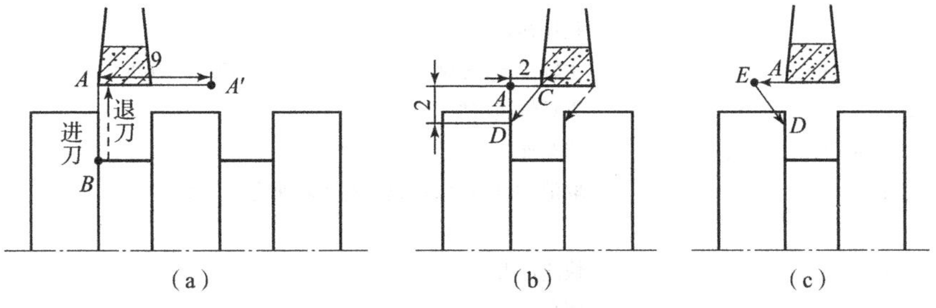

图 5.1.4　一个切槽循环过程

（a）切槽；（b）右侧倒角；（c）左侧倒角

3. 填写工序卡、刀具卡和程序单

填写表 5.1.2。

表 5.1.2　多槽轴零件刀具卡、工序卡和程序单

数控切削加工刀具卡					
单位		零件名称	零件图号		备注
工件安装定位简图	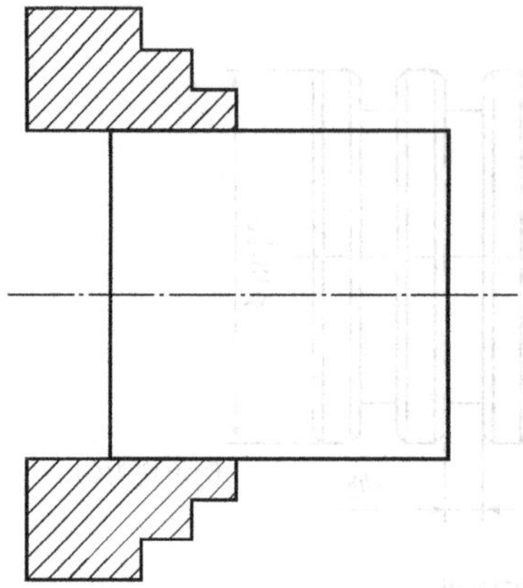	车间	设备名称	设备型号	设备编号
		材料牌号	毛坯种类	毛坯尺寸	工序时间
		45 钢	圆棒料	ϕ40 mm × 88 mm	

序号	刀具号	刀具类型	刀杆型号	刀片类型	刀尖半径	补偿代号	换刀方式	备注
1	T01	93°外圆车刀	MCLNR2020K12	CNMG120408EN	0. 8 mm	01	自动	
2	T02	切槽刀（刀宽 2 mm）	QA2020R03	Q03		02	自动	

数控车削加工工序卡							
工步	工步内容	刀具名称	主轴转速	进给量	背吃刀量	余量	备注
1	检查	游标卡尺					
2	粗车外圆	T0101	S600	F0. 1	1 mm	0	
3	精车外圆	T0101	S1000	F0. 1	0. 5 mm	0	
4	加工 5 处 ϕ30 × 4 槽	T0202	S400	F0. 08			
5	检查						

数控加工程序清单	
主程序：o50001	
N20 G21 G99 G97 G40；	程序初始化
N30 M03 S600 T0101；	主轴正转，转速为 600 r/min，选 1#刀，1#刀补
N40 G00 X42.0 Z0.0；	刀具快速定位
N50 G90 X38.5 Z -58.0 F0.2；	粗车外圆
N60 G00 S1000；	取消 G90 循环，并设定精车转速为 1 000 r/min
N65 Z2.0；	
N70 G00 X32.0；	快速进刀
N80 G01 X38.0 Z -1.0 F0.1；	倒角
N90 Z -58.0；	车 ϕ38 至 58 mm 长
N100 X42.0；	X 向退刀
N110 G00 X150.0 Z2.0；	刀具回换刀点

续表

<table>
<tr><th colspan="9">数控加工程序清单</th></tr>
<tr><td colspan="5">N120 S400 T0202;</td><td colspan="4">转速换为 400 r/min,选择切槽刀</td></tr>
<tr><td colspan="5">N130 G00 X40.0 Z0.0;</td><td colspan="4">进刀到子程序循环的起点</td></tr>
<tr><td colspan="5">N140 M98 P00051008;</td><td colspan="4">调用 5 次子程序 O1008,进行切槽加工</td></tr>
<tr><td colspan="5">N150 G00 X150.0 Z2.0;</td><td colspan="4">快速退刀</td></tr>
<tr><td colspan="5">N160 M05;</td><td colspan="4">主轴停转</td></tr>
<tr><td colspan="5">N160 M30;</td><td colspan="4">程序结束</td></tr>
<tr><td colspan="5">%</td><td colspan="4"></td></tr>
<tr><td colspan="5">O1008(子程序);</td><td colspan="4"></td></tr>
<tr><td colspan="5">N10 G00 W-9.0;</td><td colspan="4">Z 向进刀</td></tr>
<tr><td colspan="5">N20 G01 X30.0 F0.05;</td><td colspan="4">车槽至 B 点</td></tr>
<tr><td colspan="5">N30 G04 X4.0;</td><td colspan="4">刀停留槽底 4 s</td></tr>
<tr><td colspan="5">N40 G00 X40.0;</td><td colspan="4">X 向退刀至 A 处</td></tr>
<tr><td colspan="5">N50 W2.0;</td><td colspan="4">进刀至 C 点</td></tr>
<tr><td colspan="5">N60 G01 U-4.0 W-2.0;</td><td colspan="4">右侧倒角至 D 点;</td></tr>
<tr><td colspan="5">N70 U4.0;</td><td colspan="4">退刀至 A 点</td></tr>
<tr><td colspan="5">N80 W-2.0;</td><td colspan="4">进刀至 E 点</td></tr>
<tr><td colspan="5">N70 U-4.0 W2.0;</td><td colspan="4">左侧倒角至 D 点</td></tr>
<tr><td colspan="5">N80 U4.0;</td><td colspan="4">退刀至 A 点</td></tr>
<tr><td colspan="5">N90 M99;</td><td colspan="4">子程序结束并返回主程序</td></tr>
<tr><td>编制</td><td></td><td>审核</td><td></td><td>批准</td><td></td><td>年 月 日</td><td>共 页</td><td>第 页</td></tr>
</table>

工作页：多槽杆车削

1. 信息、决策与计划

（1）分析多槽杆零件的图纸及工艺信息，归纳、总结相关知识，完善表 5.1.3。

表 5.1.3 多槽杆零件图纸信息分析

<table>
<tr><td>信息内容
（问题）</td><td>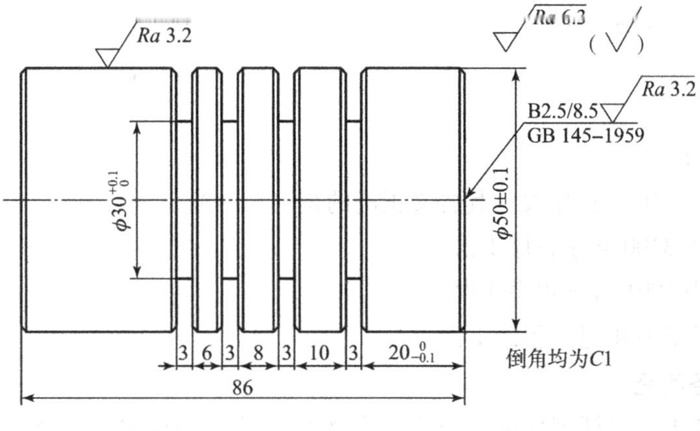
</td></tr>
</table>

续表

信息的处理及决策	请分析上表中零件的特点，并分析如何能够简化数控车削程序的编程。
	请分析上图中零件的工艺，沟槽加工采用哪个指令代码比较合适？分析原因。
	请分析选用切断刀时应注意的事项。

（2）选择题。

①FANUC 系统调用子程序指令为（　　）。

A. M99　　B. M06　　C. M98 P××××　　D. M03

②（　　）表示程序停止，若要继续执行下面程序，需按循环启动按钮。

A. M00　　B. M01　　C. M99　　D. M98

③在同一程序段中使用 X、W 编程为（　　）。

A. 绝对值　　B. 增量值编程　　C. 混合式编程　　D. 相对值编程

④以下关于主、子程序的编写，下列哪段格式是正确的？（　　）

A.
```
O01001;
G00 W-14.0;
G01 X20.0
…
M99;
```

B.
```
O01001;
G00 W-14.0;
G01 X20.0
…
M30;
```

C.
```
O1001（主程序名）;
…
M99 PO1001
G00 W-14.0;
G01 X20.0
…
M99;
```

D.
```
O01001;
G00 W-14.0;
G01 X20.0
…
M02;
```

⑤M98 P31001 程序段，其含义正确的是（　　）。

A. 调用 3100 号子程序 1 次

B. 调用 1001 号子程序 3 次

C. 调用 31001 号子程序 1 次

2. 任务实施

（1）加工多槽杆零件前，请确定多槽杆零件的编程原点，及调用子程序坐标点位置，并填写表 5.1.4。

表 5.1.4　多槽杆零件编程相关参数确定

确定多槽杆的坐标原点为：										
调用次数										
对应 Z 向点坐标										

（2）请编制多槽杆零件数控加工刀具卡、工序卡以及加工程序单，完成表 5.1.5 的填制。

表 5.1.5　多槽杆零件刀具卡、工序卡和程序单

数控切削加工刀具卡					
单位		零件名称	零件图号		备注
工件安装定位简图	请绘制零件装夹简图，标注编程原点。	车间	设备名称	设备型号	设备编号
		材料牌号	毛坯种类	毛坯尺寸	工序时间

序号	刀具号	刀具类型	刀杆型号	刀片类型	刀尖半径	补偿代号	换刀方式	备注

数控车削加工工序卡							
工步号	工步内容	刀具名称	主轴转速	进给量	背吃刀量	余量	备注
车右端工序							
							手动
车左端工序							

续表

数控加工程序单								
车右端程序：								
车左端程序：								
编制		审核		批准		年　月　日	共　页	第　页

3. 检查与评价

填写表 5.1.6。

表 5.1.6　评价表

零件名称			零件图号		操作人员		完成工时	
序号	鉴定项目及标准		配分	评分标准 （扣完为止）	自检结果	得分	互检结果	得分
1	任务实施	工件安装	5	装夹方法不正确扣分				
2		刀具安装	5	刀具选择不正确扣分				
3		程序编写	20	程序输入不正确或未完成每处扣 1 分				
4		程序录入	5					
5		量具使用	5	量具使用不正确每次扣 1 分				
6		对刀操作	5	对刀不正确，每步骤扣 2 分				
7		完成工时	5	每超时 5 min 扣 1 分				
8		安全文明	5	撞刀、未清理机床和保养设备扣 5 分				

续表

序号	鉴定项目及标准			配分	评分标准（扣完为止）	自检结果	得分	互检结果	得分
9	工件质量	ϕ30 mm	上偏差：0.1 mm	10	超差扣5分				
			下偏差：0						
		槽间距3处	6 mm、8 mm、10 mm	15	超差一处扣5分				
		20 mm	上偏差：0	10	超差扣10分				
			下偏差：−0.1 mm						
10	专业知识	任务单题量完成质量		10	未完成一道题扣2分				
合计				100					

4. 思考与拓展

如图5.1.5一带轮零件的加工，某加工人员编程时，用了G96、G50、G72等指令，请分析这些指令的含义，并分析为何适合用在图中零件加工的场合中？可解决加工中的何种问题？

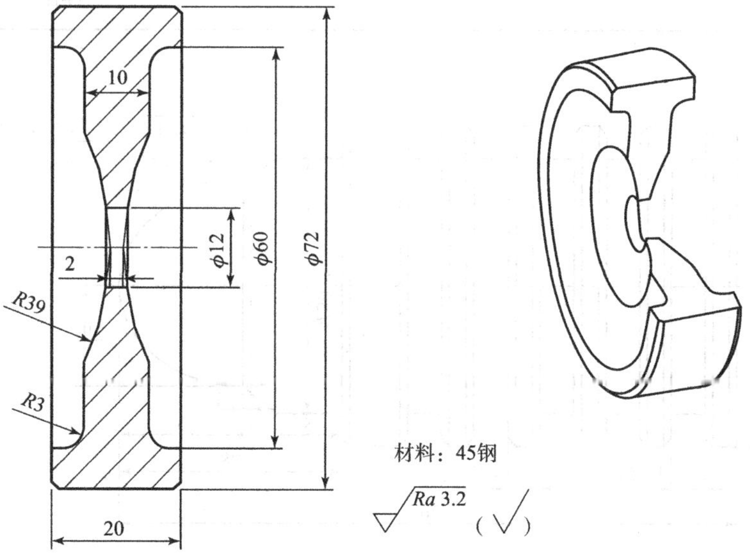

图5.1.5　带轮

任务 5.2　椭圆轴的加工

任务描述

根据表 5.2.1 所示生产任务单，对如图 5.2.1 所示椭圆轴零件进行加工，毛坯用 ϕ40 mm×80 mm 棒料，材料为 AlCuMg，要求编写数控加工程序。

表 5.2.1　生产任务单

单位名称								编号	
产品清单	序号	零件名称	毛坯	数量	材料	德国牌号	出单日期	交货日期	技术要求
	1	椭圆轴	ϕ40 mm×80 mm	1	铝合金	AlCuMg			
出单人签字： 日期：　年　月　日					接单人签字： 日期：　年　月　日				
车间负责人签字： 日期：　年　月　日									

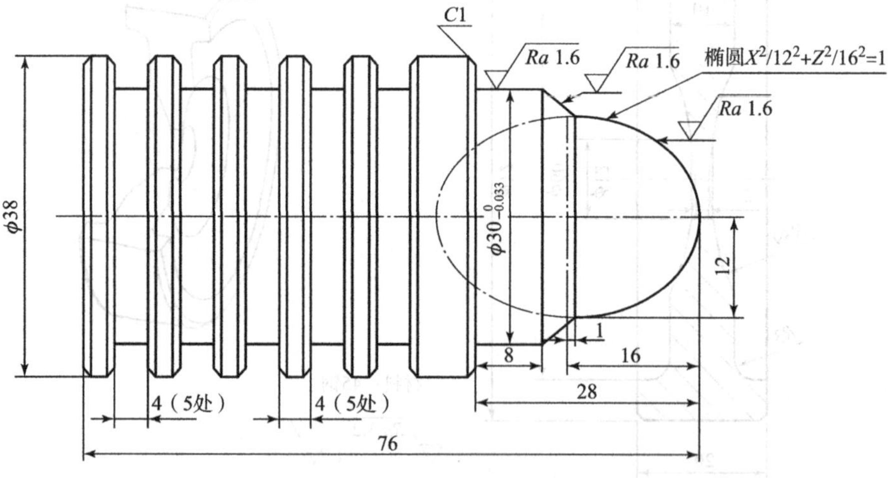

图 5.2.1　椭圆轴零件图

知识链接：车削宏程序

（一）用户宏程序

用户宏程序的主体是一系列指令，相当于子程序。使用时，能完成某一功能的一系列指令像子程序那样存入存储器，用一个总指令来代表它们，使用时只需给出这个总指令就能执行其功能。

针对多处相同的加工内容，用户宏程序由于允许使用变量、算术和逻辑运算及条件转移等功能，使得程序编制更加方便、灵活，而且它使得数控车床加工椭圆等二次非圆曲线成为可能。我们把含有变量的程序称为宏程序。

（二）变量

普通数控加工程序直接用数值指定 G 代码和移动距离，使用宏程序时，数值可以直接指定或用变量指定。当用变量时，变量值可用程序各 MDI 面板上的操作改变。

例如：

```
#1 =#2 +5;
G01  X#1  F0.2;
```

1. 变量的表示

变量用符号（#）和后面的变量号指定。例如，#1、#2。

表达式可以用于指定变量号，此时，表达式必须封闭在括号中。例如，#［#1 +#2 -2］，如果#1 =3　#2 =2，则#［#1 +#2 -2］等价于#3。

2. 变量的引用

当在程序中定义变量值时，应指定变量号的地址。例如，G01 X#100　Y#101　F#102。当#100 =80，#101 =50，#102 =0.2 时，上面这句程序即表示为 G01 X80.0 Y50.0 F0.2。

3. 变量的类型

变量根据变量号可以分四种类型，如表 5.2.2 所示。

表 5.2.2　变量的类型

变量号	变量类型	功能
#0	空变量	该变量总是空，没有值能赋给该变量
#1 ~ #33	局部变量	只能用于在宏程序中存储数据，断电后初始化为空，可以在程序中赋值
#100 ~ #199 #500　#999	公共变量	在不同的宏程序中意义相同（即公共变量对于主程序和从这些主程序调用的每个宏程序来说是公用的），断电时#100　#199 清除为空，#500　#999 数据不清除
#1000 ~	系统变量	用于读和写 CNC 运行时各种数据的变化，如刀具的当前位置和补偿值等

注意：

①局部变量：指在用户宏程序内局部使用的变量。同一个局部变量在不同的宏程序内其值是不通用的。FANUC 系统有 33 个局部变量，分别是#1 ~ #33，局部变量只能用在宏程序中存储数据，例如运算结果。当断电时局部变量被初始化为空，调用宏程序时自变量对局部变量赋值。

例如：A 宏程序　　　　B 宏程序

```
      …              …
      #10 =20.0      X#10  不表示 X20.0
```

②公共变量：指在主程序内和由主程序调用的各用户宏程序内公用的变量。例如：上例中#10 改用#100 时，B 宏程序中的 X#100 表示 X20.0。

③系统变量：这是固定用途的变量，它用于读和写 CNC 系统运行时的各种数据，如刀具的当前位置和补偿值，FANUC 0i 系统中的#1000 及以上的变量均为系统变量。

例如：#2001 值为 1 号刀补 *X* 轴补偿值。

#5221 值为 *X* 轴 G54 工件原点偏置值。

④小数点的省略：当程序中定义变量值时，小数点可以省略，如“#1 = 123;”相当于“#1 = 123.000;”。

⑤变量的引用：在地址后指定变量即可引用其变量值。例如：G01 X [#1 + #2] F#3；当引用未定义的变量时，变量及地址号都被忽略。例如：#1 = 0.0，#2 为空时，“G00 X#1 Y#2;”相当于“G00 X0.0 Y0.0;”。

⑥限制程序号、顺序号和任选程序段跳转号不能使用变量。例如：程序号 O#1、顺序号 N#3 Y200.0 是错误的。

4. 赋值与变量

赋值是指将一个数据赋予一个变量，在调用时，它们之间有参数或数据传递。例如，#1 = 0.0，表示#1 的值是 0。其中#1 代表变量，0 就是给变量#1 赋的值。这时的“ = ”是赋值符号，起语句定义作用。赋值规律如下：

①赋值指令符号“ = ”，其左边是被赋值的变量，右边是一个数值表达式、数值或变量。两边内容不能随意互换。

②一个赋值语句只能给一个变量赋值。给多个变量赋值，新变量将取代原变量值（即最后赋的值生效）。

③赋值变量具有运算功能，赋值格式为：变量 = 表达式。用含有变量的表达式赋值，将表达式内的演算结果赋给某个变量。例如，#5 = [#1 + #1] * SQRT [1 - #2 * #2/#3 * #3]，即将变量 [#1 + #1] * SQRT [1 - #2 * #2/#3 * #3] 赋值给#5。赋值运算中，表达式可以是变量自身与其他数据的运算结果，如#1 = #1 + 1。

④辅助功能（M 代码）的变量有最大值限制，例如，将 M30 赋值为 300 显然是不合理的。

5. 变量表达式

用运算符号连接起来的常数、宏变量称为变量表达式。表达式中可以包含“ + ”“ - ”“ * ”“/”，一些运算符号也可以用来指定一些函数，如“SIN”“COS”“TAN”“ATAN”“SQRT”等。

注意：表达式必须用中括号括起来。

例如：175/COS55π/18 写成赋值变量形式为 175/COS[55 * PI/180]

6. 算术和逻辑运算

变量的算术和逻辑运算如表 5.2.3 所示。

表 5.2.3 算术和逻辑运算

功能	格式	备注	功能	格式	备注
定义	#i = #j		平方根	#i = SQRT [#j]	
加法	#i = #j + #k		绝对值	#i = SQRT [#j]	
减法	#i = #j - #k		舍入	#i = ROUND [#j]	
乘法	#i = #j * #k		上取整	#i = FUP [#j]	
除法	#i = #j / #k		下取整	#i = FIX [#j]	
			自然对数	#i = LN [#j]	
正弦	#i = SIN [#j]	角度以（°）为单位指定。90° 30′ 表示为 90.5°	指数函数	#i = EXP [#j]	
反正弦	#i = ASIN [#j]		与	#i = #j AND#k	
余弦	#i = COS [#j]		或	#i = #j OR#k	
反余弦	#i = ACOS [#j]		异或	#i = #j XOR #k	
正切	#i = TAN [#j]				
反正切	#i = ATAN [#j] / [#k]				

说明：运算的先后顺序是：表达式中括号的运算、函数运算、乘除运算和加减运算。

（三）控制指令

在程序中，使用 GOTO 语句和 IF 语句可以改变程序的流向。转移和循环操作有三种形式：

GOTO 语句→无条件转移

IF 语句→条件转移，格式为：IF... THEN...

WHILE 语句→当... 时循环

1）无条件转移（GOTO 语句）

功能：转移（跳转）到标有顺序号 *n*（即程序段号）的程序段。当指定 1 ~99 999 以外的顺序号时，会触发报警。其格式为：

格式：`GOTO n`;n 为顺序号（1 ~99 999）

例如：`GOTO 99`;转移至 N99 程序段。

2）条件转移（IF 语句）

IF 之后指定条件表达式。

（1）IF ［条件表达式］ GOTO *n*

功能：当指定的条件表达式满足时，程序就跳转到同一程序中语句顺序号为 *n* 的语句上继续执行。当条件不满足时，程序顺序执行下一个程序段。

例如：
```
IF [#1 GT 10] GOTO 90;
...
N90 G90 Z30.0;
```

表示如果变量#1 的值大于 10，即转移（跳转）到顺序号为 N90 的程序段。

（2）IF ［条件表达式］ THEN...

功能：当指定的条件表达式满足时，则执行预先指定的宏程序语句，而且只执行一个宏程序语句。

例如：IF [#1EQ#2] THEN #3 =10;如果#1 和#2 的值相同，10 赋值给#3。

说明：

条件表达式：条件表达式必须包括运算符，如表 5.2.4 所示。运算符插在两个变量中间或变量和常量中间，并且用“[ ]”封闭。表达式可以替代变量。运算符：运算符由两个字母组成，用于两个值的比较，以决定它们是相等还是一个值小于或大于另一个值。注意不能使用不等号。

表 5.2.4 条件表达式中的运算符

运算符	含义	英文注释
EQ	等于（=）	Equal
NE	不等于（≠）	Not Equal
GT	大于（>）	Great Than
GE	大于或等于（≥）	Great than or Equal
LT	小于（<）	Less Than
LE	小于或等于（≤）	Less than or Equal

3）循环（WHILE 语句）

```
WHILE [条件表达式] DO m;(m=1,2,3)
…
END m;
```

说明：

①当条件满足时，则执行从 DO 到 END 之间的程序；否则，程序就执行 END 后的程序段。DO 后面的标号是指定程序执行范围的标号，标号值为 1、2、3。

②m 是循环标号，最多嵌套三层。

例如：
```
WHILE[…] DO1;
…
  WHILE[…] DO2;
  …
    WHILE[…] DO3;
    …
    …
    END3;
…
END2;
…
END1;
```

（四）宏程序编程的基本方法

宏程序编程是用户用变量作为数据进行编程，变量在编程中充当“媒介”作用。在后续程序中可以重新再赋值，原来内容被新赋的值所取代，利用系统可对变量值进行计算和可以重新赋值的特性，使变量随程序的循环自动增加并计算，实现加工过程的自动循环，使之自动计算出整个曲线无数个密集坐标值，从而用很短的直线或圆弧逼近理想的轮廓曲线。

宏程序编程的基本步骤如图 5. 2. 2 所示。首先将变量赋初值，也就是将变量初始化；编制加工程序，若程序较复杂，用的变量多，可设子程序使主程序简化；修改赋值变量，重新计算变量值。语句判断是否加工完毕，若否，则返回继续执行加工程序；若是，则程序结束。

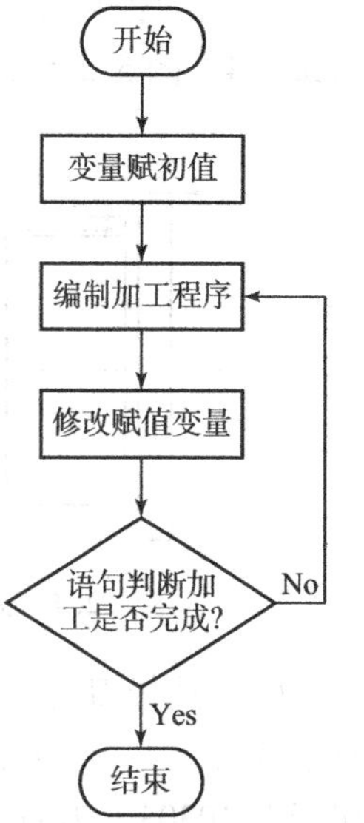

图 5. 2. 2　宏程序编程的基本步骤

（五）宏程序编程举例

例 1： 已知毛坯为 ϕ50 mm × 120 mm 的棒料，材料为 45 钢，要求加工如图 5. 2. 3 所示零件。

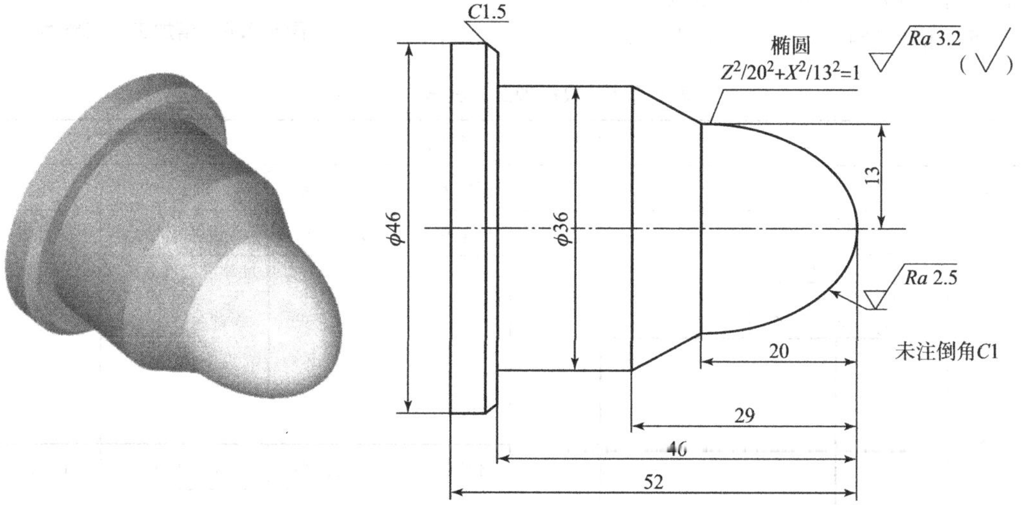

图 5. 2. 3　椭圆盖零件

（1）零件图工艺分析。该椭圆盖零件表面由椭圆、圆锥和圆柱表面组成，此零件尺寸标注正确，轮廓描述完整。最大外圆表面尺寸为 ϕ46 mm，整个零件要加工部分长 52 mm，表面粗糙度 *Ra*1. 6 μm 由精车保证。

（2）确定装夹方案。采用机床本身标准的三爪卡盘，毛坯伸出三爪卡盘外 70 mm 左右，并找正夹紧。

（3）确定加工方案。以零件右端面中心作为坐标原点建立工件坐标系。加工起点和换刀点设为同一点，放在 *Z* 向距离工件前端面 100 mm、*X* 向距离轴心线 100 mm 的位置。加工工艺路线为：粗车圆锥、圆柱、椭圆表面→精车圆锥、圆柱、椭圆表面→切断，如图5.2.4、图5.2.5和图5.2.6所示。

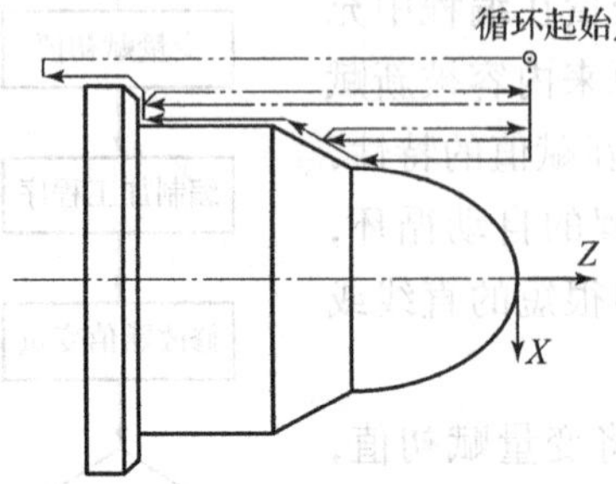

图5.2.4　外圆粗车加工路线

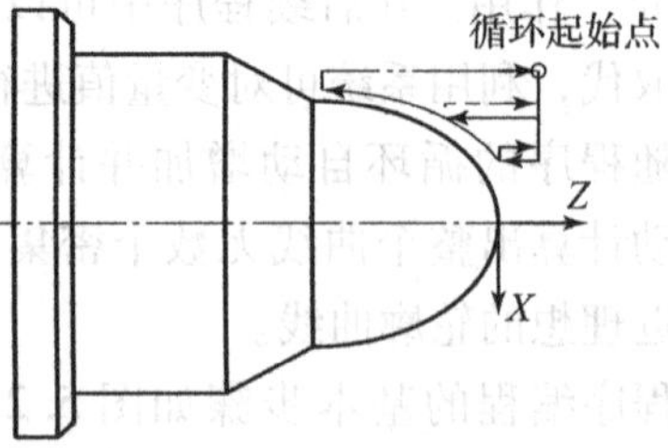

图5.2.5　椭圆部分粗加工路线

（4）选择刀具与切削用量。外圆粗车刀用T0101，刀具主偏角90°；外圆精车刀用T0202，刀具主偏角为93°；切断刀T0303，刀宽3 mm。上述刀具材料为硬质合金。粗车外圆时主轴转速为600 r/min，进给量为0.2 mm/r，给精加工留0.25 mm的单边背吃刀量，精加工外圆时，主轴转速为1 000 r/min，进给量为0.1 mm/r；切槽时，主轴转速为400 r/min，进给量为0.05 mm/r。

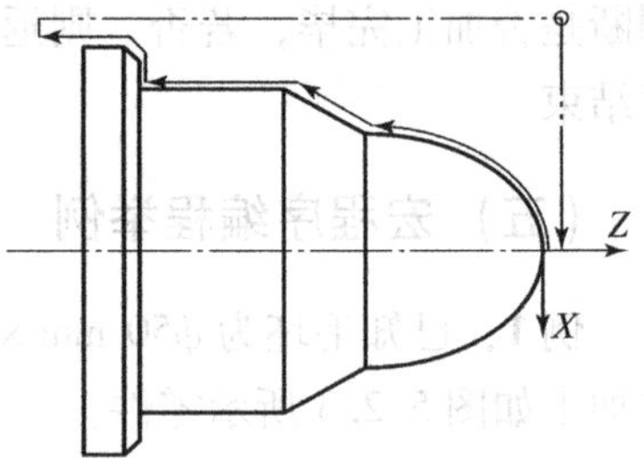

图5.2.6　精加工走刀路线

（5）拟订数控加工工序卡片（表5.2.5）。

表5.2.5　数控加工刀具卡、工序卡

数控切削加工刀具卡					
单位		零件名称	零件图号		备注
工件安装定位简图	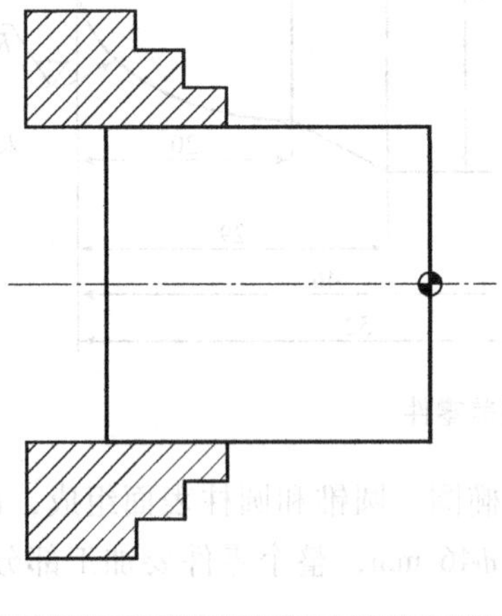	车间	设备名称	设备型号	设备编号
		材料牌号	毛坯种类	毛坯尺寸	工序时间
		45钢	圆棒料	ϕ50 mm×120 mm	

序号	刀具号	刀具类型	刀杆型号	刀片类型	刀尖半径	补偿代号	换刀方式	备注
1	T01	90°外圆车刀	MCGNR2020K12	CNMG120408EN	0.8 mm	01	自动	
2	T02	93°外圆车刀	MCLNR2020K12	CNMG120404EN	0.4 mm	02		
3	T03	切槽刀（刀宽3 mm）	QA2020R03	Q03		02	自动	

续表

数控车削加工工序卡							
工步	工步内容	刀具名称	主轴转速	进给量	背吃刀量	余量	备注
1	检查	游标卡尺					
2	粗车外圆锥、圆柱、椭圆表面	T0101	S600	F0.2	2 mm	1 mm	
3	精车外圆锥、圆柱、椭圆表面	T0202	S1000	F0.1	0.5 mm	0	
4	切断，控制零件总长	T0303	S500	F0.05			
5	检查						

(6) 零件加工参考程序。

```
O0001;
T0101 M03 S600;                                 外圆粗车刀
G00 X52.0 Z2.0 M08;                             粗车复合循环起点
G71 U1.5 R0.5;
G71 P10 Q20 U0.5 W0.1 F0.2;
N10 G01 X26.0;
Z -20.0;
X36.0 Z -29.0;
Z -46.0;
X43.0;
X46.0 W -1.5;
N20 Z -56.0;
G00 X30.0;

#1 =26.0;                                       #1 为编程点 X 坐标直径值
WHILE[ #1 GE 0 ] DO1;
#2 = #1 /2.0;                                   #2 为编程点 X 坐标半径值
#3 =20.0 * SQRT[13 * 13 - #2 * #2 ] /13 -20.0 +0.2;  #3 为编程点 Z 坐标值
G01 X[ #1 ]F0.2
Z[ #3 ];
U2.0;
G00 Z2.0;
#1 = #1 -3.0;
END 1;
M09;
G00 X100.0;
Z100.0;
T0202;                                          外圆精车刀
```

```
M03 S1000;
G00 X0 Z2.0;
M08;
#5 =0;                                         #5 为编程点 X 坐标直径值
WHILE[#5 LE 26.0] DO2;
#6 =#5/2;                                      #6 为编程点 X 坐标半径值
#7 =20*SQRT[13*13 -#6*#6]/13 -20;              #7 为编程点 Z 坐标值
G01 X[#5] Z[#7] F0.1;
#5 =#5 +0.04;
END2;
G01 X36.0 Z -29.0 F0.1;
Z -46.0;
X43.0;
X46.0 W -1.5;
Z -56.0;
M09;
G00 X100.0;
Z100.0;
T0303;                                         切断刀
M03 S400;
G00 X54.0 Z -55.0;

M08;
G01 X0 F0.05;
M09;
G00 X100.0;
Z100.0;
M30;
```

(7) 输入零件程序。

(8) 进行程序校验及加工轨迹仿真，修改程序。

(9) 进行对刀操作，完成自动加工。

例 2：试对图 5.2.7 所示抛物线零件进行编程加工，毛坯用 ϕ42 mm×52 mm 棒料，材料为 AlCuMg。

```
N1 G21 G40 G97 G99;
N2 M03 S600 T0101;
N3 G00 X42.0 Z2.0;
N6 G71 U1.5 R1.0;
N7 G71 P8 Q28 U0.4 W0.4 F0.1;
```

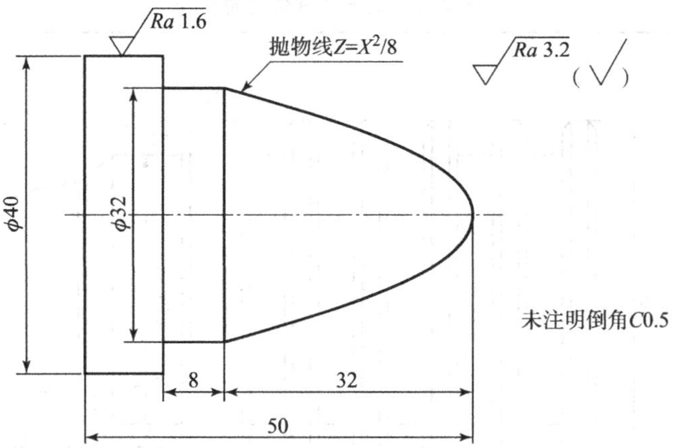

图 5.2.7　抛物线零件

```
N8 G01 X0.0 Z2.0;
N10 #1 =0;
N12 #2 =0;
N14 WHILE[ #1LE16 ] DO1;
N16 G01 X[2 * #1 ] Z[ - #2 ];
N18 #1 = #1 +0.08;
N20 #2 = #1 * #1 /8;
N22 END1;
N24 G01 X32.0 Z -40.0;
N26 X40.0;
N28 X40.0 Z -53.0;
N21 G00 X100.0;
N23 Z100.0;
N25 T0202;
N28 M03 S400;
N27 G00 X42.0 Z -53.0;
N29 G01 X10.0 F0.08;
N37 X60.0;
N65 G00 X100.0;
N67 Z100;
N27 M05;
N29 M30;
```

工作页：车削椭圆轴

1. 信息、决策与计划

（1）分析椭圆轴零件的图纸及工艺信息，归纳、总结相关知识，完善表5.2.6。

表 5.2.6　椭圆轴零件信息分析

<table>
<tr><td>信息内容
（问题）</td><td>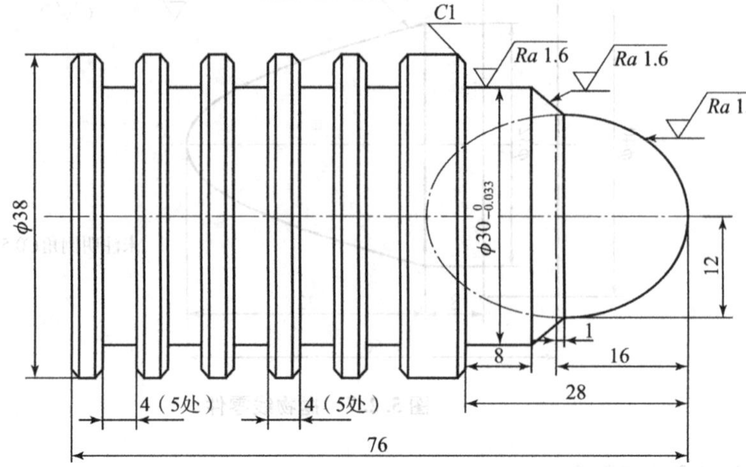

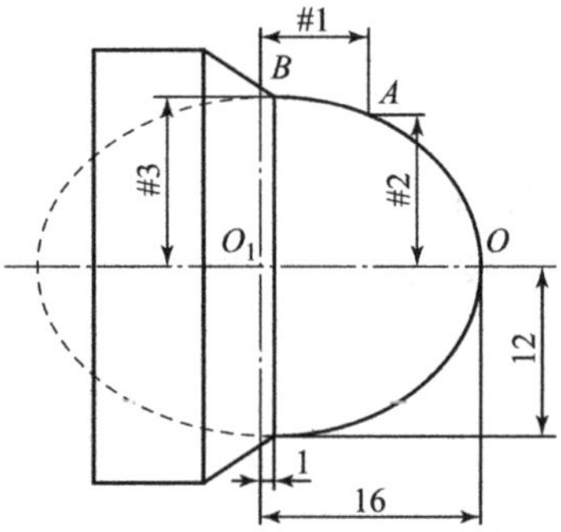
</td></tr>
<tr><td rowspan="5">信息的处理及决策</td><td>请分析上图中零件特点，轴右端是椭圆的一部分，请分析并写出其函数方程。</td></tr>
<tr><td>针对椭圆相对应尺寸，分析 O_1、O、B 的尺寸关系。</td></tr>
<tr><td>对于椭圆上任意一点 A，其相对椭圆中心 O_1 的距离 Z 向设为#1，X 向设为#2，则#2 与#1 的关系式为：</td></tr>
<tr><td>当以工件右端面中心 O 为工件坐标原点时，A 点的坐标为：</td></tr>
<tr><td>编程中如何设定自变量？如何设定间距？</td></tr>
</table>

（2）选择题。

①#1 =8；#1 =#1 +10，数控车床完成这两句读取后，变量#1 的值为（　　）。

A. 10　　B. 8　　C. 18

②程序格式为 GOTO 85 表示（　　）。

A. 无条件转向执行 N85 的程序段

B. 有条件转向执行 N85 的程序段

C. 无条件转向执行程序第 85 行

③“大于”条件判断的运算符号是（　　）。

A. EQ　　B. GE　　C. GT　　D. LT

④关于循环（WHILE 语句），下面说法正确的是（　　）。

A. 当指定条件满足时，执行从 DO 到 END 之间的程序，否则转到 END 后的程序

B. 当指定条件满足时，不执行从 DO 到 END 之间的程序，转到 END 后的程序

C. 无论条件是否满足，均执行从 DO 到 END 之间的程序

2. 任务实施

（1）请完成加工椭圆轴零件的数控加工刀具卡、工序卡以及加工程序单，补充完善表 5. 2. 7。

表 5. 2. 7　椭圆轴零件加工刀具卡、工序卡及加工程序单

数控切削加工刀具卡					
单位		零件名称	零件图号		备注
工件安装定位简图	请画工件装夹简图，标注编程原点。	车间	设备名称	设备型号	设备编号
		材料牌号	毛坯种类	毛坯尺寸	工序时间

序号	刀具号	刀具类型	刀杆型号	刀片类型	刀尖半径	补偿代号	换刀方式	备注

数控车削加工工序卡							
工步号	工步内容	刀具名称	主轴转速	进给速度	背吃刀量	余量	备注
车右端工序（车左端工序略）							
1	检查	游标卡尺					

续表

数控加工程序单

车右端程序：

车左端程序略

编制		审核		批准	年　月　日	共　页	第　页

3. 检查与评价

填写表 5.2.8。

表 5.2.8　评价表

<table>
<tr><td colspan="2">零件名称</td><td></td><td>零件图号</td><td></td><td>操作人员</td><td></td><td colspan="2">完成工时</td><td></td></tr>
<tr><td>序号</td><td colspan="3">鉴定项目及标准</td><td>配分</td><td>评分标准
（扣完为止）</td><td>自检结果</td><td>得分</td><td>互检结果</td><td>得分</td></tr>
<tr><td>1</td><td rowspan="8">任务实施</td><td colspan="2">工件安装</td><td>5</td><td>装夹方法不正确扣分</td><td></td><td></td><td></td><td></td></tr>
<tr><td>2</td><td colspan="2">刀具安装</td><td>5</td><td>刀具使用不正确扣分</td><td></td><td></td><td></td><td></td></tr>
<tr><td>3</td><td colspan="2">程序编写</td><td>25</td><td>程序输入不正确或未完成每处扣 1 分</td><td></td><td></td><td></td><td></td></tr>
<tr><td>4</td><td colspan="2">程序录入</td><td>5</td><td></td><td></td><td></td><td></td><td></td></tr>
<tr><td>5</td><td colspan="2">量具使用</td><td>5</td><td>量具使用不正确每次扣 1 分</td><td></td><td></td><td></td><td></td></tr>
<tr><td>6</td><td colspan="2">对刀操作</td><td>5</td><td>对刀不正确，每步骤扣 2 分</td><td></td><td></td><td></td><td></td></tr>
<tr><td>7</td><td colspan="2">完成工时</td><td>5</td><td>每超时 5 min 扣 1 分</td><td></td><td></td><td></td><td></td></tr>
<tr><td>8</td><td colspan="2">安全文明</td><td>5</td><td>撞刀、未清理机床和保养设备扣 5 分</td><td></td><td></td><td></td><td></td></tr>
<tr><td rowspan="6">9</td><td rowspan="6">工件质量</td><td rowspan="2">ϕ30 mm</td><td>上偏差：0</td><td rowspan="2">10</td><td rowspan="2">超差扣 5 分</td><td rowspan="2"></td><td rowspan="2"></td><td rowspan="2"></td><td rowspan="2"></td></tr>
<tr><td>下偏差：−0.033 mm</td></tr>
<tr><td rowspan="2">76 mm</td><td>上偏差：</td><td rowspan="2">10</td><td rowspan="2">超差一处扣 5 分</td><td rowspan="2"></td><td rowspan="2"></td><td rowspan="2"></td><td rowspan="2"></td></tr>
<tr><td>下偏差：</td></tr>
<tr><td rowspan="2">28 mm</td><td>上偏差：</td><td rowspan="2">10</td><td rowspan="2">超差扣 10 分</td><td rowspan="2"></td><td rowspan="2"></td><td rowspan="2"></td><td rowspan="2"></td></tr>
<tr><td>下偏差：</td></tr>
<tr><td>10</td><td>专业知识</td><td colspan="2">任务单题量完成质量</td><td>10</td><td>未完成一道题扣 2 分</td><td></td><td></td><td></td><td></td></tr>
<tr><td colspan="2">合计</td><td colspan="2"></td><td>100</td><td></td><td></td><td></td><td></td><td></td></tr>
</table>

4. 思考与拓展

（1）请写出条件转向语句（IF 语句）的程序段格式及含义。

（2）请写出循环（WHILE）语句的程序段格式及含义。

（3）请对图 5.2.8 所示的抛物线轴零件进行分析，并编写右端加工程序。

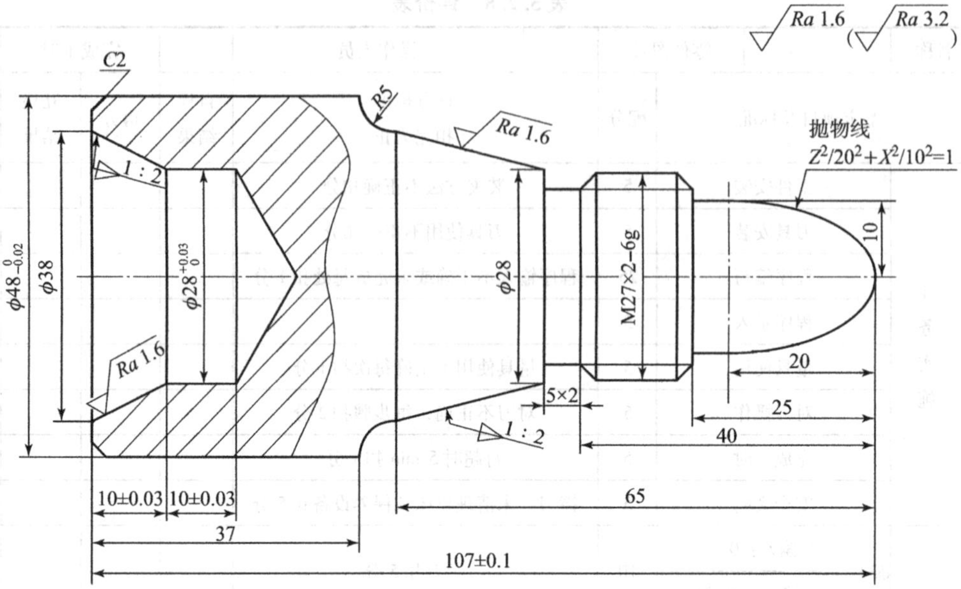

图 5.2.8　抛物线轴

任务 5.3　复杂轴类零件（T 槽椭圆轴）的加工

任务描述

根据表 5.3.1 所示生产任务单及图 5.3.1 所提供的三维模型，完成图 5.3.1 所示左 T 槽椭圆轴的编程与加工。毛坯尺寸为 ϕ55 mm × 70 mm，材料为铝合金。

表 5.3.1　生产任务单

单位名称								编号	
产品清单	序号	零件名称	毛坯尺寸	数量	材料	出单日期	交货日期	技术要求	
	1	左 T 槽椭圆轴	ϕ55 mm × 70 mm	1	铝合金			模型图	
出单人签字：________ ____年____月____日					接单人签字：________ ____年____月____日				
车间负责人签字：________ ____年____月____日									

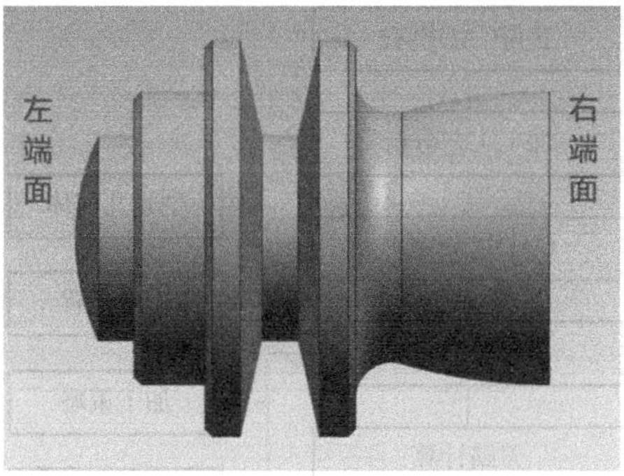

图5.3.1 左T槽椭圆轴模型

知识链接：自动编程

（一）手工编程与自动编程

1. 手工编程

手工编程就是分析零件图样、确定加工工艺过程、数值计算、编写零件加工程序单、程序的输入、程序校验、试切加工等都是人工完成的。它要求编程人员不仅要熟悉数控指令编程规则，还要熟悉机床系统及数控加工工艺相关知识。对于形状简单、计算量小、程序段不多的零件采用手工编程较为容易，成本低，灵活及时，因此在简单特征由直线圆弧插补组成的轮廓中，手工编程仍然比较广泛。但是对于一些形状复杂，难以计算的曲面特征零件，手工编程有一定的困难，而且很难保证精度，出错概率较大，故采用自动编程较为容易。

2. 自动编程

自动编程是指用计算机编制数控加工程序的过程，编程人员只需根据零件图纸要求，使用CAM软件，由计算机自动地进行刀路计算及后处理，编写出加工程序，并将程序通过直接传输方式输入机床，进行生产加工。自动编程的优点有高效率、高可靠性等。

3. 自动编程流程

一般是以待加工零件CAD模型为基础的一种集加工工艺规划及数控编程为一体的自动编程方法，它采用人机对话的处理方式，利用CAD/CAM功能生成加工程序。零件CAD模型的描述方法多种多样，适用于数控编程的主要有表面模型和实体模型，其中以表面模型在数控编程中应用较为广泛。CAD/CAM软件编程加工过程为：图样分析、零件分析、三维造型、生成加工刀具轨迹、后置处理生成加工程序、程序检验、程序传输并进行加工。利用CAD/CAM系统进行自动编程的流程如图5.3.2所示。

（二）UG（Unigraphics）软件简介

UG是由美国UGS公司推出的强大三维CAD/CAM/CAE软件系统，其涵盖产品从概念设计、三维模型设计、装配、分析计算、动态模拟与仿真、工程图输出，到生产加工成产品的全过程，应用范围涉及航空航天、汽车、机械、船舶、数控加工、医疗器械和电子等诸多领域。

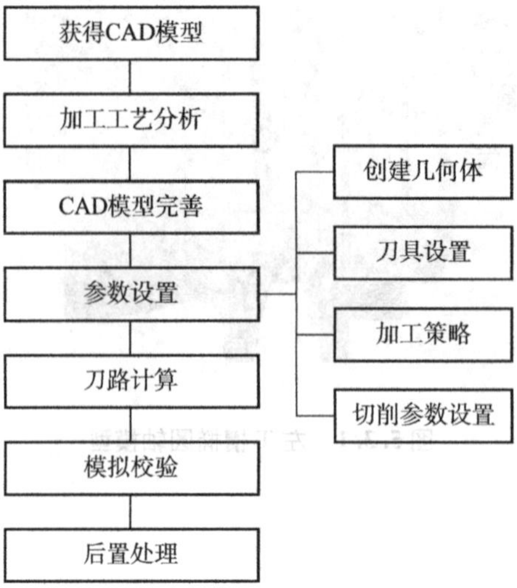

图 5.3.2　自动编程流程图

车削加工是机械加工中最常用的加工方法之一，用于回转体类零件。随着科技的不断进步，产品质量要求的提高以及产品特征越来越复杂，传统的编程无论是从效率上还是精度上，尤其是需要车系复合加工的产品，更是难以满足需求。CAM 很好地解决了这一难题。

车削模块中，用户可以方便地管理毛坯、坐标系、加工工序、加工参数等，当工件完成整个加工程序时，通过仿真模拟检查可以清楚地知道加工工艺的合理性，最终通过后处理转化成数控加工程序，输入机床中进行实际生产加工。

（三）应用举例

（1）在桌面双击启动 UG，打开三维模型，单击进入加工界面。

（2）创建几何体：单击图标，类型选择 turning；单击“确定”按钮弹出 MCS 机床坐标系创建窗口，MCS 坐标选择零件的最右端（顶端），如图 5.3.3 所示。单击“确定”按钮完成坐标系的创建。

图 5.3.3　创建加工坐标系

（3）创建刀具：单击图标，选择外径粗车，命名为“OD_80_L_1”，单击“确定”按钮，依次设置工具、车刀标准等参数，如图5.3.4所示；利用此方法依次创建外径精车刀具（命名为“OD_80_L_2”），见图5.3.5，外径车槽刀具（命名为“OD_GROOVE_L_1”），见图5.3.6。

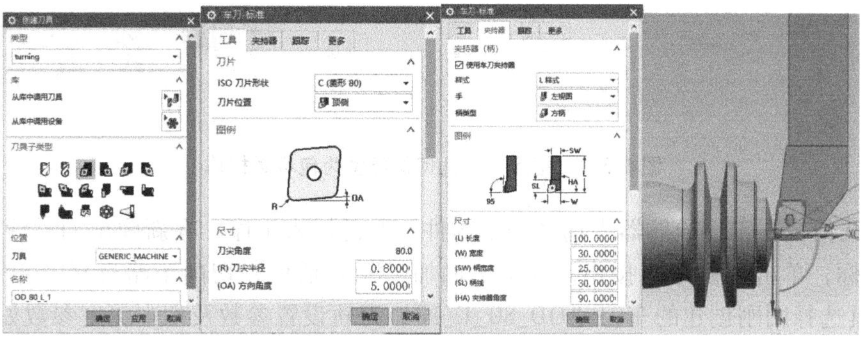

图5.3.4　创建加工刀具

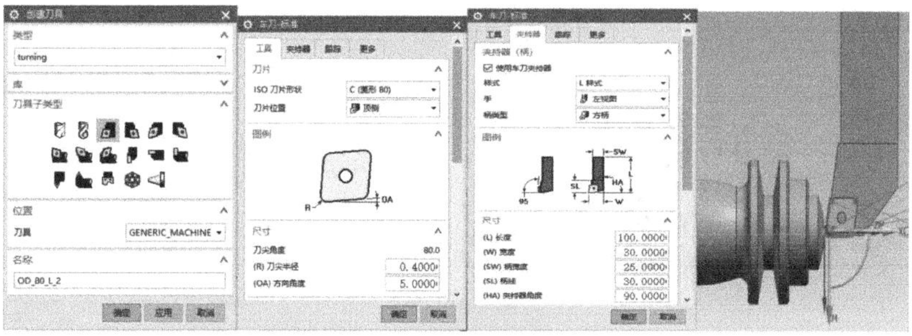

图5.3.5　创建外径精车刀具

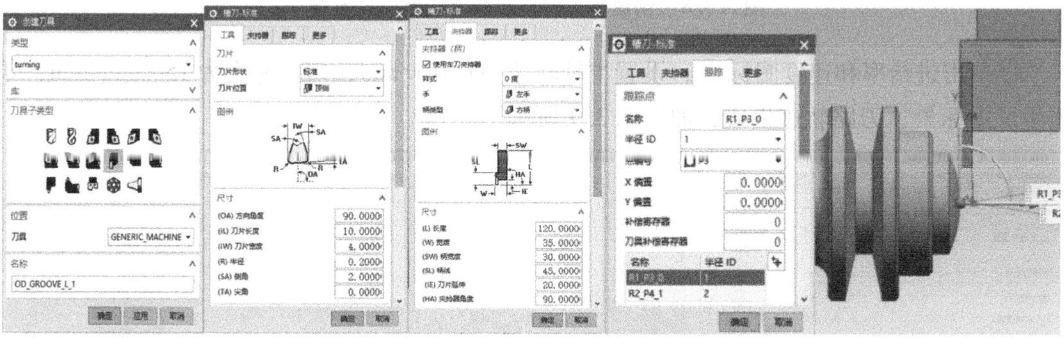

图5.3.6　创建外径车槽刀具

（4）车端面加工工序。

①单击几何视图，进入几何工序导航器界面，选择双击坐标系目录下图标进行编辑，指定部件为三维模型，指定毛坯几何体类型为包容圆柱体，如图5.3.7所示。

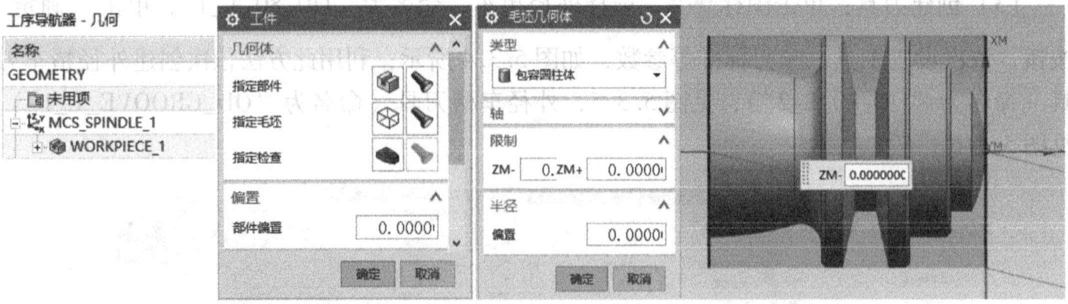

图 5.3.7　指定毛坯几何体类型为包容圆柱体

②在几何视图工序导航器中选择加工部件，右键插入工序；在新弹出的对话框中选择面加工图标，单击“确定”按钮；弹出“面加工”对话框，切削策略选择“单向线性切削”，刀具选择刚刚创建的车刀“OD_80_L_1”；刀轨设置参数及切削深度参数如图 5.3.8 所示。

图 5.3.8　创建车刀刀轨参数及切削深度参数

③单击进给率和速度图标，设置主轴转速为 600 r/min，切削速度为 150 mm/min，单击生成图标，刀路轨迹生成，如图 5.3.9 所示。

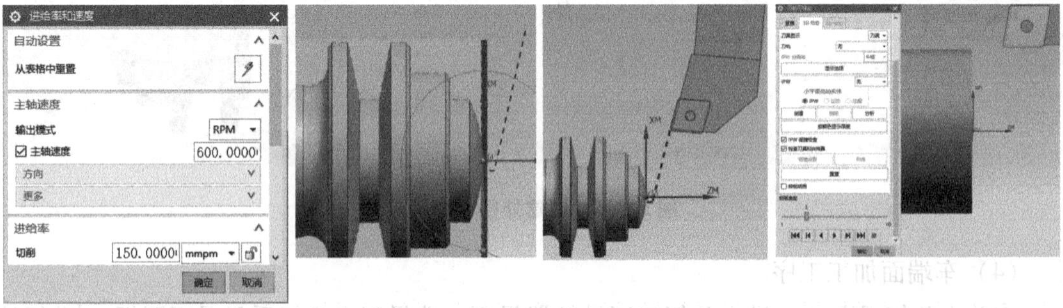

图 5.3.9　主轴转速与进退刀速度设定

（5）外径粗车加工工序。

①几何视图工序导航器中，选中面加工工序→右键→插入→工序→选择外径粗车工序，刀具选择面加工所使用的“OD_80_L”，最后单击“确定”按钮，如图 5.3.10 所示。

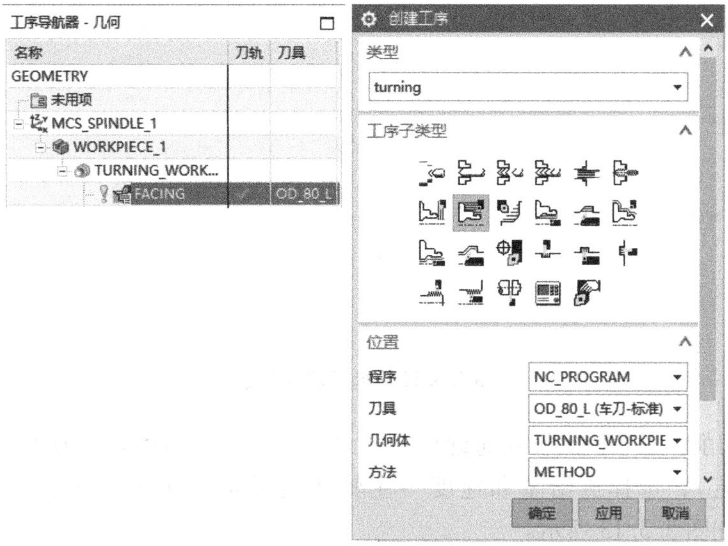

图 5.3.10　设定外径粗车工序

②在新弹出的对话框中选择几何体目录下的切削区域图标→轴向修剪平面 1→选择距离 -45.0 mm（设置轴向加工长度），切削策略选择“单向线性切削”，生成粗加工刀路，如图 5.3.11 所示。

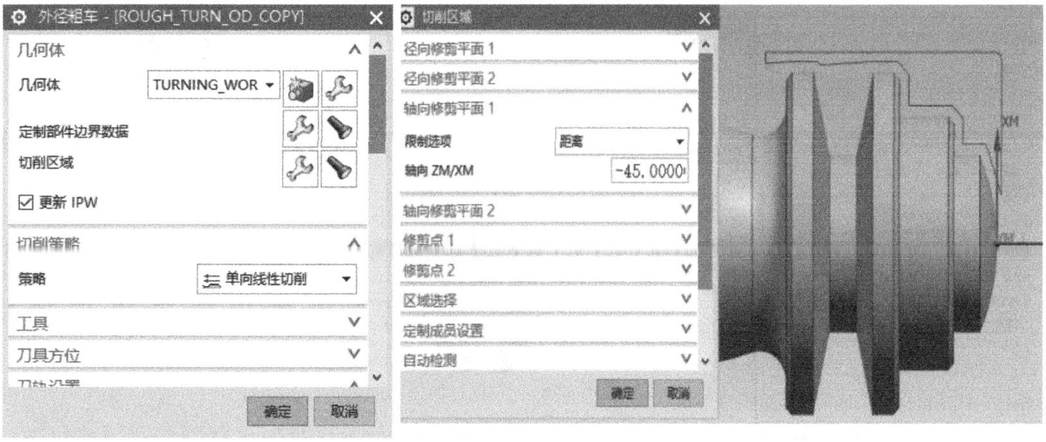

图 5.3.11　设定切削策略为单向线性切削

③选择刀轨设置，与 *XC* 夹角设定 180°，切削深度变量最大值设定 2 mm，变换模式设定为根据层，选择切削参数，余量选择恒定 0.5 mm（将加工余量），单击“确定”按钮，如图 5.3.12 所示。

图 5.3.12　选择切削参数

④选择非切削移动→依次设置逼近点→进刀点→退刀点→离开停刀点（具体位置根据部件和毛坯而定），选择进给率和速度→主轴速度设定为 400 r/min，切削速度设定为 150 mm/min，如图 5.3.13 所示。

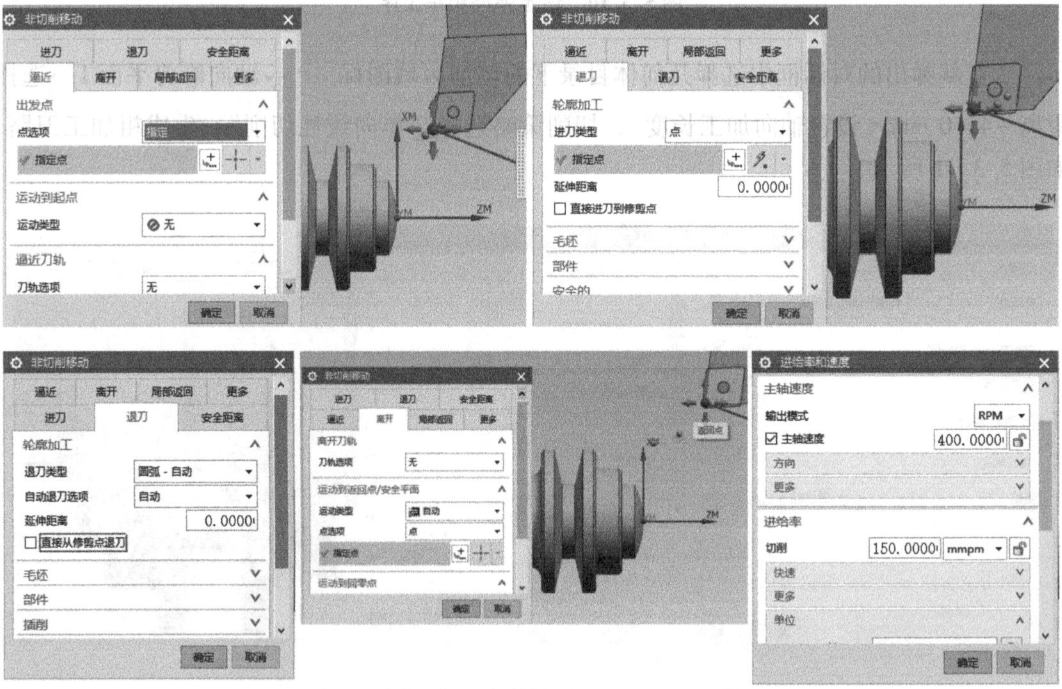

图 5.3.13　选择进给率和速度

⑤最后选择生成按钮，生成刀路轨迹，选择图标按钮→选择 3D 模拟加工，进行道路轨迹检查，如图 5.3.14 所示。

（6）外径精车加工工序。

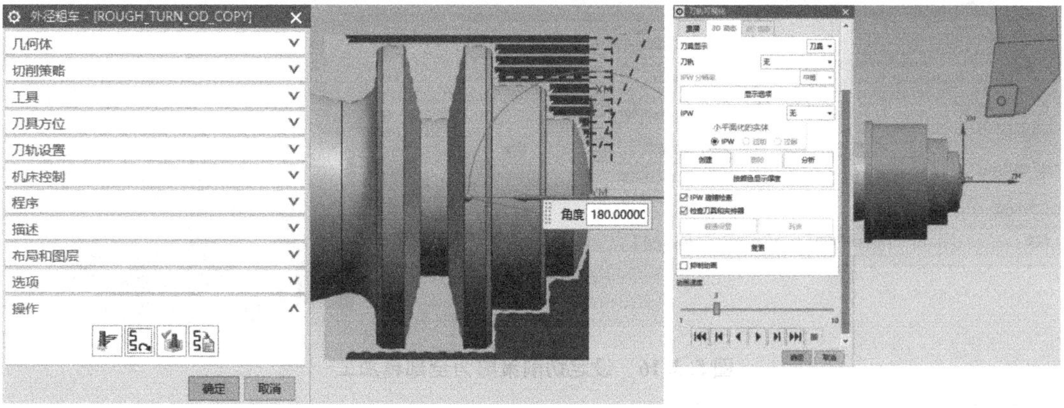

图 5.3.14　生成粗车刀路轨迹

①几何视图工序导航器中，选中外径粗车加工工序→右键→插入→工序→选择外径精车工序→刀具选择之前创建精加工刀具“OD_80_L_2”，单击“确定”按钮，如图 5.3.15 所示。

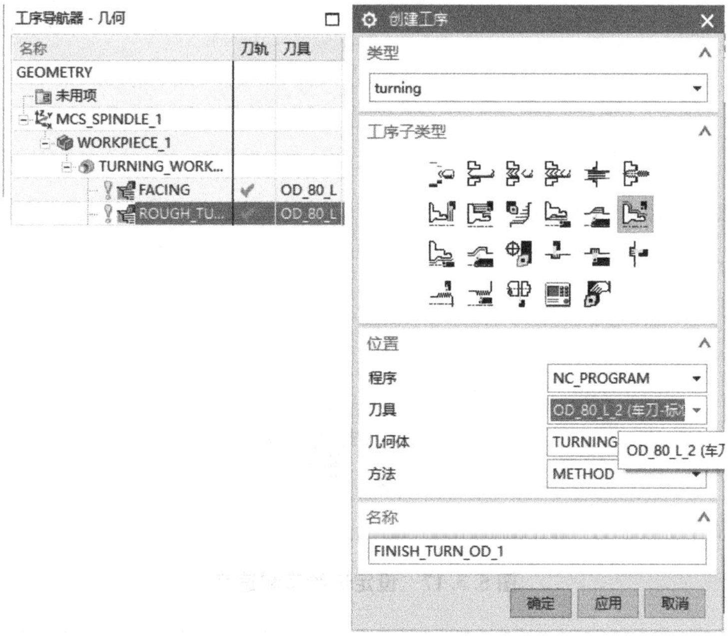

图 5.3.15　设定外径精车工序

②在新弹出的对话框中选择几何体目录下的切削区域图标→轴向修剪平面 1→选择距离 -45.0 mm（设置轴向精车加工长度），切削策略选择全部精加工，如图 5.3.16 所示。

③刀轨设置→与 *XC* 夹角 180°；选择非切削移动→依次设置逼近点→进刀点→退刀点→离开停刀点（具体位置根据部件和毛坯而定），选择进给率和速度→主轴速度设定为 600 r/min，切削速度设定为 120 mm/min，如图 5.3.17 所示。

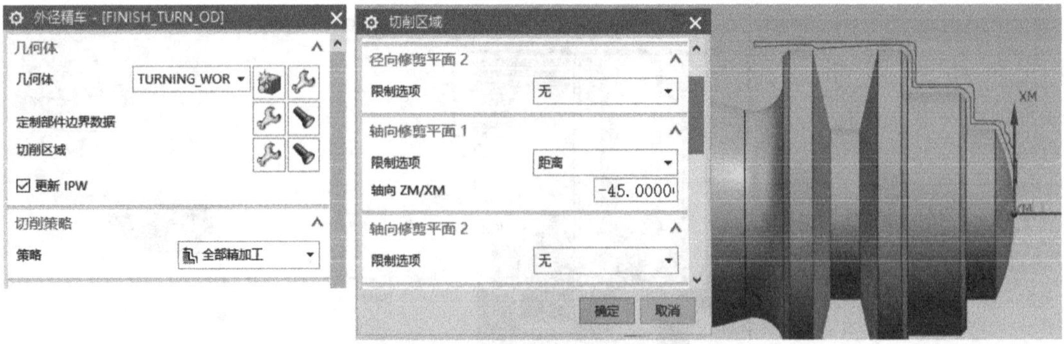

图 5.3.16　设定切削策略为全部精加工

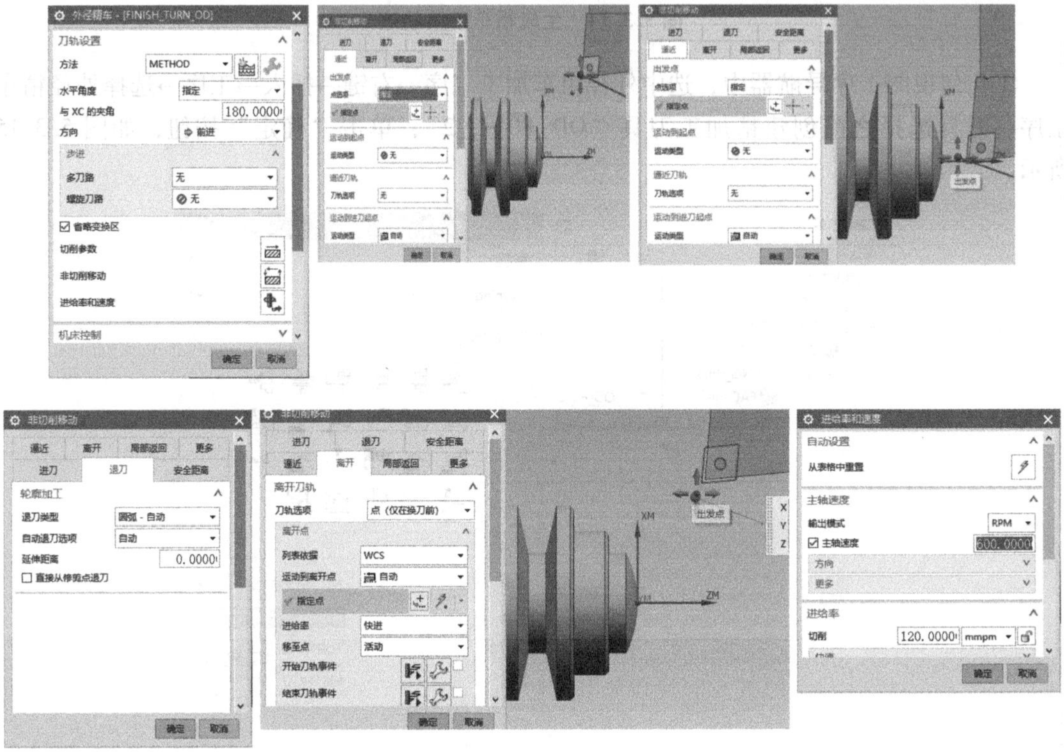

图 5.3.17　设定进给率和速度

④最后选择生成按钮，生成刀路轨迹，选择图标按钮→选择 3D 模拟加工，进行刀路轨迹检查，如图 5.3.18 所示。

（7）外径车槽加工工序。

①几何视图工序导航器中，选中外径精车加工工序→右键→插入→工序→选择外径开槽工序→刀具选择之前创建的 OD_GROOVE_L_1 槽刀，单击“确定”按钮，如图 5.3.19 所示。

②在新弹出的对话框中，切削策略选择交替插削；同时选择几何体目录下的切削区域图标→径向修剪平面 1→径向修剪平面 2→轴向修剪平面 1→轴向修剪平面 2，指定点分别如图 5.3.20 所示。

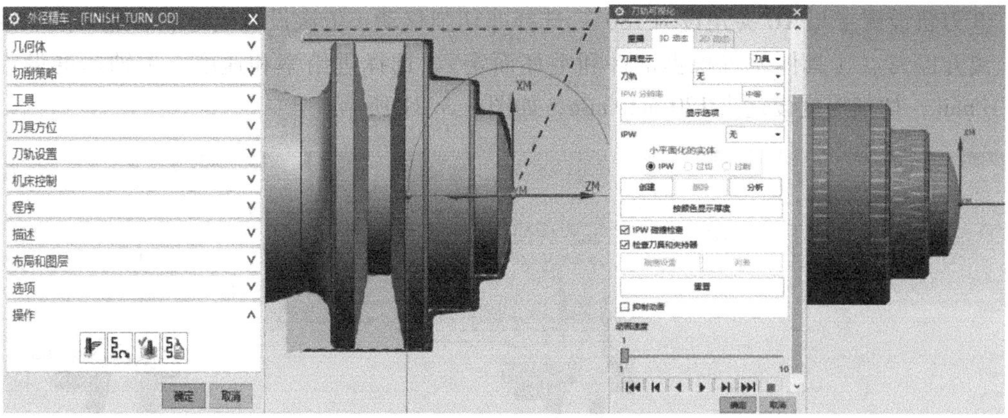

图 5.3.18　生成精车刀路轨迹

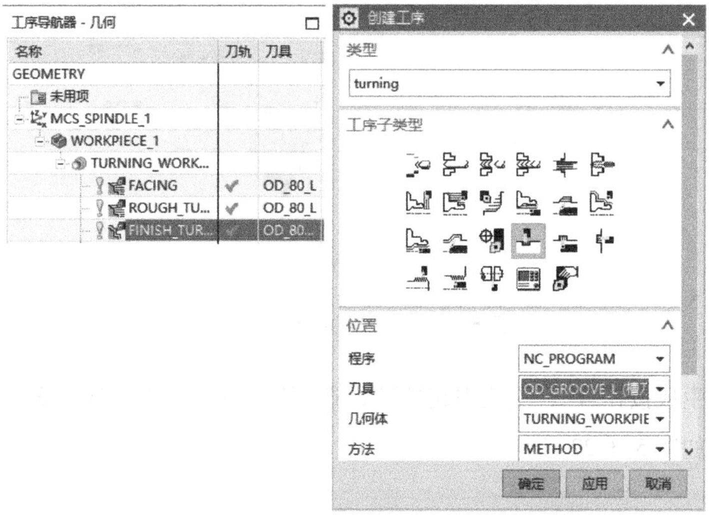

图 5.3.19　设定外径开槽工序

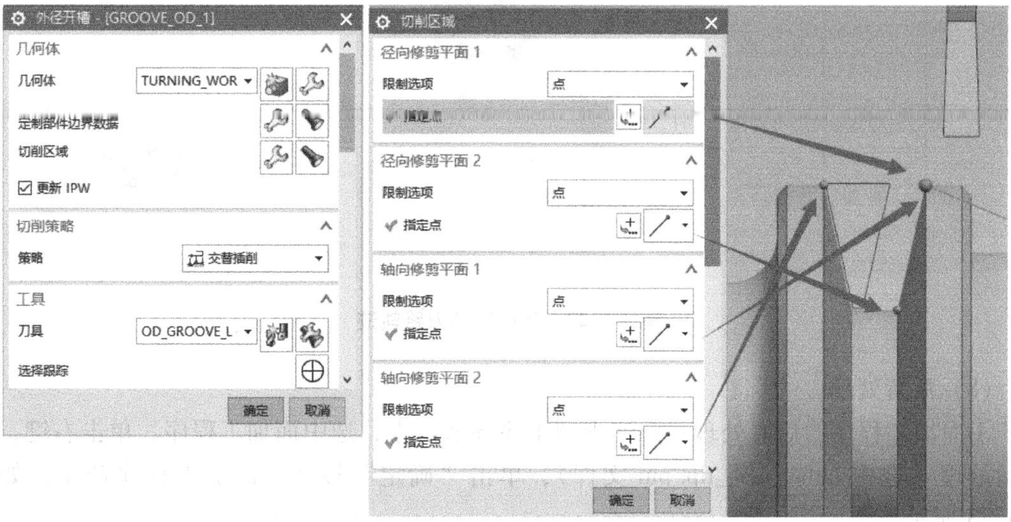

图 5.3.20　设定切削策略为交替插削

③刀轨设置：与 *XC* 夹角设为 180°；选择非切削移动，依次设置逼近点、进刀点、退刀点、离开停刀点（具体位置根据部件和毛坯而定），选择进给率和速度，主轴速度设定为 600 r/min，切削速度设定为 120 mm/min，如图 5.3.21 所示。

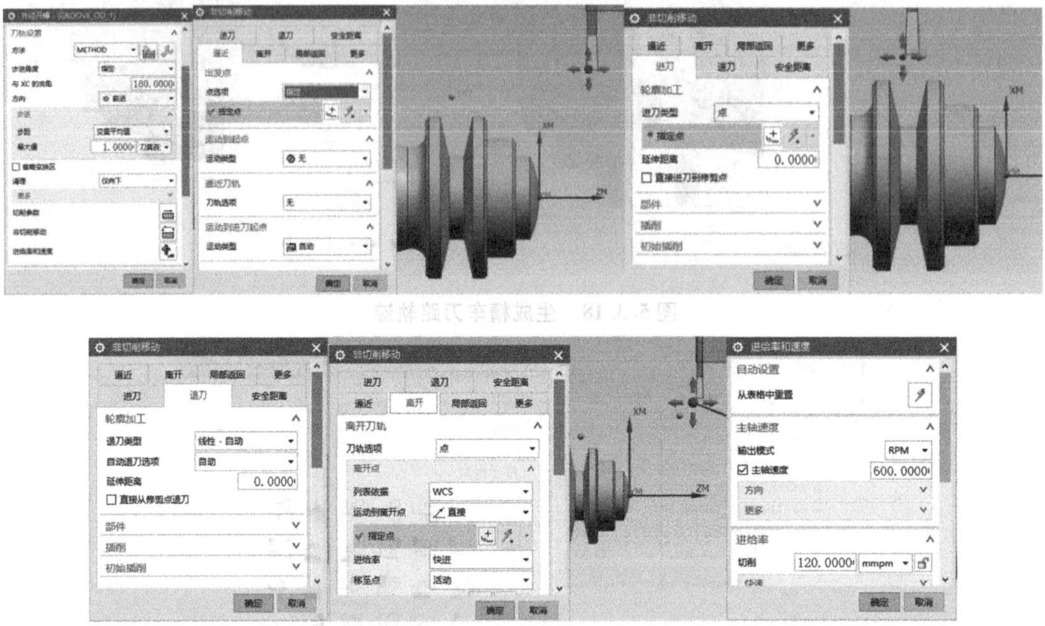

图 5.3.21　设定进给率和速度

④最后选择生成按钮，生成刀路轨迹，选择图标按钮→选择 3D 模拟加工，进行刀路轨迹检查，如图 5.3.22 所示。

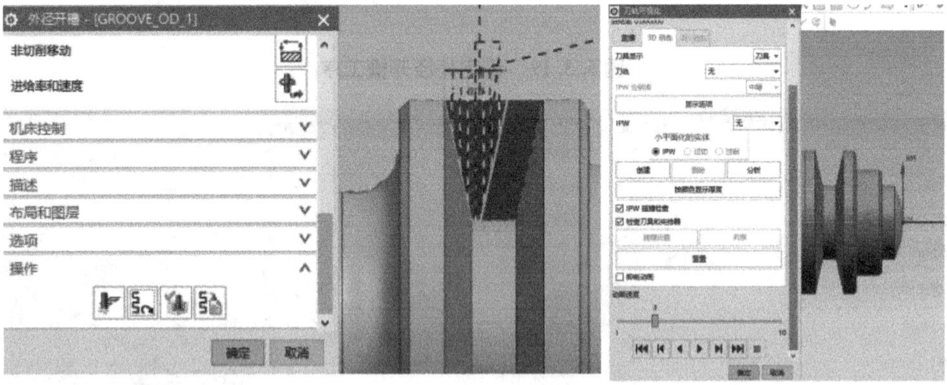

图 5.3.22　生成车槽刀路轨迹

（8）后置处理。

①面加工程序的后置处理：几何视图工序导航器中，选中面加工程序，单击右键，选择后处理（选中 lathe_tool_tip. pui 文件），单击“确定”按钮，面加工程序产生，如图 5.3.23 所示。

②用同样方法可以对外径粗车程序、外径精车程序、外径开槽程序进行后置处理。

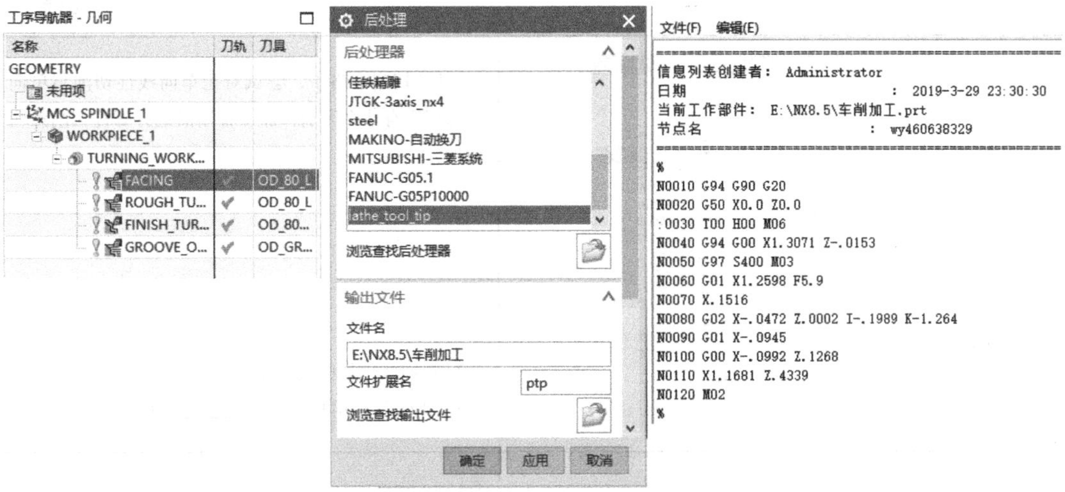

图 5.3.23　后置生成面加工程序

工作页：车削复杂轴

1. 信息、决策与计划

请根据所学知识，尝试加工左 T 槽椭圆轴右端面，如图 5.3.24 所示。要求填写数控车削加工刀具卡、工序卡片；应用 UG 编制数控车削加工程序。

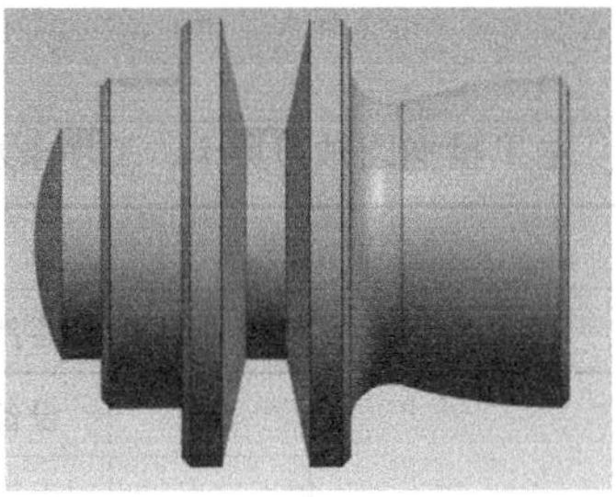

图 5.3.24　左 T 槽椭圆轴模型

根据三维模型特征，分析工艺，讨论并完成表 5.3.2 所示问题。

表 5.3.2　左 T 槽椭圆轴加工技术信息

信息内容（问题）	计算机中查看三维模型，请说明零件外形具有哪些特征。	答：
信息的处理及决策	如图 5.3.24 所示，右端面手工编程用什么循环指令最佳？为什么？	答：

续表

<table>
<tr><td rowspan="2">信息的处理及决策</td><td>
</td><td>1. UG 切削策略中，尝试对比单向线性切削与单向轮廓切削有什么区别？加工右端面选择哪种切削策略最佳？

2. 单向线性切削类似于 G ______指令。
3. 单向轮廓切削类似于 G ______指令。</td></tr>
<tr><td>加工右端面，通常选择几把刀具？
请说明刀具类型和角度？（可参考 UG 刀具管理器）</td><td>答：</td></tr>
</table>

2. 任务实施

请完成左 T 槽椭圆轴零件的数控加工刀具卡、工序卡及加工程序单，补充完善表 5.3.3。

表 5.3.3　左 T 槽椭圆轴刀具卡、工序卡及程序单

<table>
<tr><td colspan="9">数控切削加工刀具卡</td></tr>
<tr><td colspan="2">单位</td><td colspan="2"></td><td>零件名称</td><td>零件图号</td><td colspan="2"></td><td>备注</td></tr>
<tr><td colspan="2" rowspan="4">工件安装定位简图</td><td colspan="2" rowspan="4">（简画装夹示意图）</td><td>车间</td><td>设备名称</td><td colspan="2">设备型号</td><td>设备编号</td></tr>
<tr><td></td><td></td><td colspan="2"></td><td></td></tr>
<tr><td>材料牌号</td><td>毛坯种类</td><td colspan="2">毛坯尺寸</td><td>工序时间</td></tr>
<tr><td></td><td></td><td colspan="2"></td><td></td></tr>
<tr><td>序号</td><td>刀具号</td><td>刀具类型</td><td>刀杆型号</td><td>刀片类型</td><td>刀尖半径</td><td>补偿代号</td><td>换刀方式</td><td>备注</td></tr>
<tr><td></td><td></td><td></td><td></td><td></td><td></td><td></td><td></td><td></td></tr>
<tr><td></td><td></td><td></td><td></td><td></td><td></td><td></td><td></td><td></td></tr>
<tr><td></td><td></td><td></td><td></td><td></td><td></td><td></td><td></td><td></td></tr>
<tr><td></td><td></td><td></td><td></td><td></td><td></td><td></td><td></td><td></td></tr>
<tr><td></td><td></td><td></td><td></td><td></td><td></td><td></td><td></td><td></td></tr>
<tr><td></td><td></td><td></td><td></td><td></td><td></td><td></td><td></td><td></td></tr>
<tr><td></td><td></td><td></td><td></td><td></td><td></td><td></td><td></td><td></td></tr>
</table>

续表

数控车削加工工序卡							
工步	工步内容	刀具名称	主轴转速	进给速度	背吃刀量	余量	备注
车右端面工序：							
车左端面工序：							
数控加工程序单							

3. 检查与评价

填写表 5.3.4。

表 5.3.4　评价表

<table>
<tr><td colspan="2">零件名称</td><td></td><td colspan="2">零件图号</td><td>操作人员</td><td></td><td colspan="2">完成工时</td><td></td></tr>
<tr><td>序号</td><td colspan="2">鉴定项目及标准</td><td>配分</td><td colspan="2">评分标准（扣完为止）</td><td>自检结果</td><td>得分</td><td>互检结果</td><td>得分</td></tr>
<tr><td>1</td><td rowspan="8">任务实施</td><td>几何体的创建</td><td>10</td><td colspan="2">坐标系创建点不符合加工需求扣 2 分</td><td></td><td></td><td></td><td></td></tr>
<tr><td>2</td><td>刀具创建</td><td>10</td><td colspan="2">刀具参数设置不合理扣 2 分/处</td><td></td><td></td><td></td><td></td></tr>
<tr><td>3</td><td>切削策略</td><td>10</td><td colspan="2">策略选择不合理扣 2 分</td><td></td><td></td><td></td><td></td></tr>
<tr><td>4</td><td>刀轨参数</td><td>10</td><td colspan="2">切削深度不符合逻辑扣 2 分；逼近点、起刀点不符合安全原则各扣 2 分</td><td></td><td></td><td></td><td></td></tr>
<tr><td>5</td><td>刀路轨迹</td><td>10</td><td colspan="2">没有生成刀路轨迹扣 2 分/工序</td><td></td><td></td><td></td><td></td></tr>
<tr><td>6</td><td>后置处理</td><td>10</td><td colspan="2">不能对刀路后置处理扣 2 分/工序</td><td></td><td></td><td></td><td></td></tr>
<tr><td>7</td><td>工艺</td><td>10</td><td colspan="2">工艺安排不合理扣 5 分</td><td></td><td></td><td></td><td></td></tr>
<tr><td>8</td><td>机房 6S 管理</td><td>10</td><td colspan="2">发现玩游戏扣 5 分，鼠标、键盘不按要求摆放的扣 2 分/次</td><td></td><td></td><td></td><td></td></tr>
<tr><td>9</td><td>专业知识</td><td>任务单题量完成质量</td><td>20</td><td colspan="2">未完成一道题扣 2 分</td><td></td><td></td><td></td><td></td></tr>
<tr><td colspan="2">合计</td><td></td><td>100</td><td colspan="2"></td><td></td><td></td><td></td><td></td></tr>
</table>

项目6　密封配合短轴组件的加工

学习目标 ○○○

1. 能够理解6S管理的含义及主要思想，根据6S的要求执行现场管理。

2. 能够完成数控车床日常点检表的设计与检查实施，完成数控车床定期和不定期的保养。

3. 能够规范操作数控车床，程序输入，并调试程序，对刀，运行程序加工零件，并达到尺寸公差IT8、表面粗糙度 $Ra1.6\ \mu m$。

4. 能够具备零件读图、制定加工工艺、工夹量刀选择与准备的能力。

5. 能够选择正确的测量工具，进行零件外圆、槽等精度检验。

任务6.1　6S现场管理活动

任务描述

认识车间管理，参与6S现场管理活动，按图6.1.1所示完成张贴现场6S SOP（SOP是Standard Operation Procedure三个单词中首字母大写，即标准作业程序）表格。根据现场6S SOP表格进行规范的现场管理作业，完成6S标准管理点检表，完善数控车床日常点检表。

知识链接：6S现场管理

1. 6S现场管理

“6S管理”由日本企业的5S扩展而来，是现代工厂行之有效的现场管理理念和方法，其作用是：提高效率，保证质量，使工作环境整洁有序，预防为主，保证安全。

6S管理的内容及6个S之间的关系如图6.1.2所示。

整理（Seiri）——将工作场所的任何物品区分为有必要和没有必要的，除了有必要的留下来，其他的都消除掉。目的：腾出空间，空间活用，防止误用，塑造清爽的工作场所。

整顿（Seiton）——把留下来的必要用的物品依规定位置摆放，并放置整齐加以标识。目的：工作场所一目了然，消除寻找物品的时间，整整齐齐的工作环境，消除过多的积压物品。

清扫（Seiso）——将工作场所内看得见与看不见的地方清扫干净，保持工作场所干净、亮丽的环境。目的：稳定品质，减少工业伤害。

___ 6S标准作业指导书

版本	A0	部门	加工课		区域	流水线、设备配备、工具	编制	
操作工具	拖把、扫把、麻布、刀子、斑马线、油漆	协助单位	管理部	主管	作业名称	6S之设备	审核	
					工序编号	G01	批准	

一、图片说明

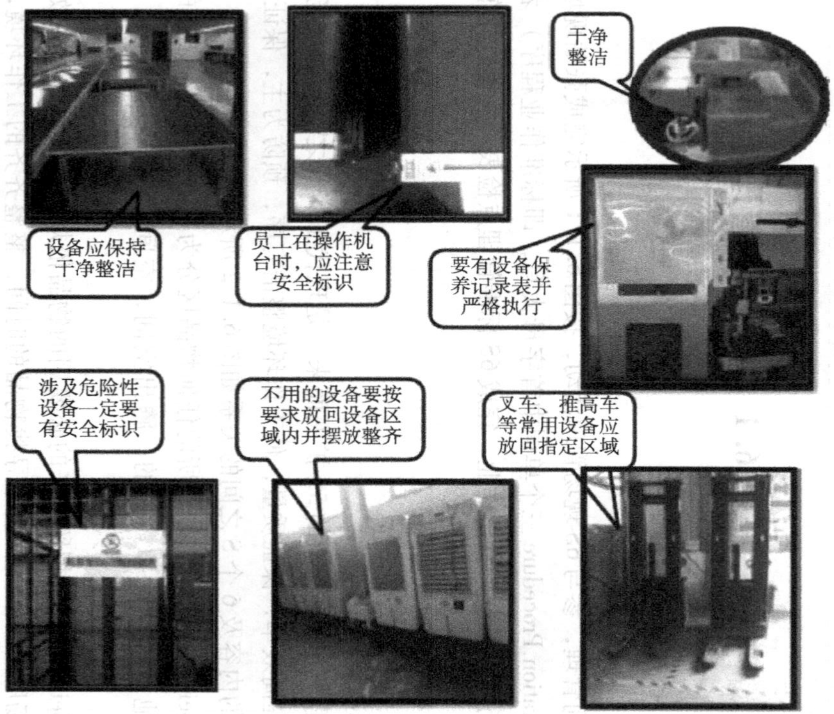
设备应保持干净整洁
员工在操作机台时，应注意安全标识
干净整洁
要有设备保养记录表并严格执行
涉及危险性设备一定要有安全标识
不用的设备要按要求放回设备区域内并摆放整齐
叉车、推高车等常用设备应放回指定区域

二、操作说明	三、频率
1.非自身操作的机器、设备或未经主管授权操作的机器设备一律不得擅自进行操作。	1次/天
2.建立机器、设备的责任保养制度（包括机器、设备的一级保养、二级保养制度），并定期检查机器、设备润滑系统、油压系统、空压系统、电气系统等；每一台设备都要有保养记录，设备使用者及管理者均需作明确标示。	1次/月
3.建立机器、设备的操作指导书，要求所有人员按规定机器、设备进行操作，并扫除一切异常现象。	1次/月
4.生产现场、各车间的设备摆放需整齐、干净。	1次/天
5.不可有短期内（两周内）不使用的设备存放于生产现场各车间，如有则需以“待修理”或“计划停机”等设备状态标牌进行标识。	1次/天
6.检查电器控制开头坚固螺丝，检查指示灯、转轴等部位是否完好；对需要防锈保护或需要润滑的部位，要按照规定及时加油保养。	1次/月
7.非指定的工作人员不得开动马达及其他电动机械、设备，如遇有故障或不正常的情况，应立即通知有关部门进行处理。	1次/天

四、注意事项
1.人人都必须严格遵守公司的规章制度。
2.工作人员不许搭乘吊车或起动车辆悬吊或搬移物品的电梯。
3.当有突发状况时，应立即通知部门主管。
4.人走断电。

图 6.1.1　数控车间 6S SOP 表

▶ 6个S之间的关系

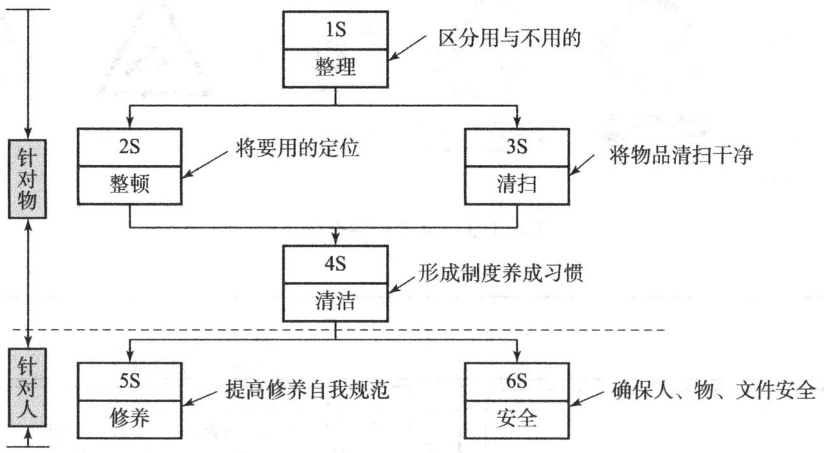

图 6.1.2　6S 管理内容及 6 个 S 之间的关系

清洁（Seiketsu）——将整理、整顿、清扫进行到底，并且制度化，经常保持环境处在美观的状态。目的：创造明朗现场，维持上面 3S 成果。

素养（Shitsuke）——每位成员养成良好的习惯，并遵守规则做事，培养积极主动的精神（也称习惯性）。目的：培养有好习惯、遵守规则的员工，营造团队精神。

安全（Security）——重视成员安全教育，每时每刻都有安全第一观念，防患于未然。目的：建立起安全生产的环境，所有的工作应建立在安全的前提下。

用以下简短语句来描述 6S，也能方便记忆：

整理：要与不要，一留一弃；

整顿：科学布局，取用快捷；

清扫：清除垃圾，美化环境；

清洁：清洁环境，贯彻到底；

素养：形成制度，养成习惯；

安全：安全操作，以人为本。

2. 安全识别

安全识别主要是利用颜色来刺激人的视觉，以达到警示的目的，并作为行动的判断标准，起到危险预知的作用。其中，安全色彩是一种必要的手段。通常，红色表示禁止、停止、消防和危险。蓝色表示指令以及必须遵守的规定。黄色表示警告、注意。绿色表示提示、安全状态、通行。此外，还可以利用安全标志，即由安全色、边框和以图像为主要特征的图形符号或文字构成的标志。安全标志分为禁止标志、警告标志、命令标志和提示标志四大类，如图 6.1.3 所示。

相应的岗位风险告知卡如图 6.1.4 所示。

3. 文明生产与安全操作规程

1）文明生产的要点

操作机床要穿工作服、安全鞋，并戴上安全帽及防护镜，不允许戴手套操作数控机床，

图 6.1.3　常见的安全标识

<table>
<tr><td colspan="3">岗位风险告知卡
班组：数控加工组
岗位：数控操作</td></tr>
<tr><td>风险点名称：数控加工
风险等级：四级
管控责任人：***
岗位操作者：</td><td>危险因素</td><td>1.更换刀具或工件未拿好坠落伤人；
2.进入设备内部未设置警示措施导致意外受伤；
3.设备漏油或切削液导致地面湿滑，跌倒摔伤；
4.加工过程中测量，引起机械伤害；
5.脚踏板损坏或加工过程打闹,导致人员绊倒或摔伤；
6.电器漏电或接地不良触电；
7.误操作设备导致发生意外事故。</td></tr>
<tr><td rowspan="2"></td><td>应对措施</td><td>1.拟定加工方案，准备相应工具，工件装夹牢固；
2.换车刀时保证车刀完好，与程序编写刀号一致，并进行远距离试车；
3.开车后无任何报警信息，防护门关闭，严禁靠在门上，或在车床附近打闹，严禁用手直接清除车屑；
4.作业开始时，倍率开关打到零位，逐步松开，观察程序与刀具轨迹的统一情况，确认无误再按正常进给自动走刀，限位挡块牢固；
5.启动程序加工前，进行远距离磨损设置，核实刀偏，设置单步，确认无误，再正常操作。</td></tr>
<tr><td colspan="2">导致后果：机械伤害　触电</td></tr>
</table>

图 6.1.4　岗位风险告知卡

也不允许扎领带。开车前，应检查数控机床各部件机构是否完好、各按钮是否能自动复位。开机前，操作者应按机床使用说明书的规定给相关部位加油，并检查油标和油量。不要在数控机床周围放置障碍物，工作空间应足够大。换保险丝之前应关掉机床电源，千万不要用手去接触电动机、变压器、控制板等有高压电源的场合。一般不允许两人同时操作机床。但某项工作如需要两个人或多人共同完成时，应注意相互将动作协调一致。开机操作前应熟悉数控机床的操作说明书，数控车床的开机、关机顺序，一定要按照机床说明书的规定操作。每次电源接通后，必须先完成各轴的返回参考点操作，然后再进入其他运行方式，以确保各轴坐标的正确性。车床在正常运行时不允许打开电气柜的门。手动对刀时，应注意选择合适的进给速度；手动换刀时，刀架距工件要有足够的转位距离而不至于发生碰撞。加工过程中，如出现异常危机情况可按下“急停”按钮，以确保人身和设备的安全。工作时更换刀具、工件、调整工件或离开机床时必须停机。

2）操作机床前的要点

车床工作开始工作前要有预热，认真检查润滑系统工作是否正常，如机床长时间未开动，可先采用手动方式向各部分供油润滑；使用的刀具应与机床允许的规格相符，有严重破损的刀具要及时更换；调整刀具所用工具不要遗忘在机床内；刀具安装好后应进行一两次试切削。检查卡盘夹紧工作的状态。了解和掌握数控机床控制和操作面板及其操作要领，将程序准确地输入系统，并模拟检查、试切，做好加工前的各项准备工作。正确地选用数控车削刀具，安装零件和刀具要保证准确牢固。了解零件图的技术要求，检查毛坯尺寸、形状有无缺陷。选择合理的安装零件方法。

3）操作机床时的要点

学生必须在操作步骤完全清楚时进行操作，遇到问题立即向教师询问，禁止在不知道规程的情况下进行尝试性操作，操作中如机床出现异常，必须立即向指导教师报告。手动回原点操作时，注意机床各轴位置要距离原点 -100 mm 以上，机床回原点顺序为：首先 +X 轴，其次 +Z 轴。禁止用手接触刀尖和铁屑，铁屑必须用铁钩子或毛刷来清理；禁止用手或其他任何方式接触正在旋转的主轴、工件或其他运动部位；使用手轮或快速移动方式移动各轴位置时，一定要看清机床 X、Z 轴各方向“+”“-”标示后再移动。移动时先慢转手轮观察机床移动方向无误后方可加快移动速度。机床运转中，操作者不得离开岗位，发现机床异常现象应立即停车；开始切削加工之前与加工过程中，一定要关好防护门，程序正常运行中严禁开启防护门。机床在工作中发生故障或不正常现象时应立即停机，保护现场，同时立即报告现场负责人。严禁在卡盘上、顶尖间敲打、矫直和修正工件，必须确认工件和刀具夹紧后方可进行下步工作。

4）操作机床后的要点

清除切屑、擦拭机床，使机床与环境保持清洁状态；检查润滑油、冷却液的状态，及时添加或更换；依次关掉机床操作面板上的电源和总电源；机床附件和量具、刀具应妥善保管，保持完整与良好；实训完毕后应清扫机床，保持清洁，将尾座和拖板移至床尾位置，并切断机床电源。

4. 数控车床的日常维护与保养

1）外观保养要点

每天做好机床清扫卫生，清扫铁屑，擦干净导轨部位的冷却液。下班时所有的摩擦面抹上机油，防止导轨生锈；每天注意检查导轨、机床防护罩是否齐全有效；每天检查机床内外有无磕、碰、拉伤现象；定期清除各部件切屑、油垢，做到无死角，保持内外清洁，无锈蚀。

2）主轴的维护要点

在数控车床中，主轴是最关键的部件，对机床的加工精度起着决定性作用。它的回转精度影响到工件的加工精度。主轴部件机械结构的维护主要包括主轴支承、传动和润滑等。定期检查主轴支承轴承，调整轴承预紧力，调整游隙大小，检查主轴轴向窜动误差。发现轴承拉伤或损坏应及时更换；定期检查主轴润滑恒温油箱，及时清洗过滤器，更换润滑油等，保证主轴有良好的润滑；定期检查齿轮变速箱，检查调整齿轮啮合间隙，及时更换破损齿轮；定期检查主轴驱动皮带，应及时调整皮带松紧程度或更换皮带。

3）滚珠丝杠螺母副的维护要点

滚珠丝杠传动有传动效率高、传动精度高、运动平稳、寿命长以及可预紧消除间隙等优点，因此在数控车床上应用广泛。其日常维护保养包括以下几方面：

定期检查滚珠丝杠螺母副的轴向间隙，一般情况下可以用控制系统自动补偿来消除间隙。数控车床滚珠丝杠副采用双螺母结构，当间隙过大时，可以通过双螺母预紧消除间隙；定期检查丝杠防护罩，防止尘埃和切屑黏结在丝杠表面，影响丝杠使用寿命和精度。发现丝杠防护罩破损应及时维修和更换；定期检查滚珠丝杠副的润滑，采用润滑脂润滑每半年更换一次，采用润滑油的丝杠副，可在每次机床工作前加油一次；定期检查支承轴承，应定期检查丝杠支承轴承与机床连接是否有松动，以及支承轴承是否损坏等，要及时紧固松动部位并更换支承轴承；定期检查伺服电动机与滚珠丝杠之间的连接，伺服电动机与滚珠丝杠之间的连接必须保证无间隙。

4）导轨副的维护要点

导轨副是数控车床重要的执行部件，常见的有滑动导轨和滚动导轨。主要维护内容包括：

检查各轴导轨上镶条、压紧滚轮与导轨面之间有无合理间隙。根据机床说明书调整松紧状态，间隙调整方法有压板调整间隙、镶条调整间隙和压板镶条调整间隙等。注意导轨副的润滑，降低运动摩擦，减少磨损，防止导轨生锈。根据导轨润滑状况及时调整导轨润滑油量，保证润滑油压力，保证导轨润滑良好。经常检查导轨防护罩，防止切屑、磨粒或冷却液散落在导轨面上引起磨损、擦伤和锈蚀。发现防护罩破损应及时维修和更换。

5）保养的工作说明

一个工作日或一个班次结束后，应由机床操作者对机床进行定期保养。专业人员的保养要求具备详细准确的工作说明。这种说明可包含在机床的保养和检查计划中，如图 6.1.5 所示为一个加工中心的保养和检查计划。

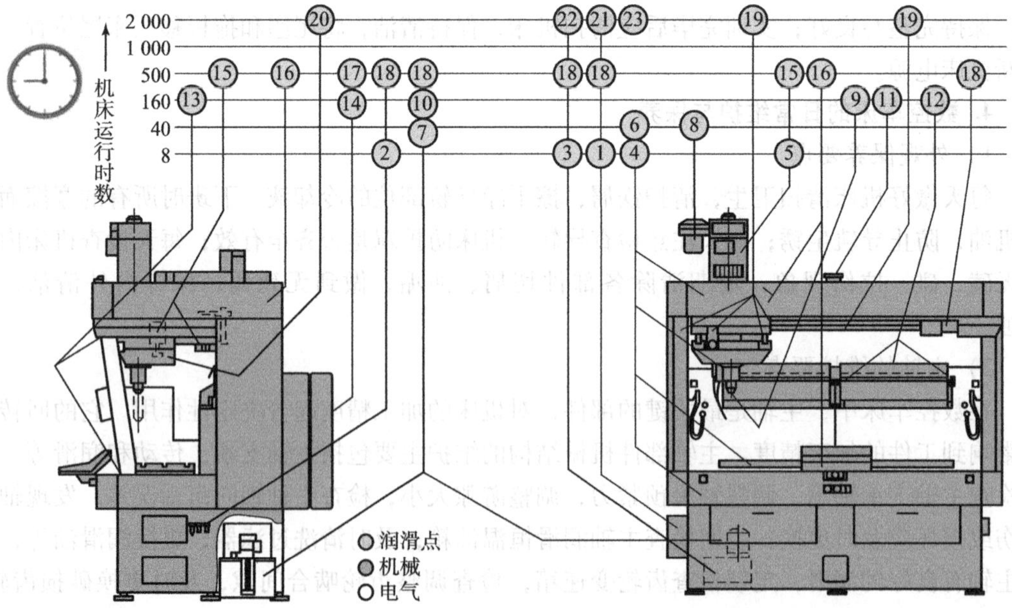

图 6.1.5　一个加工中心的保养和检查计划

正常的保养和检查周期应在机床运行 8 h、40 h、500 h 和 2 000 h 后进行（表 6.1.1）。

这意味着每8个运行小时后必须执行一次保养表所列举的保养工作，40个运行小时后需增加相应的保养工作，以此类推。

表6.1.1　一个加工中心的保养工作

保养的时间点	所需做的工作（带圆圈的编号，参见上页图6.1.5）
8个运行小时后（每天单班运行时）	–检查中央润滑系统的润滑油位①、气动保养单元②和液压系统③，必要时补充润滑油； –一般性清洁机床，尤其是加工区域和导轨面的切屑和冷却润滑材料的残留物④； 检查驱动电机的运行噪声和温升状况④
40个运行小时后（每周单班运行时）	–彻底清洗整台机床，尤其是终端开关、导轨面、盖板观察窗口、运行部件⑥； –清空和清洗储屑槽并清洗冷却润滑材料系统的过滤网⑦； –检查电动机冷却风扇的过滤网，清洗，必要时更换⑧
160个运行小时后（每月单班运行时）	–检查机械零件的功能状况，如刀架⑨； –更新冷却润滑材料⑩，检查导轨和钢球丝杠表面润滑油膜的形成状况； –给冲杆⑪、刀库⑫和推拉门导轨⑬涂油； –检查并清洗风扇电动机⑭
500个运行小时后（每季单班运行时）	–检查、清洗或更新电动机的炭刷和集电器⑮； –检查限位开关和急停开关的功能状况⑯； –检查保护触点的熔损状况以及熔断器（在电控柜内）⑰； –检查液压系统、冷却润滑系统和润滑系统的软管接头状况⑱
2 000个运行小时后（每年单班运行时）	–检查导轨表面润滑油膜的形成状况⑲，必要时重新调整； –检查齿形带驱动，重新张紧⑳； –更换中央润滑系统㉑的润滑油和液压系统㉒的液压油； –更换磨损件㉓

6）制作文件资料和记要

在实际工作中，维护、检查和保养常常与检查一起执行。机床和设备的制造商不承诺任何保养工作时不遵守保养周期方面强制性规定或使用错误润滑材料而造成损伤的保证。所有已执行的保养工作和所出现的故障必须在运行日志中详细记载，或记录在保养表中，如图6.1.6所示。已执行的保养工作和所使用的辅助材料以及已更换的零件都必须在相关文件上记录，并由保养人员签字。

工作页：6S现场管理

（1）学习安全操作规程与车间管理规定。数控车床是自动化程度高、结构复杂、价格昂贵的现代化加工设备。操作者除了应掌握数控车床的性能，并能管好、用好数控车床外，还应遵循数控车床的操作规程，保障人身和设备的安全。请认真阅读以下两份数控车床安全操作及文明生产的责任书，并以实施责任人身份签字。

设备名称：________ 型号：________ 设备编号：________ 所属车间：________ 点检时间：____年__月

点检项目	主要点检内容	点检方法	标准	点检状态记录
电气	1.操作面板各按钮是否完整	看、试	动作正常	OK[ ] NO[ ]
	2.电动机运行声音是否正常	听	无异响	OK[ ] NO[ ]
	3.电动机温升是否正常	摸	常温（55 ℃以下）	OK[ ] NO[ ]
	4.系统是否异常	看	无异警	OK[ ] NO[ ]
	5.冷却风扇运行是否正常	手感应	有风流动感	OK[ ] NO[ ]
液压	1.液压站总压力	看	35~45 kg.f[①]/cm²	OK[ ] NO[ ]
	2.拉爪油压表	看	16~25 kg.f[①]/cm²	OK[ ] NO[ ]
	3.液压油箱油位	看	在油标上下限位之间	OK[ ] NO[ ]
	4.各油管、电磁阀、油缸是否有漏油	擦拭、看	无溢出	OK[ ] NO[ ]
润滑	1.润滑油位	看	在油标上下限位之间	OK[ ] NO[ ]
	2.各滑动导轨是否有润滑油	手摸	有油膜	OK[ ] NO[ ]
机械	1.刀具工装是否有松动	动手紧固	无松动	OK[ ] NO[ ]
	2.丝杠进给是否异常	听、试	无异声、产品无跳丝	OK[ ] NO[ ]
	3.排屑机构是否正常	看运转	无停顿、卡链	OK[ ] NO[ ]
	4.刀塔机构是否正常	试	刀塔、刀位无误	OK[ ] NO[ ]
	5.主轴机构是否异常	听、看	无异声、产品无跳丝	OK[ ] NO[ ]
清洁	1.设备外表是否清洁	手摸	无油污灰尘	OK[ ] NO[ ]
	2.设备铝屑是否清理干净	看	无铝沫	OK[ ] NO[ ]
	3.冷却风扇过滤网是否清理干净	气吹	无灰尘	OK[ ] NO[ ]
	4.现场是否有三漏	擦拭、看	无溢流	OK[ ] NO[ ]
安全	1.程序、刀补、磨耗是否正确	试运行	无异常	OK[ ] NO[ ]
	2.工装 、刀具选择是否合理	实际检查	与工艺卡一致	OK[ ] NO[ ]
	3.产品偏距、规格是否相符	实际测量	与工艺卡一致	OK[ ] NO[ ]

设备正面图

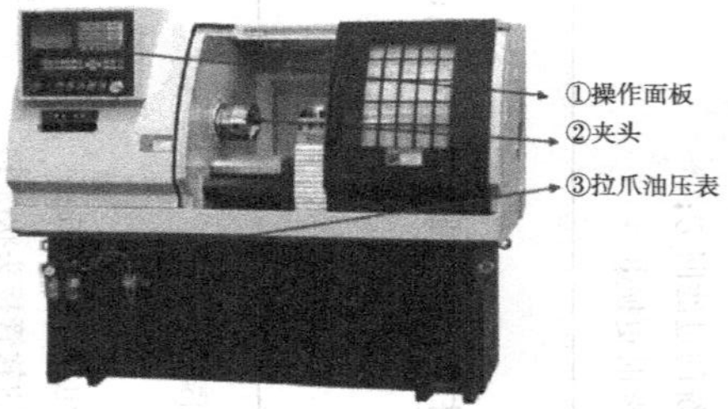

设备背面图

⑦坚固部位示意（机械1）

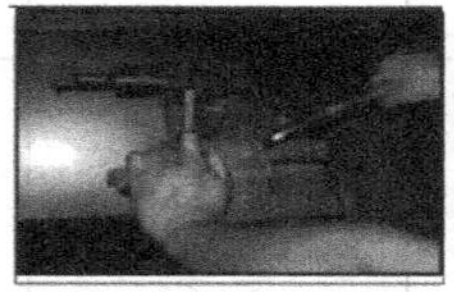

⑧导轨润滑示意（润滑2）

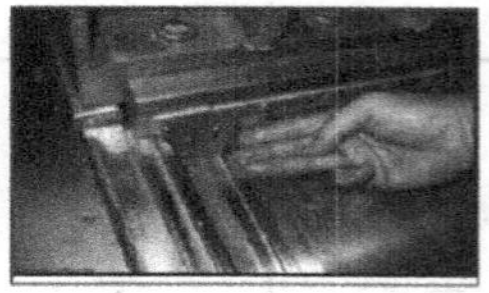

①操作面板（电气1）

②拉爪油压表（液压2）

③背面及侧面冷却风扇过滤网（清洁3）

④润滑油箱（润滑1）

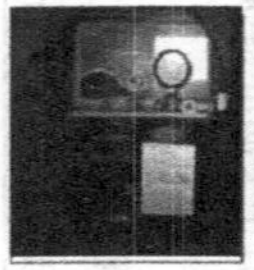

⑤液压站总压力表（液压1）

⑥液压油箱油位（液压3）

① 1kgf=9.8 N。

图 6. 1. 6　数控车床日点检表

数控车床安全操作责任书

一、数控系统编程、操作和维修人员必须经过专门的技术培训，熟悉所用数控车床的使用环境、条件和工作参数，严格按机床和系统的使用说明书正确、合理地操作机床。

二、机床开动前正确穿戴好劳动保护用品，加油润滑机床，并做低速空载运转2~3 min。认真检查刀具与机床允许的规格是否相符，各部件和卡盘夹紧的工作状态。严禁戴手套操作机床。

三、数控机床的开机、关机顺序，一定要按照说明书的规定操作。某一项工作如需要两人或多人共同完成时，应注意相互间的协调一致。

四、在每次电源接通后，必须先完成各轴返回参考点操作。车床先回 X 轴，再回 Z 轴。

五、主轴启动、开始切削之前，一定要关好防护门，程序正常运行中严禁开启防护门。

六、机床在正常运行时不允许打开电气柜的门，并应观察加工运行情况，遇到问题要及时处理和解决。

七、加工程序必须经过严格检验方可进行自动运行加工操作。在加工过程中，如出现异常紧急情况，可按下“急停”按钮，以确保人身和设备的安全。

八、机床出现故障，操作者要注意保留现场，并向维修人员如实说明事故发生前后的情况，以利于故障追溯。

九、不得随意更改数控系统内部由制造厂设定的参数，并及时做好备份。

十、做好数控机床的清洁、润滑和保养工作。

数控车工文明实训责任书

一、操作数控车床前应穿好工作服，扣紧袖口，戴好工作帽及防护镜，女同志的发辫要塞入工作帽内；严禁穿凉鞋、拖鞋上岗；严禁戴手套操作机床。

二、严禁任意拆卸和移动车床上的保险及安全防护装置。

三、严禁在数控车床周围放置障碍物，应使工作空间足够大。

四、严格遵守数控车床安全操作规程，掌握数控车床操作顺序及性能。

五、车床运转过程中，操作者严禁离开工作岗位，严禁做与操作无关的事情；禁止在车床间往来穿梭。

六、严禁在工作台上放置工具、量具及其他物件工件，严禁将机油等润滑物泼洒在地面上，以防人员跌倒，发生意外。严禁用手摸或棉纱擦拭正在转动的刀具和机床转动部位；清除铁屑时，只允许用毛刷，禁止用嘴吹。

七、拆卸和安装较重的工件时应采用专门的起重设备。

八、严禁在卡盘上、顶尖间用敲打的方法进行工件的校直和修正工作。

九、严禁用汽油、消毒过的烃类化合物，或者其他易燃、有毒的清洁剂清洗设备。

十、车间内禁止吸烟、打闹、玩手机。

在本学期《数控加工技术》实训中，自愿执行以上责任书的要求，做好自我安全防护！

签　名：

（2）实训操作安全文明生产认知。

①两人协同操作数控机床完成工件的加工时，请写出如何进行相互间的协调一致，安全

操作的两点建议。

②机床开始前要有预热，请解释原因。

③机床刀具安装使用前应注意哪些问题？（至少写出两项）

④测量工件时应注意哪些问题？（至少写出两项）

⑤数控机床外观保养要点有哪些？（至少写出三项）

（3）请参照图 6. 1. 1 数控车间 6S SOP 表，组织指定小组，完成日 6S 管理检查整改任务，填写表 6. 1. 2 所示 6S 管理点检表。（该项用于实训项目实施全部过程中，考核权重 0. 3）

表 6. 1. 2　6S 管理点检表

日期 内容项											合计
防护用品穿戴											
工具工件摆放											
量具摆放清理											
机床清理维护											
地面卫生清理											
工具橱清理清洁											
日统计 6S 得分											
注：1. 组内每次实训指定专人（或组长）抽查其他组，有违规现象，每次扣 10 分。 2. 评分标准 10 或 0 分，每内容项评 10 分。 3. 总分数除以系数 0. 6 等于成绩。										总分 = Σ 评分/内容项数	
										成绩 = 总分/0. 6	

(4) 请作为数控机床操作人员，依据教材中关于《数控机床的维护与保养》的要求，完善表6.1.3所示《数控车床日常点检表》，以利于操作机床时使用；当操作数控机床加工零件时，请按此表进行机床检查，完成机床保养，并填表，保存检查记录。

表6.1.3　数控车床日检表

<table>
<tr><td>小组号：</td><td>资产编号</td><td colspan="2"></td><td colspan="4">设备型号：</td><td colspan="2">班组长</td><td colspan="2"></td><td colspan="2">操作者</td><td colspan="2"></td></tr>
<tr><td colspan="2">检查日期
点检内容</td><td></td><td></td><td></td><td></td><td></td><td></td><td></td><td></td><td></td><td></td><td></td><td></td><td></td><td></td></tr>
<tr><td colspan="2">工作前准备检查：
1.
2.
3.</td><td></td><td></td><td></td><td></td><td></td><td></td><td></td><td></td><td></td><td></td><td></td><td></td><td></td><td></td></tr>
<tr><td colspan="2">工作过程中的安全检查：
1.
2.
3.</td><td></td><td></td><td></td><td></td><td></td><td></td><td></td><td></td><td></td><td></td><td></td><td></td><td></td><td></td></tr>
<tr><td colspan="2">工作完成后养护检查：
1.
2.
3.</td><td></td><td></td><td></td><td></td><td></td><td></td><td></td><td></td><td></td><td></td><td></td><td></td><td></td><td></td></tr>
<tr><td colspan="2">交班问题记录</td><td colspan="14"></td></tr>
<tr><td colspan="2">检查方法：看、试、听</td><td colspan="3">检查周期：每天</td><td colspan="11" rowspan="2">重大问题处理意见：</td></tr>
<tr><td colspan="5">记录符号：正常“√”；不正常：“×”；已处理：“*”</td></tr>
</table>

任务 6.2　密封配合短轴的加工与客户移交

任务描述

如图 6. 2. 1 所示的密封配合短轴，请阅读图纸，完成相关零件的工艺计划编制，实施加工任务。

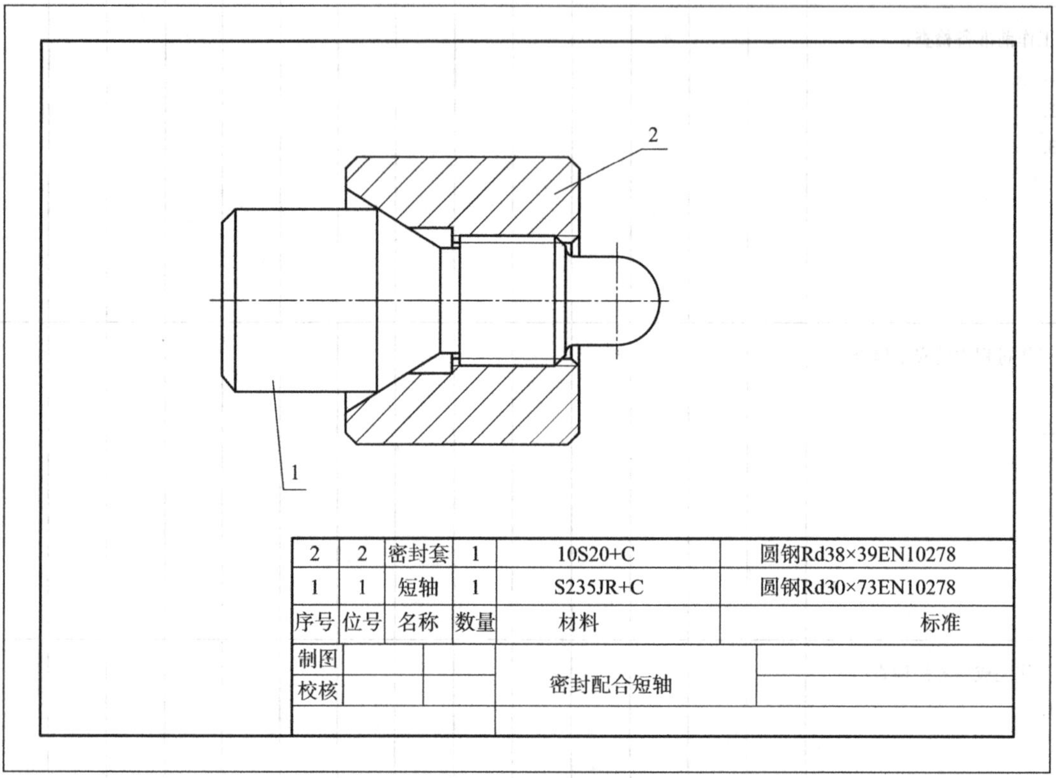
2
1
2 | 2 | 密封套 | 1 | 10S20+C | 圆钢Rd38×39EN10278
1 | 1 | 短轴 | 1 | S235JR+C | 圆钢Rd30×73EN10278
序号 | 位号 | 名称 | 数量 | 材料 | 标准
制图
校核
密封配合短轴

图 6. 2. 1　密封配合短轴

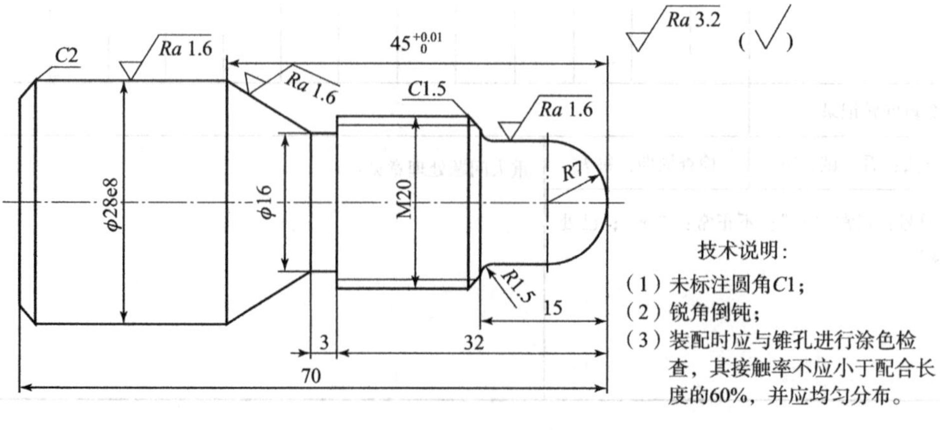

（1）未标注圆角C1；
（2）锐角倒钝；
（3）装配时应与锥孔进行涂色检查，其接触率不应小于配合长度的60%，并应均匀分布。

图 6. 2. 2　密封短轴

工作页：车削密封配合短轴

1. 读图学习

认真阅读密封配合短轴装配图及密封短轴零件图，认真学习制图、材料、公差等知识，完成以下作业任务：

（1）若密封套的直径为38 mm，总长度为37 mm，请按2∶1 的比例，设计并画出其零件图。

（2）完成表6.2.1 所示密封短轴零件材料分析的空白内容。

①说明密封配合短轴配合件两材料 S235JR + C、10S20 + C 按德国标准命名中各代号的含义。

②并查表按德国标准 DIN EN10278 选择毛坯。

③若以下6 m 规格的棒料以600 元/根价格买进，锯条宽度为2 mm，请计算本班材料成本，将结果填写在表6.2.1 中。

表6.2.1　密封短轴零件材料分析

零件材料命名	命名中代号含义	毛坯选择	本次实训材料成本
S235JR + C			
10S20 + C			

（3）查表确定极限尺寸，并填表6.2.2。

表6.2.2　密封短轴零件尺寸公差分析

零件尺寸	最大极限尺寸	最小极限尺寸	公差
ϕ28e8 mm			
32 mm			
70 mm			

（4）请解释：密封配合短轴零件图中，右上角表面粗糙度是如何要求的。

（5）图纸技术要求锥面接触面不少于60%，并均匀分布。请解释一下该技术要求，并请设计出相应的检测方法。

（6）阅读密封短轴零件图，请解释图中3 mm宽的螺纹退刀槽的作用。

（7）如果加工该密封短轴M20的螺纹，请给出切入空刀行程量L_1与切出空刀行程量L_2。

2. 任务计划

（1）请按表6.2.3、表6.2.4、表6.2.5所示表格，设计、填写密封短轴数控加工工艺方案。

①进行零件工艺分析：重点进行结构分析、尺寸分析和表面粗糙度分析。

②制定机械加工工艺方案：重点确定生产类型，拟订工艺路线，设计数控车削加工工序。

③编制数控技术文档，填写并完成以下系列工艺过程卡、工序卡和刀具调整卡。

表6.2.3　密封短轴机械加工工艺过程卡

机械加工工艺过程卡		产品名称	零件名称	零件图号	材料	毛坯规格
工序号	工序名称	工序简要内容	设备型号	工艺装备		工时
编制		审核		批准		共　页　第　页

表6.2.4　密封短轴数控加工工序卡

数控加工工序卡					产品名称		零件名称	零件图号
工序号	程序号	材料	数量	夹具名称			使用设备	车间
工步号	工步内容	切削用量				刀具		量具
		v_f/(m·min^{-1})	n/(r·min^{-1})	f/(mm·r^{-1})	a_p/mm	编号	名称	
编制		审核		批准		共　页		第　页

表 6.2.5 数控车床刀具调整卡

数控车床刀具调整卡		产品名称或代号				零件图号	
		零件名称					
设备名称			设备型号		程序号		
基本材料		硬度		工序名称		工序号	
序号	刀号	刀具名称	刀具参数			刀补地址	
			刀片	刀尖半径	刀杆规格	半径	形状
编制		审核	批准			共　页	第　页

（2）请编写密封短轴的数控加工程序，并将其所有程序填写在表 6.2.6 中。

表 6.2.6 密封短轴数控加工程序单

数控加工程序单				产品名称	零件名称	零件图号
工序号	程序号	材料	数量	夹具名称	使用设备	设备型号
编制		审核		批准		共　页　第　页

续表

数控加工程序单				产品名称	零件名称	零件图号
工序号	程序号	材料	数量	夹具名称	使用设备	设备型号

编制		审核		批准		共　页	第　页

（3）螺纹加工中的走刀次数和进刀量（背吃车量）会直接影响螺纹的加工质量，请解释如何选择走刀次数及进刀量，以保证螺纹加工质量。

（4）在车螺纹期间进给速度倍率、主轴速度倍率无效，车螺纹期间不要使用恒表面切削速度控制（G96），请解释原因。

（5）如果加工密封套的内螺纹，请查阅相关资料，计算加工前的底孔直径。

3. 任务实施

请翻阅教材及相关资料回答以下问题：

（1）请叙述机床正确开机、关机的顺序。

开机：

关机：

（2）启动机床，回零操作中应注意哪些事项？（请写出至少一项）

（3）请叙述用手动进行预热操作的步骤，并解释为何要进行预热操作。

（4）程序输入后，对刀前要进行程序空运行，请简述如何进行空运行操作。

（5）程序验证完成，要进行试切对刀，请简述试切对刀的操作步骤。

（6）加工完成工件后，请按表6.2.7对工件进行检查。

表6.2.7

评　价　表

<table>
<tr><th rowspan="2">序号</th><th rowspan="2">操作项目</th><th rowspan="2" colspan="3">评分标准</th><th colspan="2">得分</th></tr>
<tr><th>自评</th><th>检评</th></tr>
<tr><td>1</td><td>数控对刀操作</td><td colspan="3">操作不熟练扣5分，不会设置刀偏参数扣5分，满分10分</td><td></td><td></td></tr>
<tr><td>2</td><td>程序录入/手动操作</td><td colspan="3">程序录入（或手动操作）不熟练，扣5分，满分10分</td><td></td><td></td></tr>
<tr><td>3</td><td>表面质量</td><td colspan="3">目测法，观察表面质量一处达不到要求扣2分，总分10分</td><td></td><td></td></tr>
<tr><td rowspan="5">4</td><td rowspan="5">尺寸检测（共20分，每项4分）</td><td>$\phi28e8$</td><td rowspan="5">右栏填写实际尺寸，自评项判断是否合格，合格打√，不合格打×</td><td></td><td></td><td></td></tr>
<tr><td>32 mm</td><td></td><td></td><td></td></tr>
<tr><td>$\phi14$ mm</td><td></td><td></td><td></td></tr>
<tr><td>$45^{+0.1}_{0}$ mm</td><td></td><td></td><td></td></tr>
<tr><td>70 mm</td><td></td><td></td><td></td></tr>
<tr><td>5</td><td>毛刺清理</td><td colspan="3">毛刺每出现一处扣1分，总扣分不超过10分</td><td></td><td></td></tr>
<tr><td rowspan="2">6</td><td rowspan="2">6S及生产管理</td><td colspan="3">6S管理点检表汇总成绩（10分）</td><td></td><td></td></tr>
<tr><td colspan="3">考勤（10分）</td><td></td><td></td></tr>
<tr><td>7</td><td>操作面板</td><td colspan="3">不能按规定启动与停止操作扣2分；不能使用操作面板的常用功能键（如回零、手动等）扣2分，满分10分</td><td></td><td></td></tr>
<tr><td>8</td><td>程序调试</td><td colspan="3">不能对程序进行校验、单步执行、空运行并完成零件试切一项扣1分，满分10分</td><td></td><td></td></tr>
<tr><td colspan="2">合计1</td><td colspan="3"></td><td></td><td></td></tr>
<tr><td colspan="2">附加分2</td><td colspan="3">额外完成任务或小组PPT展示成绩</td><td></td><td></td></tr>
<tr><td colspan="2">总分</td><td colspan="5">（合计1＋附加分2）：</td></tr>
<tr><td colspan="2">指导教师及考官评价</td><td colspan="5"></td></tr>
</table>

（7）针对已加工好的零件进行质量满足要求分析：是否已具备任务书所述质量精度、无质量缺陷，并阐述产品工艺过程的合理性，以及质量过程控制是如何保证的。

（8）参照尺寸、表面质量自检评分表，及表6.2.8优化加工措施中内容，请从生产率、产品质量改进（表面质量、尺寸精度控制、切削参数对质量的影响）等因素，分析如果要提高生产率，提升所生产的密封配合短轴的产品质量，如何优化加工工艺，如何改进生产过程。请谈谈你的想法，做一个实训小结。

表6.2.8　优化加工措施

追求的目标	可能采取的措施
修改加工尺寸（消除尺寸偏差或修正公差平均值）	修改工件存储器中的补偿尺寸，修改计算机数控（CNC）程序中已编程的坐标数值，检查切削半径补偿和刀具轨迹补偿
改进工件表面质量	提高切削速度，降低进给量，使用冷却润滑液，出现刀具磨损时及时更换刀具，使用其他几何形状或涂层的可转位刀片，选择其他切削材料，创造稳定的条件（工件和刀具的装夹固定）
改进加工中的重大问题	如：切槽刀崩刃，避免措施。改进程序，采用G75编程等
提高生产率	粗车时提高进刀量，提高车削进给速度，提高切削速度并使用冷却润滑液，通过采取其他刀具来降低必要的换刀次数，编程时制定更短的快速进给路径，避免设置不必要的长距离移动

4. 任务拓展

（1）阅读密封配合短轴图纸，请按表6.2.9和表6.2.10所示格式，完成密封套的工艺计划编制，并进行零件加工任务实施。

表6.2.9　密封套机械加工工艺过程卡

<table>
<tr><td colspan="2" rowspan="2">机械加工
工艺过程卡</td><td>产品名称</td><td>零件名称</td><td colspan="2">零件图号</td><td>材料</td><td colspan="2">毛坯规格</td></tr>
<tr><td></td><td></td><td colspan="2"></td><td></td><td colspan="2"></td></tr>
<tr><td>工序号</td><td>工序名称</td><td>工序简要内容</td><td>设备型号</td><td colspan="3">工艺装备</td><td colspan="2">工时</td></tr>
<tr><td></td><td></td><td></td><td></td><td colspan="3"></td><td colspan="2"></td></tr>
<tr><td></td><td></td><td></td><td></td><td colspan="3"></td><td colspan="2"></td></tr>
<tr><td></td><td></td><td></td><td></td><td colspan="3"></td><td colspan="2"></td></tr>
<tr><td></td><td></td><td></td><td></td><td colspan="3"></td><td colspan="2"></td></tr>
<tr><td></td><td></td><td></td><td></td><td colspan="3"></td><td colspan="2"></td></tr>
<tr><td></td><td></td><td></td><td></td><td colspan="3"></td><td colspan="2"></td></tr>
<tr><td>编制</td><td></td><td>审核</td><td></td><td>批准</td><td colspan="2"></td><td>共　页</td><td>第　页</td></tr>
</table>

表6.2.10　数控车床刀具调整卡

<table>
<tr><td colspan="2" rowspan="2">数控车床
刀具调整卡</td><td colspan="3">产品名称或代号</td><td colspan="4"></td><td>零件图号</td></tr>
<tr><td colspan="3">零件名称</td><td colspan="4"></td><td></td></tr>
<tr><td colspan="2">设备名称</td><td></td><td colspan="2">设备型号</td><td colspan="2"></td><td colspan="2">程序号</td><td></td></tr>
<tr><td colspan="2">基本材料</td><td></td><td>硬度</td><td></td><td colspan="2">工序名称</td><td></td><td>工序号</td><td></td></tr>
<tr><td rowspan="2">序号</td><td rowspan="2">刀号</td><td colspan="3" rowspan="2">刀具名称</td><td colspan="3">刀具参数</td><td colspan="2">刀补地址</td></tr>
<tr><td>刀片</td><td>刀尖半径</td><td>刀杆规格</td><td>半径</td><td>形状</td></tr>
<tr><td></td><td></td><td colspan="3"></td><td></td><td></td><td></td><td></td><td></td></tr>
<tr><td></td><td></td><td colspan="3"></td><td></td><td></td><td></td><td></td><td></td></tr>
<tr><td></td><td></td><td colspan="3"></td><td></td><td></td><td></td><td></td><td></td></tr>
<tr><td></td><td></td><td colspan="3"></td><td></td><td></td><td></td><td></td><td></td></tr>
<tr><td></td><td></td><td colspan="3"></td><td></td><td></td><td></td><td></td><td></td></tr>
<tr><td>编制</td><td></td><td colspan="3">审核</td><td></td><td>批准</td><td></td><td>共　页</td><td>第　页</td></tr>
</table>

（2）请编写密封套的程序，并将其所有程序填写在表6.2.11所示密封套数控加工程序单中。

表 6.2.11　密封套数控加工程序单

<table>
<tr><td colspan="4" rowspan="2">数控加工程序单</td><td colspan="2">产品名称</td><td colspan="2">零件名称</td><td>零件图号</td></tr>
<tr><td colspan="2"></td><td colspan="2"></td><td></td></tr>
<tr><td>工序号</td><td>程序号</td><td>材料</td><td>数量</td><td colspan="2">夹具名称</td><td colspan="2">使用设备</td><td>设备型号</td></tr>
<tr><td></td><td></td><td></td><td></td><td colspan="2"></td><td colspan="2"></td><td></td></tr>
<tr><td colspan="9"></td></tr>
<tr><td>编制</td><td colspan="2"></td><td>审核</td><td></td><td>批准</td><td></td><td>共　页</td><td>第　页</td></tr>
</table>

续表

<table>
<tr><td colspan="4" rowspan="2">数控加工程序单</td><td>产品名称</td><td>零件名称</td><td>零件图号</td></tr>
<tr><td></td><td></td><td></td></tr>
<tr><td>工序号</td><td>程序号</td><td>材料</td><td>数量</td><td>夹具名称</td><td>使用设备</td><td>设备型号</td></tr>
<tr><td></td><td></td><td></td><td></td><td></td><td></td><td></td></tr>
<tr><td colspan="7"></td></tr>
</table>

编制		审核		批准		共　页	第　页

项目 7　企业数控车削加工生产项目

学习目标

1. 能够理解现代企业精益生产管理的概念。

2. 能够认知岗位流程，执行岗位要求，正确履行岗位职责。

3. 能够认知班组运行生产、工艺、质量、物流、现场管理、人才育成等精益管理模式，体验岗位角色。

4. 按要求进行班组生产作业，完成相应的生产记录。

任务 7.1　企业车削数控加工生产项目

任务描述

认识数控加工车间产训项目，掌握客户需求，根据数控车间产训加工项目起重螺母的零件图，如图 7.1.1 所示，完成企业生产加工任务 。以生产现场为中心，执行标准化、精益化生产管理，开展以目视看板管理为载体的标准化班组推进工作。明确班组职能，提高现场管理效率。强化记录台账管理，完成包括生产劳动记录、质量记录、安全记录、设备记录、工艺记录等。起重螺母工艺过程卡如表 7.1.1 所示。

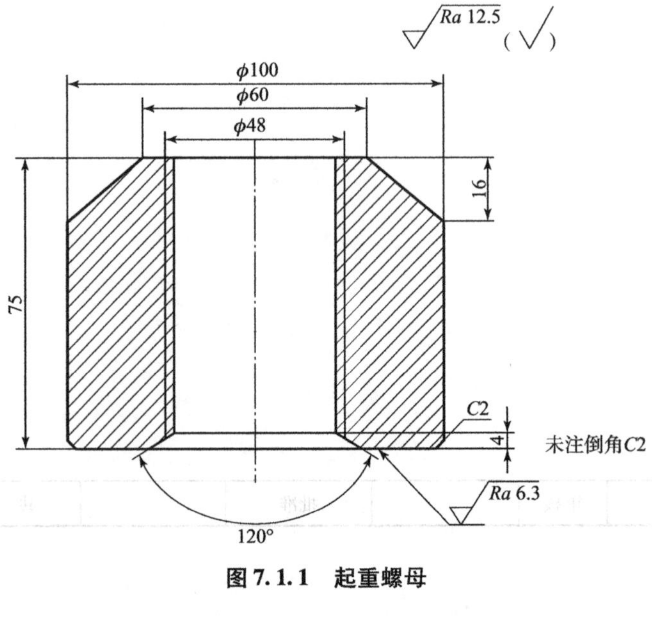

图 7.1.1　起重螺母

表 7.1.1　起重螺母工艺过程卡

起重螺母工艺过程卡	生产单位	***实训车间	零部件图号		主设备名称	数控车床	生产方式	小批生产
	工艺名称	车削	零部件名称	起重螺母	主设备型号	CAK6158 摇臂钻床	工装名称	三爪卡盘

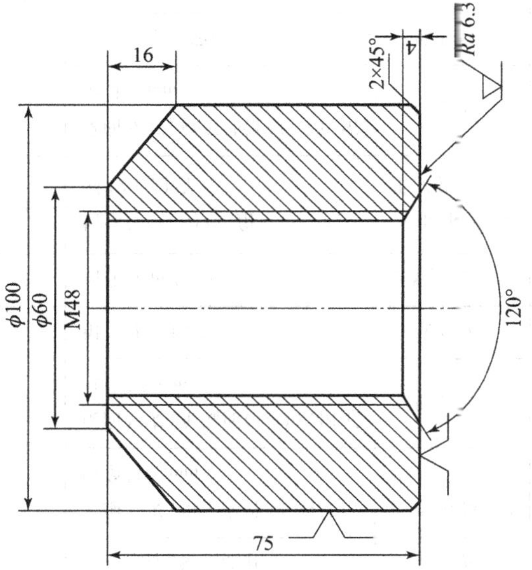

自由公差按 ISO 2768

公差级别	0.5 ~ 3	3 ~ 6	6 ~ 30	30 ~ 120	120 ~ 400
中级	±0.01	±0.1	±0.2	±0.3	±0.5

操作注意事项及说明

1. 上件前工件表面要清理干净，第一次车端面选择斜度小的面；
2. 上下工件要轻拿轻放，防止磕碰，或掉落伤人；
3. 切削过程中要调整切削液喷嘴，保证加工过程中充足的切削液；
4. 由于螺纹及内孔车刀伸出较长，易产生振动，注意刀具夹实；
5. 工件加工完成后要注意清理毛刺，锐角倒钝；
6. 每班前校准量、检具的精度

续表

工序号	工序内容	加工设备及工艺装备	工艺参数			评价测量技术	控制方法	要点
			F/(mm·r^{-1})	S/(r·min^{-1})	a_p/mm			
1	下料,控制总长 77 mm	锯床				钢尺 0~200/1 mm	自检	注意控制长度
2	车左端面,钻中心孔	三爪卡盘	0.1	600	0.5	游标卡尺:0~200/0.02 mm	自检	保证本批工件端面车起即可
	一顶一夹,粗车左外圆(G71),留余量 1 mm	三爪卡盘、顶尖	0.2	600	2	游标卡尺:0~200/0.02 mm	自检	检查毛坯余量,一顶一夹装夹工件
	反向装夹,车端面(G94),保证总长 75 mm	三爪卡盘	0.1	600	0.5	游标卡尺:0~200/0.02 mm	专检,做记录	
	粗车外圆到尺寸	三爪卡盘	0.2	600	2	游标卡尺:0~200/0.02 mm	自检	
3	钻孔到 ϕ40 mm	摇臂钻床		500		游标卡尺:0~200/0.02 mm	自检	
4	精车外圆,倒 $C2$ 角 倒 120°内角	三爪卡盘反爪安装	0.1	800	0.5	游标卡尺:0~200/0.02 mm 万能角度尺	专检,做记录	端面定位,伸出长度长于总长减锥长,安装注意接刀痕
5	反向安装,粗车外锥(G71),留余量 1 mm	三爪卡盘	0.2	600	2	游标卡尺:0~200/0.02 mm		端面定位,安装前清除工作切屑
	精车外锥(G70)	三爪卡盘	0.1	800	0.5	游标卡尺:0~200/0.02 mm	自检	
	精车内孔至 43 mm(G71)	三爪卡盘	0.1	800	0.5	游标卡尺:0~200/0.02 mm	自检	
	车螺纹达要求(G76)	三爪卡盘	5	300	0.1	螺纹塞规	专检,做记录	使用螺纹塞规前注意清除螺纹内切屑,注意刀具耐用度,推荐加工 4~5 件后换刀片
6	修棱及螺纹首尾半扣					自检	专检,出检验单	修光螺纹两端半扣

知识链接：精益标准化班组建设与管理

（一）精益标准化班组建设与管理

1. 精益生产管理

精益生产是通过系统结构、人员组织、运行方式和市场供求等方面的变革，使生产系统能很快适应用户需求不断变化，并能使生产过程中一切无用、多余的东西被精简，最终达到包括市场供销在内的生产各方面最好结果的一种生产管理方式。与传统的大生产方式不同，其特色是“多品种”“小批量”。

20世纪初，大规模生产流水线一直是现代工业生产的主要特征，大规模生产方式是以标准化、大批量生产来降低生产成本，提高生产效率。但在第二次世界大战以后，社会进入一个市场需求向多样化发展的新阶段，单品种、大批量的流水线的弱点日渐明显。日本丰田汽车公司首创的精益生产，作为多品种、小批量混合生产条件下的高质量、低消耗生产方式，以最终用户的需求为生产起点，成为当前工业界最佳的一种生产组织体系和方式。

随着精益生产的实施，基础管理水平的不断提升，班组管理工作的重要性更加突出，如何真正让精益生产落实，不断强化基础管理和自主管理，建设精益标准化班组成为落脚点。

2. 精益标准化班组管理

精益标准化班组管理以表单管理为载体，结合集团公司班组建设的管理内容和要求，通过管理表单将班组运行标准落实到日常工作中，每一项管理表单代表一项管理内容（不一定是表格，也可能是标准、流程等），各种管理表单，从安全、质量、生产、成本、人事、环境、保全七方面对班组的日常工作进行规范。

精益标准化班组建设运行管理机制、体系建立基于三个层面：在班组运行生产、工艺、质量、物流、现场管理、人才育成等精益模式；以生产现场为核心的自主管理、基础管理的水平不断提升；班组长带领下的全员参与，常态化精益生产在基层的落实。其目标就是编制形成精益标准化班组的评价验收标准、实施标准，制定精益班组长、精益先锋的评价标准，形成班组管理相关的作业操作标准（或机械加工工艺卡）。建立能够迅速暴露问题、解决问题，按节拍拉动生产，自主管理，持续改善的生产现场，形成精益的生产、工艺、质量、物流、现场管理和人才育成模式。

3. 标准化班组管理的制度建设和管理内容

班组管理内容主要包括工艺管理、生产计划管理、质量管理、物流管理、现场管理及人才育成，如图7.1.2所示。

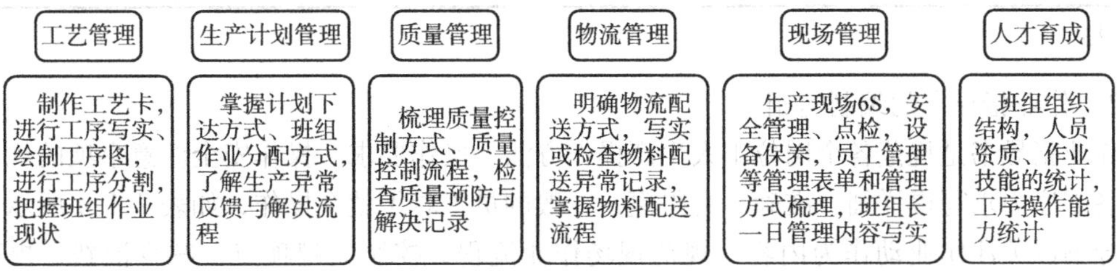

图7.1.2 精益标准化班组管理内容

做好班组的记录台账管理，对班组填写的原始记录表格进行执行、审核与规范，真实填写管理过程，主要包括生产劳动记录、质量记录、安全记录、设备记录和工艺记录等。在日清控制上，突出管理，严在考核，每天由班长或值日班委进行出勤考核、纪律考核、工作完成情况考核、训练考核等，把当天考核内容填入相应记录表单并签字。

记录是考核工作的依据，没有记录或记录不清，容易造成考核脱节，因此在记录上采取交接班记录、设备日常保养点检记录、工位6S点检记录、加工车间6S点检记录、质量检验记录、检修记录等，每天实训生产的工作流程有多项记录，通过精益化考核的量化、细化，实现精益化管理。

4. 生产作业管理

生产作业管理是按节拍组织生产，作业计划、工序作业时间、作业内容及人员分配、作业确认均目视化管理，并定期进行分析。

1）车间生产计划管理

一般是指企业对生产活动的计划、组织和控制工作。狭义的生产计划管理是指以产品的基本生产过程为对象所进行的管理，包括生产过程组织、生产能力核定、生产计划与生产作业计划的制定执行以及生产调度工作。广义的生产计划管理则有了新的发展，指以企业的生产系统为对象，包括所有与产品的制造密切相关的各方面工作的管理，也就是从原材料设备、人力、资金等的输入开始，经过生产转换系统，直到产品输出为止的一系列管理工作。对于细部的车间生产计划，我们可以通过生产进度控制模块进行管理，在工作中心计划中，可以了解各工作中心的生产计划安排。对于生产过程，可以利用生产过程状况分析，查询到产品的制造进度。表7.1.2和表7.1.3所示为某企业车间生产计划日报表及××车间月生产计划表。

表7.1.2　车间生产计划日报表

年　月　日

序号	产品名称	款号	计量单位	产量			实际产量		耗用工时		备注
				计划	实际	计划完成度/%	合格品	不合格品	计划	实际	
1											
2											
3											

制表：　　　　　　　　　　　　　　　　　　审核：

2）作业指导书的编制运用

作业指导书是规范各个岗位工人生产操作方法、操作要求、操作安全注意事项的规范文件，各工序力求写得详细、准确、看得懂，一般的员工看了就会操作，如表7.1.4所示。作业指导书以关注作业动作为内容，规范现场作业流程，控制关键项点，减少浪费，提高质量；作业要领书均由班组长和骨干员工编制，以保证可执行性。

表 7.1.3　月份生产计划表

本月份预定工作日________天

生产批号	产品名称	数量	金额	制造单位	制造日程		预出口日期	需要工时	估计成本			附加值	备注
					起	止			原料	物料	工资		
1													
2													
3													
4													
5													
6													
7													
8													
9													
10													
11													
12													
13													
14													
15													
16													

配合单位工时		预计生产目标		估计毛利			
准备组		产值		附加值			
质检组		总工时		制造费用			
包装组		每工时产值		估计毛利			

审核：　　　　　　　　　　　　　　　　计划：

表 7.1.4　设备作业指导书

××××××机械有限公司 设备作业指导书	设备名称		管理编号		批准	审核	编制
	设备型号		版次				
	指导项目		页码				

内容

序号	工作步骤	注意事项
1	穿戴好劳保	标准着装
2	开启电源	
2.1	开启设备电源,如图 1 将开关拧到“ON”	禁止湿手
2.2	开启控制面板电源,按下绿色按钮(图 2 上方按钮)	禁止湿手
2.3	开启工作灯,如图 3 按下“工作灯”按钮,绿色小灯亮	
3	设备各轴回零	
3.1	拔起急停键,如图 4	
3.2	将模式选到“返回原点”模式,如图 5	
3.3	顺次按下“ +Z”“ +Y”“ +X”“ +A”按钮,各轴回零,如图 6	先回 Z 轴
4	产品加工	
4.1	点检设备,按“设备点检表”进行点检	
4.2	将模式选到“手轮”模式校平 A 轴	
4.3	模式选到“编辑”模式,如图 5,按下“程序”键,如图 7　检查程序是否正确,程序里的光标是否在程序的第一步,若不在,按下“复位”键,使程序里的光标回到程序的第一步,如图 7	

图示

图1

图2

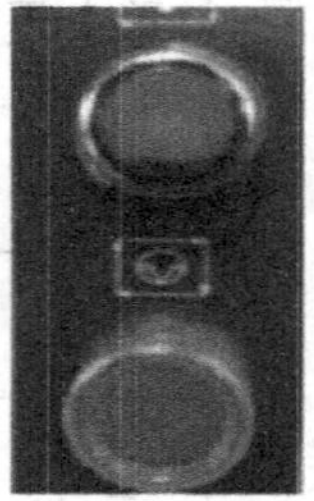

图3

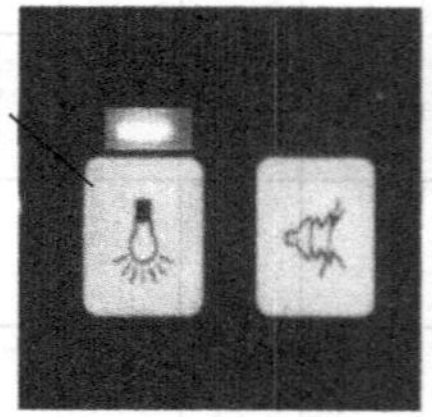

图4

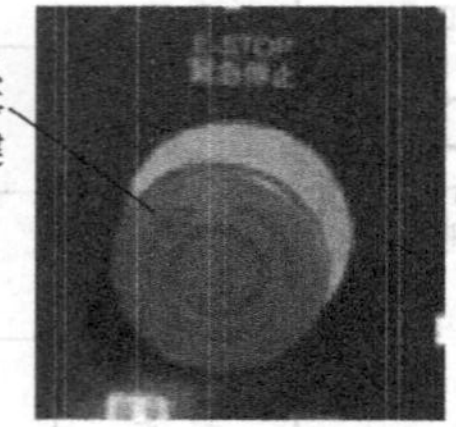

图5

图6

图7

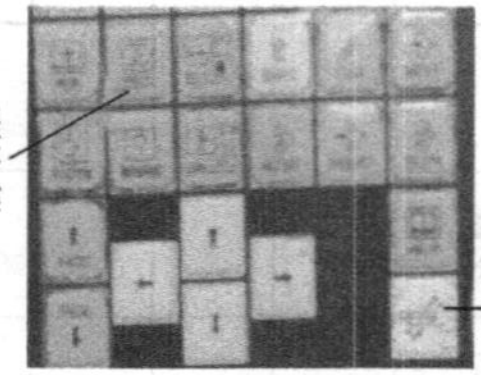

3）产品制造生产的统计过程控制（SPC）

SPC（Statistical Process Control）是一种制造工序中的质量控制方法，是将制造中的控制项目，依其特性所收集的数据，通过过程能力的分析与过程标准化，发掘过程中的品质异常，并立即采取改善措施，使过程恢复正常的方法。

利用统计的方法来监控制造过程的产品质量状态，确定生产过程在管制的状态下，以减少产品品质的变化。SPC能解决之问题：①经济性：有效的抽样管制，不用全数检验，得以控制成本，使制程稳定，能掌握品质、成本与交货期；②预警性：制程的异常趋势可即时给出对策，预防整批不良产品，以减少浪费；③分辨特殊原因：作为局部问题对策或管理系统改进之参考；④善用机器设备：估计机器能力，可妥善安排适当机器生产适当零件；⑤改善评估：制程能力可作为改善前后比较之指标。

如图7.1.3所示，为某零件加工过程中SPC控制图，从零件连续7个产品抽样检测的控制图可知：第一次的7个抽样产品尺寸均未超过控制上下限，生产过程正常；第二次的7个抽样产品出现个别产品尺寸超过控制上限，生产异常，需停止生产，并解决问题，如对因刀具磨损造成的产品尺寸不合格采取换刀处理；第三次的7个抽样产品尺寸均合格，生产正常。

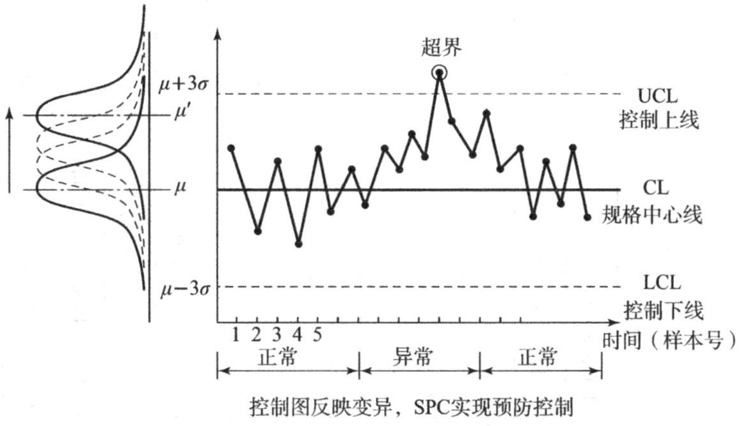

图7.1.3 产品生产SPC控制图作用示意图

4）设备清扫、润滑和点检表

点检是指为了能准确评价设备的能用程度、磨损程度等情况而按一定周期进行的检查，是设备管理的重要部分，如表7.1.5所示。

点检的“五定”内容：定人、定点、定量、定期、定标。

定人：确定对设备点检的人员。

定点：明确设备故障点，明确点检部位、项目和内容。

定量：对劣化倾向的定量化测定。

定期：不同设备、不同设备故障点，给出不同点检周期。

定标：给出每个点检部位是否正常的依据，即判断标准。

定点检计划表：点检计划表又称作业卡，指导点检员沿着规定的路线作业。

定记录：包括作业记录、异常记录、故障记录及倾向记录，都有固定的格式。

表 7.1.5　设备操作、点检、保养作业标准

设备名称:数控车床				适用机型:
设备操作作业流程—操作"应知"与"应会"				
项目	内容		序号	方法及要点说明
开关机操作	1	开机操作	1	查看设备状态及交接班记录,确认机床是否正常
			2	电器柜总电源拨至 ON 位,此时强电部分通电
			3	按下机床启动开关,屏幕正常后,松开急停按钮
			4	机床回参考点操作(部分不用)
			5	操作 MDI 手动输入,机床热机空转 5 min
			6	启动程序即运行
	2	关机操作	1	所有的动作回到初始位置,确保二次开机无危险和干涉
			2	按下主控制面板急停按钮
			3	电器柜总电源拨至 OFF 位置,强电部分断电
安全及异常处理	1	重点关注事项	1	启动设备后在执行程序前须确保工装夹具夹紧到位
			2	设备开机后必须进行点检任务,确保各部位正常,防止意外发生
			3	如遇电力中断或意外按下急停按钮,在接通电源后,应检查程序和参数以及补偿数据是否受到破坏
	2	故障处理	1	加工过程如遇紧急情况,应立即按急停按钮或复位键,终止程序运行
			2	机床报警,查看报警内容,上报负责人处理或维修

续表

点检操作标准(记录文件:点检表)						
编号	名称	点检方法	频次	点检标准	责任	
1	设备外观	目视	班	干净无油污	操作人员	
2	操作面板，显示屏	目视 手试	班	操作正确,无报警		
3	导轨	目视	班	清理切屑及脏物,无划痕		
4	液压单元测量	目视	班	在刻度线范围内		
5	主轴润滑箱	目视	班	润滑正常、液位在正常刻度线内(机床启动后观察)		
6	冷却液	目视	班	观察切削液压力,流量适中,系统无报警		

维护保养标准(记录文件:设备维修保养记录表)						
编号	名称	保养内容	周期	保养方法/标准	责任	
1	电器柜过滤网	清洗黏附尘土	每周	清洗后用气吹	维修人员	
2	冷却液箱	检查液面高度及性状	随时	更换冷却液		
3	液压油箱	清洗油箱	年	更换或过滤使用		
4	冷却油泵过滤器	清洗冷却油池	年	更换过滤器		
5	润滑单元	清洁过滤器	半年	清洁		

定点检业务流程：明确点检作业和点检结果的处理程序。如急需处理的问题，要通知维修人员；不着急处理的问题则记录在案，留待计划检查处理。

点检管理的要点是：实行全员管理，专职点检员按区域分工管理。点检员本身是一贯制管理者。点检是按照一整套标准化、科学化的轨道进行的。点检是动态的管理，它与维修相结合。

（二）车削工时计算

1. 匀速车外圆

机动时间：

$$t_p = \frac{Li}{nf}$$

式中，t_p 为机动时间；L 为行程；n 为转速；f 为每转进给量；i 为走刀次数。

切削速度：

$$v_c = \frac{\pi dn}{1\ 000}$$

式中，v_c 为切削速度；d 为外径；n 为转速。

行程 L 的计算如图 7.1.4 所示。

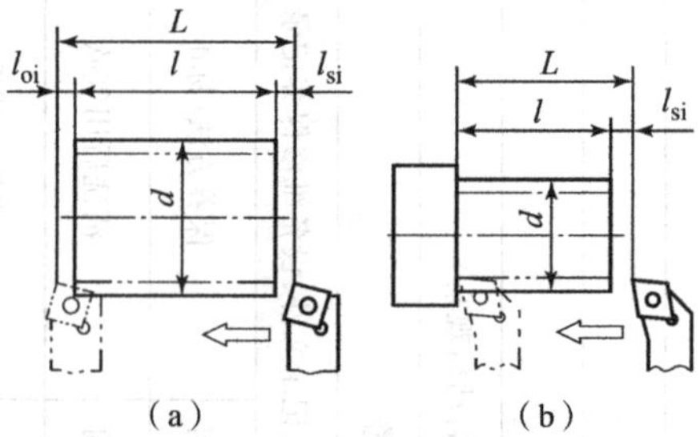

图 7.1.4　行程 L 的计算

（a）无轴肩；（b）有轴肩

有轴肩：$L = l + l_{si} + l_{oi}$

无轴肩：$L = l + l_{si}$

式中，L 为行程；l 为工件长度；l_{si} 为切入长度；l_{oi} 为切出长度。

举例：无轴肩外圆车削，$l = 1\ 240$ mm；$l_{si} = l_{oi} = 2$ mm；$f = 0.6$ mm/r；$v_c = 120$ m/min；$l = 2$ mm；$d = 160$ mm。

求：$L = ?$，$n = ?$，$t_p = ?$

解：$L = l + l_{si} + l_{oi} = 1\ 240 + 2 + 2 = 1\ 244$（mm）

$$n = \frac{1\ 000 v_c}{\pi d} = \frac{1\ 000 \times 120}{3.14 \times 160} = 239 \text{（r/min）}$$

$$t_p = \frac{Li}{nf} = \frac{1\ 244 \times 2}{239 \times 0.6} \approx 17.4 \text{（min）}$$

2. 车螺纹

机动时间：

$$t_p = \frac{Lis}{pn}$$

式中，t_p 为机动时间；L 为螺纹切削刀具的总行程；P 为螺距；n 为转速；s 为线数。

走刀次数：

$$i=\frac{h}{a}$$

式中，i 为走刀次数；h 为螺纹深度；a 为切削深度。

螺纹切削刀具的总行程：

$$L=l+l_{si}+l_{oi}$$

式中，l 为工件长度；l_{si} 为切入长度；l_{oi} 为切出长度。

举例：M24 的螺纹，$l=76$ mm；$l_{si}=l_{oi}=2$ mm；$v_c=6$ m/min；$l=2$ mm；$i=2$；$a=0.15$ mm；$h=1.84$ mm；$P=3$ mm；$s=1$。

求：$L=?$，$n=?$，$i=?$，$t_p=?$

解：$L=l+l_{si}+l_{oi}=76+2+2=80$（mm）

$$n=\frac{1\,000v_c}{\pi d}=\frac{1\,000\times6}{3.14\times24}\approx80\ (\text{r/min})$$

$$i=\frac{h}{a}=\frac{1.84}{0.15}\approx13$$

$$t_p=\frac{Lis}{Pn}=\frac{80\times13\times1}{3\times80}=4.3\ (\text{min})$$

工作页：车削起重螺母

1. 生产准备

认真阅读起重螺母零件图，掌握图纸技术信息，按步骤完成生产准备任务。

（1）分析起重螺母的零件图纸，完成表 7.1.6 所示图纸技术信息。

表 7.1.6　螺母零件图纸技术信息

<table>
<tr><th>技术信息内容</th><th colspan="5">信息的处理及决策</th></tr>
<tr><td rowspan="8">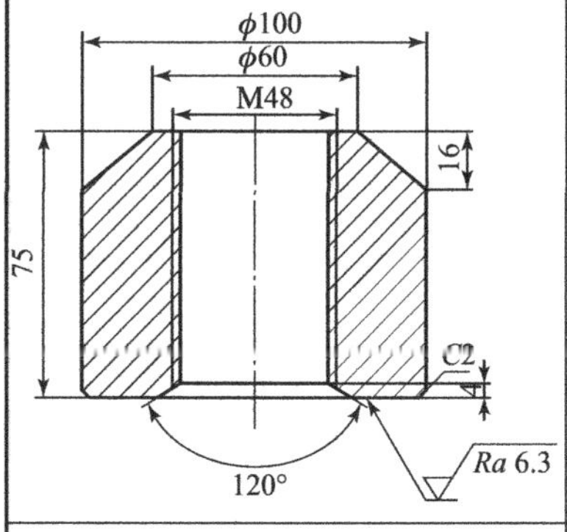
</td><td colspan="5">请查手册，确定各尺寸测量公差：</td></tr>
<tr><td>基本尺寸</td><td colspan="2">最大极限尺寸</td><td>最小极限尺寸</td><td>测量工具</td></tr>
<tr><td>φ100 mm</td><td colspan="2"></td><td></td><td></td></tr>
<tr><td>φ60 mm</td><td colspan="2"></td><td></td><td></td></tr>
<tr><td>75 mm</td><td colspan="2"></td><td></td><td></td></tr>
<tr><td>16 mm</td><td colspan="2"></td><td></td><td></td></tr>
<tr><td>M48</td><td>底孔：</td><td>螺距：</td><td>牙高：</td><td></td></tr>
<tr><td colspan="5"></td></tr>
<tr><td>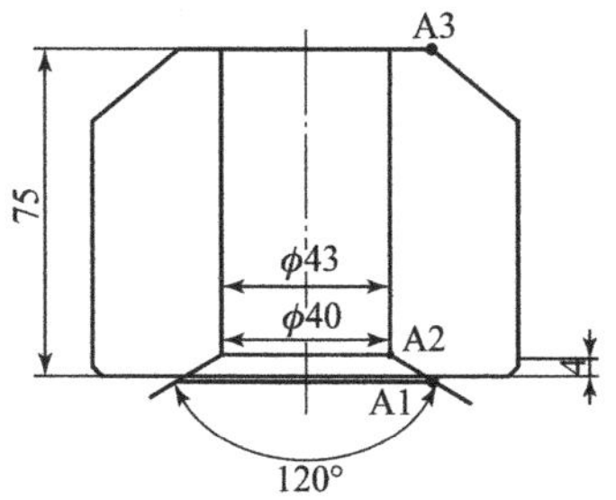
</td><td colspan="5">如以左图所示起重螺纹零件下端面、上端面中心为编程原点，请计算编程坐标点 A1、A2 与 A3（若起刀点坐标 Z 为 0.8 时）的坐标值：</td></tr>
</table>

（2）熟悉程序，阅读表 7.1.7 中起重螺母各程序，并将右端程序解释内容补充完整。

表 7.1.7　起重螺母数控加工主要程序清单

数控加工程序清单				产品名称	零件名称	零件图号
工序号	程序号	材料	数量	夹具名称	使用设备	设备型号

程序	解释
车起重螺母外锥面 G99 G97 G21; M03 S600; T0101 M08; G00 X115.0; Z1.0; G71U2.0 R0.5; G71 P1 Q2 U1.0 W0.0 F0.15; N1 G01 X58.0 F0.08; Z0.8; X100.0; N2 Z -16.0; S1000; G70 P1 Q2; G00 X150.0 Z150.0; M05 M09; M30; 车起重螺母内120°倒角 G99 G97 G21; M03 S600; T0101 M08; G00 X37.0; Z5.0; G71 U2.0 R0.5; G71 P1 Q2 U -1.0 W0.0 F0.15; N1 G01 X60.32 F0.08; Z1.0; X40.0; N2 Z -4.866; S800; G70P1 Q2; M09; G00 Z150.0; X150.0;	

续表

<table>
<tr><td colspan="4" rowspan="2">数控加工程序清单</td><td>产品名称</td><td>零件名称</td><td>零件图号</td></tr>
<tr><td></td><td></td><td></td></tr>
<tr><td>工序号</td><td>程序号</td><td>材料</td><td>数量</td><td>夹具名称</td><td>使用设备</td><td>设备型号</td></tr>
<tr><td></td><td></td><td></td><td></td><td></td><td></td><td></td></tr>
<tr><td colspan="5">M05；
M30；

车内螺纹
G97 G99 G21；
M03 S300；
T0202；
G00 X40.0；
Z2.0；
G76 P030060 Q50 R50；
G76 X48.8 Z -76.0 P3248 Q400 F5.0；
G00 Z120.0；
X120.0；
M05；
M30；</td><td colspan="2">程序解释：</td></tr>
<tr><td>编制</td><td></td><td>审核</td><td></td><td>批准</td><td>共　页</td><td>第　页</td></tr>
</table>

2. 生产实施

（1）请计算加工起重螺母零件内螺纹的工时。

（2）通过产品加工生产，请分析起重螺母零件内螺纹加工的难点，并分析采用 G76 编程加工螺纹与 G92 编程加工的优势。

（3）因为刀具磨损，在数控加工中不得不采用刀具磨损来进行补偿。但由于补偿操作，会造成产品的生产效率降低。请分析如何利用刀具耐用度的规范化生产来提高产品生产效率。

（4）请体验履行车间主任职务 2 天，编制起重螺母零件的车间生产计划日报表，并做好生产情况的统计与记录工作。

（5）请依据起重螺母工艺过程卡，制定该零件 M48 内螺纹加工的工序作业指导书。

附　　录

附录A　M、G代码

M代码一览表

M代码	功能	功能说明
M00	程序停止	程序自动运行停止，主轴停止
M01	选择停止	M01指令发出时，功能与M00相同
M02	程序终止	使程序终止。自动运行中，发出此指令，则程序运行后，自动运行终止
M03	主轴顺时针方向旋转	主轴顺时针方向旋转
M04	主轴逆时针方向旋转	主轴逆时针方向旋转
M05	主轴停止	主轴停止
M06	换刀	刀具交换（T代码方式）
M08	冷却液开	打开冷却液
M09	冷却液关	关闭冷却液
M12	刀库出	刀库向前
M13	刀库回	刀库后退
M15	ATC盖闭	关闭ATC盖
M16	ATC盖开	打开ATC盖
M19	定向	主轴定向
M23	错误检测打开	准确定位模式
M24	错误检测关闭	注销M23功能
M30	程序结束	使磁带记录停止。自动运行中运行M30，则程序段被执行后，运行自动停止
M35	刀具损坏检测	输入M35指令，则在第一次发ATC指令时，可检测刀具是否损坏（仅在MAZATROL程序语言中有效）

续表

M 代码	功能	功能说明
M41 M42 M43 M44 M45	分度盘分度（可选）	使用 M 代码分度盘时，根据指令，使分度盘旋转（但如果是 NC 盘，M43、M44 不能使用）
M46	NC 转台松开（可选）	松开 NC 转台
M47	NC 转台夹紧（可选）	夹紧 NC 转台
M48	注销 M49	倍率有效
M49	取消倍率	倍率无效
M50	冷却风开（可选）	打开冷却风（输入 M09 则停止）
M51	主轴内冷开启	冷却液从刀具孔中喷出，根据 M09 或 ATC 指令结束
M58	刀具寿命检查	主轴刀具超过使用寿命而报警时，根据 M58 指令动作停止
M90	断开镜像	注销 M91，M92，M93
M91	接通镜像 *X* 轴	使 *X* 轴镜像有效
M92	接通镜像 *Y* 轴	使 *Y* 轴镜像有效
M93	接通镜像 B(4) 轴	使 B(4) 轴镜像有效
M98	调出子程序	在调出子程序时使用
M99	子程序结束	子程序结束
M141	ATC 就近卸刀	如与 ATC 指令放在同一程序段中，能缩短 ATC 路径
M142	ATC 就近装刀	如与 ATC 指令放在同一程序段中，ATC 运行完后，*Z* 轴回到工件原点
M143	ATC 就近卸刀、装刀	如与 ATC 指令放在同一程序段中，ATC 能缩短换刀时间（M141 + M142 = M143）
M149	刀库选择	如发出 M149 T△△1 指令，刀库就旋转并选择△△刀位。如进行 MD1 刀具选择操作，则 NC 会自动发出指令
M195	刀具损坏检查开始	进行刀具损坏检查。在 MAZATROL 程序中加入 M35 指令后，ATC 前进时，会自动发出此指令（用户请不要使用）
M196	全自动刀具长度测量模式“ON”	设定 M196 后，直到 M197 或重启为止的 T△△指令，△△号的刀具在 ATC 往主轴上安装时，测量刀具长，并登录数值。 只是不能测量像面铣刀那样的刀尖不在主轴中心的刀具。在 MDI“刀具长自动测量”菜单中，M196 和 M197 指令自动发出
M197	全自动刀具长度测量模式“OFF”	
M198	半自动刀具长度测量	测量安装在主轴上的刀具。因为从当前位置开始测量，所以即使像面铣刀那样的刀尖不在主轴中心的刀具长也能测量。 在 MDI“刀具长自动测量”菜单中，M198 指令自动发出

G 代码一览表

G 代码	分组	功能
* G00	01	定位（快速移动）
* G01	01	直线插补（进给速度）
G02	01	顺时针圆弧插补
G03	01	逆时针圆弧插补
G04	00	暂停，精确停止
G09	00	精确停止
* G17	02	选择 *X Y* 平面
G18	02	选择 *Z X* 平面
G19	02	选择 *Y Z* 平面
G27	00	返回并检查参考点
G28	00	返回参考点
G29	00	从参考点返回
G30	00	返回第二参考点
* G40	07	取消刀具半径补偿
G41	07	左侧刀具半径补偿
G42	07	右侧刀具半径补偿
G43	08	刀具长度补偿 +
G44	08	刀具长度补偿 -
* G49	08	取消刀具长度补偿
G52	00	设置局部坐标系
G53	00	选择机床坐标系
* G54	14	选用 1 号工件坐标系
G55	14	选用 2 号工件坐标系
G56	14	选用 3 号工件坐标系
G57	14	选用 4 号工件坐标系
G58	14	选用 5 号工件坐标系
G59	14	选用 6 号工件坐标系
G60	00	单一方向定位
G61	15	精确停止方式
* G64	15	切削方式
G65	00	宏程序调用
G66	12	模态宏程序调用
* G67	12	模态宏程序调用取消

续表

G 代码	分组	功能
G73	09	深孔钻削固定循环
G74	09	反螺纹攻丝固定循环
G76	09	精镗固定循环
* G80	09	取消固定循环
G81	09	钻削固定循环
G82	09	钻削固定循环
G83	09	深孔钻削固定循环
G84	09	攻丝固定循环
G85	09	镗削固定循环
G86	09	镗削固定循环
G87	09	反镗固定循环
G88	09	镗削固定循环
G89	09	镗削固定循环
* G90	03	绝对值指令方式
* G91	03	增量值指令方式
G92	00	工件零点设定
* G98	10	固定循环返回初始点
G99	10	固定循环返回 R 点

注：从表中可以看到，G 代码被分为了不同的组，这是由于大多数的 G 代码是模态的。所谓模态 G 代码，是指这些 G 代码不只在当前的程序段中起作用，而且在以后的程序段中一直起作用，直到程序中出现另一个同组的 G 代码为止，同组的模态 G 代码控制同一个目标但起不同的作用，它们之间是不相容的。00 组的 G 代码是非模态的，这些 G 代码只在它们所在的程序段中起作用。标有 * 号的 G 代码是上电时的初始状态。G01 和 G00、G90 和 G91 上电时的初始状态由参数决定。

如果程序中出现了未列在上表中的 G 代码，CNC 会显示 10 号报警。

同一程序段中可以有几个 G 代码出现，但当两个或两个以上的同组 G 代码出现时，最后出现的一个（同组的）G 代码有效。

在固定循环模态下，任何一个 01 组的 G 代码都将使固定循环模态自动取消，成为 G80 模态。

附录B 车削常用切削用量表

表B-1 外圆车削背吃刀量选择表（端面切深减半）

轴径/mm	长度/mm											
	≤100		>100~250		>250~500		>500~800		>800~1 200		>1 200~2 000	
	半精	精车	半精	精车	半精	精车	半精	精车	半精	精车	半精	精车
≤10	0.8	0.2	0.9	0.2	1	0.3	—	—	—	—	—	—
>10~18	0.9	0.2	0.9	0.3	1	0.3	1.1	0.3	—	—	—	—
>18~30	1	0.3	1	0.3	1.1	0.3	1.3	0.4	1.4	0.4	—	—
>30~50	1.1	0.3	1	0.3	1.1	0.4	1.3	0.5	1.5	0.6	1.7	0.6
>50~80	1.1	0.3	1.1	0.4	1.2	0.4	1.4	0.5	1.6	0.6	1.8	0.7
>80~120	1.1	0.4	1.2	0.4	1.2	0.5	1.4	0.5	1.6	0.6	1.9	0.7
>120~180	1.2	0.5	1.2	0.5	1.3	0.6	1.5	0.6	1.7	0.7	2	0.8
>180~260	1.3	0.5	1.3	0.6	1.4	0.6	1.6	0.7	1.8	0.8	2	0.9
>260~360	1.3	0.6	1.4	0.6	1.5	0.7	1.7	0.7	1.9	0.8	2.1	0.9
>360~500	1.4	0.7	1.5	0.7	1.5	0.8	1.7	0.8	1.9	0.9	2.2	1

1. 粗加工，表面粗糙度为 *Ra*50~12.5 μm时，一次走刀应尽可能切除全部余量。
2. 粗车背吃刀量的最大值是由车床功率的大小决定的，中等功率机床可以达到8~10 mm。

表B-2 按表面粗糙度选择进给量的参考值

工件材料	粗糙度等级 *Ra*/μm	切削速度 /(m·min^{-1})	刀尖圆弧半径/mm		
			0.5	1	2
			进给量*f*/(mm·r^{-1})		
碳钢及合金碳钢	10~5	≤50	0.30~0.50	0.45~0.60	0.55~0.70
		>50	0.40~0.55	0.55~0.65	0.65~0.70
	5~2.5	≤50	0.18~0.25	0.25~0.30	0.30~0.40
		>50	0.25~0.30	0.30~0.35	0.35~0.50
	2.5~1.25	≤50	0.10	0.11~0.15	0.15~0.22
		50~100	0.11~0.16	0.16~0.25	0.25~0.35
		>100	0.16~0.20	0.20~0.25	0.25~0.35
铸铁及铜合金	10~5	不限	0.25~0.40	0.40~0.50	0.50~0.60
	5~2.5		0.15~0.25	0.25~0.40	0.40~0.60
	2.5~1.25		0.10~0.15	0.15~0.25	0.20~0.35

注：适用于半精车和精车进给量的选择。

表 B－3　车削切削速度参考数值

加工材料		硬度/HB	背吃刀量 a_p/mm	高速钢刀具		硬质合金刀具							陶瓷（超硬材料）刀具		
						未涂层				涂层					
				v/（$m \cdot min^{-1}$）	f/（$mm \cdot r^{-1}$）	v/（$m \cdot min^{-1}$） 焊接式	v/（$m \cdot min^{-1}$） 可转位	f/（$mm \cdot r^{-1}$）	材料	v/（$m \cdot min^{-1}$）	f/（$mm \cdot r^{-1}$）	v/（$m \cdot min^{-1}$）	f/（$mm \cdot r^{-1}$）	说明
易切碳钢	低碳	100～200	1	55～90	0.18～0.2	185～240	220～275	0.18	YT15	320～410	0.18	550～700	0.13	切削条件好，可用冷压 Al_2O_3 陶瓷，较差时宜用 Al_2O_3+TiC 热压混合陶瓷。下同
			4	41～70	0.4	135～185	160～215	0.5	YT14	215～275	0.4	425～580	0.25	
			8	34～55	0.5	110～145	130～170	0.75	YT5	170～220	0.5	335～490	0.4	
	中碳	175～225	1	52	0.2	165	200	0.18	YT15	305	0.18	520	0.13	
			4	40	0.4	125	150	0.5	YT14	200	0.4	395	0.25	
			8	30	0.5	100	120	0.75	YT5	160	0.5	305	0.4	
碳钢	低碳	100～200	1	43～46	0.18	140～150	170～195	0.18	YT15	260～290	0.18	520～580	0.13	—
			4	34～33	0.4	115～125	135～150	0.5	YT14	170～190	0.4	365～425	0.25	
			8	27～30	0.5	88～100	105～120	0.75	YT5	135～150	0.5	275～365	0.4	
	中碳	175～225	1	34～40	0.18	115～130	150～160	0.18	YT15	220～240	0.18	460～520	0.13	
			4	23～30	0.4	90～100	115～125	0.5	YT14	145～160	0.4	290～350	0.25	
			8	20～26	0.5	70～78	90～100	0.75	YT5	115～125	0.5	200～260	0.4	
	高碳	175～225	1	30～37	0.18	115～130	140～155	0.18	YT15	215～230	0.18	460～520	0.13	
			4	24～27	0.4	88～95	105～120	0.5	YT14	145～150	0.4	275～335	0.25	
			8	18～21	0.5	69～76	84～95	0.75	YT5	115～120	0.5	185～245	0.4	

续表

加工材料		硬度/HB	背吃刀量 a_p/mm	高速钢刀具		硬质合金刀具						陶瓷（超硬材料）刀具		
						未涂层				涂层				
				v/(m·min⁻¹)	f/(mm·r⁻¹)	v/(m·min⁻¹) 焊接式	v/(m·min⁻¹) 可转位	f/(mm·r⁻¹)	材料	v/(m·min⁻¹)	f/(mm·r⁻¹)	v/(m·min⁻¹)	f/(mm·r⁻¹)	说明
合金钢	低碳	125 ~ 225	1	41 ~ 46	0. 18	135 ~ 150	170 ~ 185	0. 18	YT15	220 ~ 235	0. 18	520 ~ 580	0. 13	—
			4	32 ~ 37	0. 4	105 ~ 120	135 ~ 145	0. 5	YT14	175 ~ 190	0. 4	365 ~ 395	0. 25	
			8	24 ~ 27	0. 5	84 ~ 95	105 ~ 115	0. 75	YT5	135 ~ 145	0. 5	275 ~ 335	0. 4	
	中碳	175 ~ 225	1	34 ~ 41	0. 18	105 ~ 115	130 ~ 150	0. 18	YT15	175 ~ 200	0. 18	460 ~ 520	0. 13	
			4	26 ~ 32	0. 4	85 ~ 90	105 ~ 120	0. 4 ~ 0. 5	YT14	135 ~ 160	0. 4	280 ~ 360	0. 25	
			8	20 ~ 24	0. 5	67 ~ 73	82 ~ 95	0. 5 ~ 0. 75	YT5	105 ~ 120	0. 5	220 ~ 265	0. 4	
	高碳	175 ~ 225	1	30 ~ 37	0. 18	105 ~ 115	135 ~ 145	0. 18	YT15	175 ~ 190	0. 18	460 ~ 520	0. 13	
			4	24 ~ 27	0. 4	84 ~ 90	105 ~ 115	0. 5	YT14	135 ~ 150	0. 4	275 ~ 335	0. 25	
			8	17 ~ 21	0. 5	66 ~ 72	82 ~ 90	0. 75	YT5	105 ~ 120	0. 5	215 ~ 245	0. 4	
高强度钢		225 ~ 350	1	20 ~ 26	0. 18	90 ~ 105	115 ~ 135	0. 18	YT15	150 ~ 185	0. 18	380 ~ 440	0. 13	>300 HBS 时宜用 W12Cr4V5Co5 及 W2Mo9Cr4VCo8
			4	15 ~ 20	0. 4	69 ~ 84	90 ~ 105	0. 4	YT14	120 ~ 135	0. 4	205 ~ 265	0. 25	
			8	12 ~ 15	0. 5	53 ~ 66	69 ~ 84	0. 5	YT5	90 ~ 105	0. 5	145 ~ 205	0. 4	
高速钢		200 ~ 225	1	15 ~ 24	0. 13 ~ 0. 18	76 ~ 105	85 ~ 125	0. 18	YW1，YT15	115 ~ 160	0. 18	420 ~ 460	0. 13	加工 W12Cr4V5Co5 等高速钢时宜用 W12Cr4V5Co5 及 W2Mo9Cr4VCo8
			4	12 ~ 20	0. 25 ~ 0. 4	60 ~ 84	69 ~ 100	0. 4	YW2，YT14	90 ~ 130	0. 4	250 ~ 275	0. 25	
			8	9 ~ 15	0. 4 ~ 0. 5	46 ~ 64	53 ~ 76	0. 5	YW3，YT5	69 ~ 100	0. 5	190 ~ 215	0. 4	

续表

加工材料		硬度/HB	背吃刀量 a_p/mm	高速钢刀具		硬质合金刀具							陶瓷（超硬材料）刀具		
						未涂层				涂层					
				v/(m·min^{-1})	f/(mm·r^{-1})	v/(m·min^{-1}) 焊接式	v/(m·min^{-1}) 可转位	f/(mm·r^{-1})	材料	v/(m·min^{-1})	f/(mm·r^{-1})	v/(m·min^{-1})	f/(mm·r^{-1})	说明	
不锈钢	奥氏体	135~275	1	18~34	0.18	58~105	67~120	0.18	YG3X，YW1	84~60	0.18	275~425	0.13	>225HBS时宜用W12Cr4V5Co5及W2Mo9Cr4VCo8	
			4	15~27	0.4	49~100	58~105	0.4	YG6，YW1	76~135	0.4	150~275	0.25		
			8	12~21	0.5	38~76	46~84	0.5	YG6，YW1	60~105	0.5	90~185	0.4		
	马氏体	175~325	1	20~44	0.18	87~140	95~175	0.18	YW1，YT15	120~260	0.18	350~490	0.13	>275 HBS时宜用W12Cr4V5Co5及W2Mo9Cr4VCo8	
			4	15~35	0.4	69~15	75~135	0.4	YW1，YT15	100~170	0.4	185~335	0.25		
			8	12~27	0.5	55~90	58~105	0.5~0.75	YW2，YT14	76~135	0.5	120~245	0.4		
灰铸铁		160~260	1	26~43	0.18	84~135	100~165	0.18~0.25	YG8，YW2	130~190	0.18	395~550	0.13~0.25	>190HBS时宜用W12Cr4V5Co5及W2Mo9Cr4VCo8	
			4	17~27	0.4	69~110	81~125	0.4~0.5		105~160	0.4	245~365	0.25~0.4		
			8	14~23	0.5	60~90	66~100	0.5~0.75		84~130	0.5	185~275	0.4~0.5		
可锻铸铁		160~240	1	30~40	0.18	120~160	135~185	0.25	YW1，YT15	185~235	0.25	305~365	0.13~0.25	—	
			4	23~30	0.4	90~120	105~135	0.5	YW1，YT15	135~185	0.4	230~290	0.25~0.4		
			8	18~24	0.5	76~100	85~115	0.75	YW2，YT14	105~145	0.5	150~230	0.4~0.5		
铝合金		30~150	1	245~305	0.18	550~610	max	0.25	YG3X，YW1	—	—	365~915	0.075~0.15	金刚石刀具	a_p = 0.13~0.4
			4	215~275	0.4	425~550		0.5	YG6，YW1			245~760	0.15~0.3		a_p = 0.4~1.25
			8	185~245	0.5	305~365		1	YG6，YW1			150~460	0.3~0.5		a_p = 1.25~3.2

续表

加工材料	硬度/HB	背吃刀量 a_p/mm	高速钢刀具		硬质合金刀具						陶瓷（超硬材料）刀具		
					未涂层				涂层				
			v/（$m \cdot min^{-1}$）	f/（$mm \cdot r^{-1}$）	v/（$m \cdot min^{-1}$）		f/（$mm \cdot r^{-1}$）	材料	v/（$m \cdot min^{-1}$）	f/（$mm \cdot r^{-1}$）	v/（$m \cdot min^{-1}$）	f/（$mm \cdot r^{-1}$）	说明
					焊接式	可转位							
铜合金		1	40 ~ 175	0.18	84 ~ 345	90 ~ 395	0.18	YG3X，YW1	—	—	305 ~ 1 460	0.075 ~ 0.15	金刚石刀具 a_p = 0.13 ~ 0.4
		4	34 ~ 145	0.4	69 ~ 290	76 ~ 335	0.5	YG6，YW1			150 ~ 855	0.15 ~ 0.3	金刚石刀具 a_p = 0.4 ~ 1.25
		8	27 ~ 120	0.5	64 ~ 270	70 ~ 305	0.75	YG8，YW2			90 ~ 550	0.3 ~ 0.5	金刚石刀具 a_p = 1.25 ~ 3.2
钛合金	300 ~ 350	1	12 ~ 24	0.13	38 ~ 66	49 ~ 76	0.13	YG3X，YW1	—	—	—	—	高速钢采用 W12Cr4V5Co5 及 W2Mo9Cr4VCo8
		4	9 ~ 21	0.25	32 ~ 56	41 ~ 66	0.2	YG6，YW1					
		8	8 ~ 18	0.4	24 ~ 43	26 ~ 49	0.25	YG8，YW2					
高温合金	200 ~ 475	0.8	3.6 ~ 14	0.13	12 ~ 49	14 ~ 58	0.13	YG3X，YW1	—	—	185	0.075	立方氮化硼刀具
		2.5	3 ~ 11	0.18	9 ~ 41	12 ~ 49	0.18	YG6，YW1			135	0.13	

表 B-4　不同工件材料车削参数表

HSS 刀具车削标准值				
工件材料		切削速度 $v_c/(m \cdot min^{-1})$	进给量 f_t/mm	切削深度 a_p/mm
材料组别	抗拉强度 R_m 或硬度 HB			
低强度钢	$R_m \leqslant 800$	40 ~ 80	0.1 ~ 0.5	0.5 ~ 4.0
高强度钢	$R_m > 800$	30 ~ 60		
不锈钢	$R_m \leqslant 800$	30 ~ 60		
铸铁、可锻铸铁	≤250 HB	20 ~ 35		
铝合金	$R_m \leqslant 350$	120 ~ 180		
铜合金	$R_m \leqslant 500$	100 ~ 125		
热塑性塑料	—	100 ~ 500		
热固性塑料	—	80 ~ 400		
涂层硬质合金刀具车削标准值				
工件材料		切削速度 $v_c/(m \cdot min^{-1})$	进给量 f_t/mm	切削深度 a_p/mm
材料组别	抗拉强度 R_m 或硬度 HB			
低强度钢	$R_m \leqslant 800$	200 ~ 350	0.1 ~ 0.5	0.3 ~ 5.0
高强度钢	$R_m > 800$	100 ~ 200		
不锈钢	$R_m \leqslant 800$	80 ~ 200		
铸铁、可锻铸铁	≤250 HB	100 ~ 300		
铝合金	$R_m \leqslant 350$	400 ~ 800		
铜合金	$R_m \leqslant 500$	150 ~ 300		
热塑性塑料	—	500 ~ 2 000		
热固性塑料	—	400 ~ 1 000		

附录C 数控系统操作键盘上各键功能说明

1. MDI面板

(1)【POS】：坐标键，显示当前光标的位置。

【ABS】：绝对坐标。

【REL】：相对坐标。

【ALL】：既有绝对坐标，又有相对坐标。

(2)【PROG】：程序键。

①将模式选择钮转到【EDIT】位置，并按下【PROG】键，屏幕下面会显示两个功能键：

【PROG】：此画面可以显示程序，并可对程序进行更改、插入、删除。

【LIB】：此画面可以显示程序的目录，目录的内容和数目以及占用的字节数。

②将模式选择钮转到【MDI】和【MEN】位置，并按下【PROG】键，屏幕下面会显示四个功能键：

【PRGRM】：显示当前正在执行的程序。

【CHECK】：显示【MEN】状态下刀具的位置和模态数据。

【CURRNT】：显示当前程序段的内容。

【NEXT】：显示当前正在执行的和下一个程序段的内容。

(3)【OFFSET SETTING】：刀具补偿键。

①先按【OFFSET SETTING】键，紧接着按【SETTING】进入刀具的形状补偿和磨耗补偿。

②当对刀具进行形状补偿时，先对刀输入X0或Z0【测量】。

③当对刀具进行磨耗补偿时，应输入一数值加【INPUT】。

(4)【SYSTEM】：用于进行系统画面的设定，一般情况下不必进行更改。

(5)【MESSACE】：用以显示报警信息、报警履历和外部数据。

(6)【GRAPH】：可以显示和模拟图形。

(7)【ALTER】：替换。

(8)【INSERT】：插入。

(9)【DELETE】：删除。

(10)【SHIFT】：上挡键。

(11)【CAN】：取消。

(12)【INPUT】：输入键。

2. 机床面板

1）第一行按键

(1)【MACHINE LOCK】—机床锁定开关。

当机床锁定开关打开，程序执行时，CRT上的数字会变更，仅机床滑板不会运动，M、S、T机能均照常执行（主轴旋转，刀具交换，切削液喷出）。

(2)【DRY RUN】—空运行开关。

当此开关打开时，程序中的 F 代码无效，滑板以“进给倍率”开关指定的速度移动。

（3）【BLOCK】—单步运行开关。

此开关按下时，指示灯亮，程序执行为单节操作法，但复合循环机能则会在一个循环结束后才能停止。

（4）【SKIP】—程序段跳过开关。

此开关打开时，对程序开关有“/”的程序段，跳过不执行；但当此开关关闭时，没有任何效果。

（5）【START】—程序启动。

（6）【HOLD】—暂停按钮：程序停止进给，按【START】可重新恢复运行。

（7）【STOP】—程序停止。

（8）【LIMTREST】—超程释放：当滑板出现超程报警时，模式开关必须置于手动位置，先按住此键，等到【READY】灯亮后，方可移动手动按钮。

2）第二行按键

（1）【CW】—此开关在模式置于手动部分时才有作用，用于主轴正转。

（2）【STOP】—此开关在模式置于手动部分时才有作用，用于主轴启动。程序停止。

（3）【CCW】—此开关在模式置于手动部分时才有作用，用于主轴反转。

（4）【COOL】—冷却液开。

（5）【TOOL】—刀具转位，注意刀具转位时一定要转到规定位置，不能停在途中。

（6）【COOL】—冷却液开。

（7）【LAMP】—机床主轴上方灯亮。

（8）【READY】—当机床滑板出现超程报警时，必须先按【LIMTREST】按钮，当等到【READY】灯亮后，方可移动手动按钮。

（9）【ALARM】—机床报警灯。

3）左一按键

（1）【FEEDRATE　OVERRIDE】—在程序自动运行时，由 F 代码指定的进给速度可以用此开关进行调整，每格增加 10%；在点动状态下，进给速度可以在 0 ~ 1 260 mm/min 范围内调整。

（2）【SPINDLE　OVERRIDE】—在程序自动运行时，控制主轴的输出倍率。

4）左二按键

在 JOG 模式下，控制机床滑板向前后左右运动，如同时按中间的【RAPID】键则做快速运动。

5）中间按键

（1）MDI 模式：手动程序输入暂时性程序，MDI 之程序只能执行一次，执行完后程序自动消失。

（2）MEMORT 模式：自动运行状态，要想使程序自动运行，必须使用该模式。

（3）EDIT 模式：在此模式下可以对程序进行编辑和存取。

（4）HANDLE 模式：在此模式下可以通过手摇轮对滑板进行控制。

（5）JOG 模式：可用【JOG】按钮控制滑板的移动，移动速度由【FEEDRATE　OVERRIDE】开关设定。

（6）ZERO RETURN 模式：用【JOG】按钮，使 X、Z 坐标返回机床参考点，对应的【ZEROX】、【ZEROZ】灯亮，注意回到机械原点。

6）右边按键

在 HANDLE 模式，可对滑板的位置进行调节，可选择移动的坐标轴 X、Z，并可选择移动的倍率。

附录D 数控车工国家职业标准

1 职业名称

数控车工。

2 职业定义

从事编制数控加工程序并操作数控车床进行零件车削加工的人员。

3 职业等级

本职业共设四个等级，分别为：中级（国家职业资格四级）、高级（国家职业资格三级）、技师（国家职业资格二级）、高级技师（国家职业资格一级）。

3.1 申报条件

——中级（具备以下条件之一者）

（1）经本职业中级正规培训达规定标准学时数，并取得结业证书。

（2）连续从事本职业工作5年以上。

（3）取得经劳动保障行政部门审核认定的，以中级技能为培训目标的中等以上职业学校本职业或相关专业毕业证书。

（4）取得相关职业中级职业资格证书后，连续从事本职业工作2年以上。

——高级（具备以下条件之一者）

（1）取得本职业中级职业资格证书后，连续从事本职业工作2年以上，经本职业高级正规培训达规定标准学时数，并取得结业证书。

（2）取得本职业中级职业资格证书后，连续从事本职业工作4年以上。

（3）取得经劳动保障行政部门审核认定的、以高级技能为培养目标的职业学校本职业或相关专业毕业证书。

（4）大专以上本专业或相关专业毕业生，经本职业高级正规培训达规定标准学时数，并取得结业证书。

——技师（具备以下条件之一者）

（1）取得本职业高级职业资格证书后，连续从事本职业工作4年以上，经本职业技师正规培训达规定标准学时数，并取得结业证书。

（2）取得本职业高级职业资格证书的职业学校本职业（专业）毕业生，连续从事本职业工作2年以上，经本职业技师正规培训达规定标准学时数，并取得结业证书。

（3）取得本职业高级职业资格证书的本科以上（含本科）本专业或相关专业毕业生，连续从事本职业工作2年以上，经本职业技师正规培训达规定标准学时数，并取得结业证书。

——高级技师

取得本职业技师职业资格证书后，连续从事本职业工作4年以上，经本职业高级技师正规培训达规定标准学时数，并取得结业证书。

4. 工作要求

本标准对中级、高级、技师和高级技师的技能要求依次递进，高级别涵盖低级别的要求。

4.1 中级

职业功能	工作内容	技能要求	相关知识
一、加工准备	（一）读图与绘图	1. 能读懂中等复杂程度（如曲轴）的零件图 2. 能绘制简单的轴、盘类零件图 3. 能读懂进给机构、主轴系统的装配图	1. 复杂零件的表达方法 2. 简单零件图的画法 3. 零件三视图、局部视图和剖视图的画法 4. 装配图的画法
	（二）制定加工工艺	1. 能读懂复杂零件的数控车床加工工艺文件 2. 能编制简单（轴盘）零件的数控车床加工工艺文件	数控车床加工工艺文件的制定
	（三）零件定位与装夹	能使用通用夹具（如三爪自定心卡盘、四爪单动卡盘）进行零件装夹与定位	1. 数控车床常用夹具的使用方法 2. 零件定位、装夹的原理和方法
	（四）刀具准备	1. 能根据数控车床加工工艺文件选择、安装和调整数控车床常用刀具 2. 能刃磨常用车削刀具	1. 金属切削与刀具磨损知识 2. 数控车床常用刀具的种类、结构和特点 3. 数控车床、零件材料、加工精度和工作效率对刀具的要求
二、数控编程	（一）手工编程	1. 能编制由直线、圆弧组成的二维轮廓数控加工程序 2. 能编制螺纹加工程序 3. 能运用固定循环、子程序进行零件的加工程序编制	1. 数控编程知识 2. 直线插补和圆弧插补的原理 3. 坐标点的计算方法
	（二）计算机辅助编程	1. 能使用计算机绘图设计软件绘制简单（轴、盘、套）零件图 2. 能利用计算机绘图软件计算节点	计算机绘图软件（二维）的使用方法

续表

职业功能	工作内容	技能要求	相关知识
三、数控车床操作	（一）操作面板	1. 能按照操作规程启动及停止机床 2. 能使用操作面板上的常用功能键	1. 熟悉数控车床操作说明书 2. 数控车床操作面板的使用方法
	（二）程序输入与编辑	1. 能通过各种途径（如 DNC、网络等）输入加工程序 2. 能通过操作面板编辑加工程序	1. 数控加工程序的输入方法 2. 数控加工程序的编辑方法 3. 网络知识
	（三）对刀	1. 能进行对刀并确定相关坐标系 2. 能设置刀具参数	1. 对刀的方法 2. 坐标系的知识 3. 刀具偏置补偿、半径补偿与刀具参数的输入方法
	（四）程序调试与运行	能够对程序进行校验、单步执行、空运行并完成零件试切	程序调试的方法
四、零件加工	（一）轮廓加工	1. 能进行轴、套类零件加工，并达到以下要求： （1）尺寸公差等级：IT6 （2）形位公差等级：IT8 （3）表面粗糙度：*Ra*1.6 μm 2. 能进行盘类、支架类零件加工，并达到以下要求： （1）轴径公差等级：IT6 （2）孔径公差等级：IT7 （3）形位公差等级：IT8 （4）表面粗糙度：*Ra*1.6 μm	1. 内外径的车削加工方法、测量方法 2. 形位公差的测量方法 3. 表面粗糙度的测量方法
	（二）螺纹加工	能进行单线等节距普通三角螺纹、锥螺纹的加工，并达到以下要求： （1）尺寸公差等级：IT6～IT7 （2）形位公差等级：IT8 （3）表面粗糙度：*Ra*1.6 μm	1. 常用螺纹的车削加工方法 2. 螺纹加工中的参数计算
	（三）槽类加工	能进行内径槽、外径槽和端面槽的加工，并达到以下要求： （1）尺寸公差等级：IT8 （2）形位公差等级：IT8 （3）表面粗糙度：*Ra*3.2 μm	内径槽、外径槽和端槽的加工方法
	（四）孔加工	能进行孔加工，并达到以下要求： （1）尺寸公差等级：IT7 （2）形位公差等级：IT8 （3）表面粗糙度：*Ra*3.2 μm	孔的加工方法
	（五）零件精度检验	能进行零件的长度、内径、外径、螺纹、角度精度检验	1. 通用量具的使用方法 2. 零件精度检验及测量方法

续表

职业功能	工作内容	技能要求	相关知识
五、数控车床维护和故障诊断	（一）数控车床日常维护	能根据说明书完成数控车床的定期及不定期维护保养，包括机械、电、气、液压、冷却数控系统检查和日常保养等	1. 数控车床说明书 2. 数控车床日常保养方法 3. 数控车床操作规程 4. 数控系统（进口与国产数控系统）使用说明书
	（二）数控车床故障诊断	1. 能读懂数控系统的报警信息 2. 能发现并排除由数控程序引起的数控车床的一般故障	1. 使用数控系统报警信息表的方法 2. 数控机床的编程和操作故障诊断方法
	（三）数控车床精度检查	能进行数控车床水平的检查	1. 水平仪的使用方法 2. 机床垫铁的调整方法

4.2 高级

职业功能	工作内容	技能要求	相关知识
一、加工准备	（一）读图与绘图	1. 能读懂中等复杂程度（如刀架）的装配图 2. 能根据装配图拆画零件图 3. 能测绘零件	1. 根据装配图拆画零件图的方法 2. 零件的测绘方法
	（二）制定加工工艺	能编制复杂零件的数控车床加工工艺文件	复杂零件数控车床的加工工艺文件的制定
	（三）零件定位与装夹	1. 能选择和使用数控车床组合夹具和专用夹具 2. 能分析并计算车床夹具的定位误差 3. 能设计与自制装夹辅具（如心轴、轴套、定位件等）	1. 数控车床组合夹具和专用夹具的使用、调整方法 2. 专用夹具的使用方法 3. 夹具定位误差的分析与计算方法
	（四）刀具准备	1. 能选择各种刀具及刀具附件 2. 能根据难加工材料的特点，选择刀具的材料、结构和几何参数 3. 能刃磨特殊车削刀具	1. 专用刀具的种类、用途、特点和刃磨方法 2. 切削难加工材料时的刀具材料和几何参数的确定方法
二、数控编程	（一）手工编程	能运用变量编程编制含有公式曲线的零件数控加工程序	1. 固定循环和子程序的编程方法 2. 变量编程的规则和方法
	（二）计算机辅助编程	能用计算机绘图软件绘制装配图	计算机绘图软件的使用方法
	（三）数控加工仿真	能利用数控加工仿真软件实施加工过程仿真以及加工代码检查、干涉检查、工时估算	数控加工仿真软件的使用方法

续表

职业功能	工作内容	技能要求	相关知识
三、零件加工	（一）轮廓加工	能进行细长、薄壁零件加工，并达到以下要求： （1）轴径公差等级：IT6 （2）孔径公差等级：IT7 （3）形位公差等级：IT8 （4）表面粗糙度：$Ra1.6\ \mu m$	细长、薄壁零件加工的特点及装夹、车削方法
	（二）螺纹加工	1. 能进行单线和多线等节距的T形螺纹、锥螺纹加工，并达到以下要求： （1）尺寸公差等级：IT6 （2）形位公差等级：IT8 （3）表面粗糙度：$Ra1.6\ \mu m$ 2. 能进行变节距螺纹的加工，并达到以下要求： （1）尺寸公差等级：IT6 （2）形位公差等级：IT7 （3）表面粗糙度：$Ra1.6\ \mu m$	1. T形螺纹、锥螺纹加工中的参数计算 2. 变节距螺纹的车削加工方法
	（三）孔加工	能进行深孔加工，并达到以下要求： （1）尺寸公差等级：IT6 （2）形位公差等级：IT8 （3）表面粗糙度：$Ra1.6\ \mu m$	深孔的加工方法
	（四）配合件加工	能按装配图上的技术要求对套件进行零件加工和组装，配合公差达到IT7级	套件的加工方法
	（五）零件精度检验	1. 能在加工过程中使用百分表、千分表等进行在线测量，并进行加工技术参数的调整 2. 能够进行多线螺纹的检验 3. 能进行加工误差分析	1. 百分表、千分表的使用方法 2. 多线螺纹的精度检验方法 3. 误差分析的方法
四、数控车床维护与精度检验	（一）数控车床日常维护	1. 能制定数控车床的日常维护规程 2. 能监督检查数控车床的日常维护状况	1. 数控车床维护管理基本知识 2. 数控机床维护操作规程的制定方法
	（二）数控车床故障诊断	1. 能判断数控车床机械、液压、气压和冷却系统的一般故障 2. 能判断数控车床控制与电气系统的一般故障 3. 能够判断数控车床刀架的一般故障	1. 数控车床机械故障的诊断方法 2. 数控车床液压、气压元器件的基本原理 3. 数控车床电气元件的基本原理 4. 数控车床刀架结构
	（三）机床精度检验	1. 能利用量具、量规对机床主轴的垂直平等度、机床水平等一般机床几何精度进行检验 2. 能进行机床切削精度检验	1. 机床几何精度检验内容及方法 2. 机床切削精度检验内容及方法

4.3　技师

职业功能	工作内容	技能要求	相关知识
一、加工准备	（一）读图与绘图	1. 能绘制工装装配图 2. 能读懂常用数控车床的机械结构图及装配图	1. 工装装配图的画法 2. 常用数控车床的机械原理图及装配图的画法
	（二）制定加工工艺	1. 能编制高难度、高精密、特殊材料零件的数控加工多工种工艺文件 2. 能对零件的数控加工工艺进行合理性分析，并提出改进建议 3. 能推广应用新知识、新技术、新工艺、新材料	1. 零件的多工种工艺分析方法 2. 数控加工工艺方案合理性的分析方法及改进措施 3. 特殊材料的加工方法 4. 新知识、新技术、新工艺、新材料
	（三）零件定位与装夹	能设计与制作零件的专用夹具	专用夹具的设计与制造方法
	（四）刀具准备	1. 能依据切削条件和刀具条件估算刀具的使用寿命 2. 根据刀具寿命计算并设置相关参数 3. 能推广应用新刀具	1. 切削刀具的选用原则 2. 延长刀具寿命的方法 3. 刀具新材料、新技术 4. 刀具使用寿命的参数设定方法
二、数控编程	（一）手工编程	能编制车削中心、车铣中心的三轴及三轴以上（含旋转轴）的加工程序	编制车削中心、车铣中心加工程序的方法
	（二）计算机辅助编程	1. 能用计算机辅助设计/制造软件进行车削零件的造型和生成加工轨迹 2. 能根据不同的数控系统进行后置处理并生成加工代码	1. 三维造型和编辑 2. 计算机辅助设计/制造软件（三维）的使用方法
	（三）数控加工仿真	能利用数控加工仿真软件分析和优化数控加工工艺	数控加工仿真软件的使用方法
三、零件加工	（一）轮廓加工	1. 能编制数控加工程序车削多拐曲轴达到以下要求： （1）直径公差等级：IT6 （2）表面粗糙度：$Ra1.6\ \mu m$ 2. 能编制数控加工程序对适合在车削中心加工的带有车削、铣削等工序的复杂零件进行加工	1. 多拐曲轴车削加工的基本知识 2. 车削加工中心加工复杂零件的车削方法
	（二）配合件加工	能进行两件（含两件）以上具有多处尺寸链配合的零件加工与配合	多尺寸链配合的零件加工方法
	（三）零件精度检验	能根据测量结果对加工误差进行分析并提出改进措施	1. 精密零件的精度检验方法 2. 检具设计知识

续表

职业功能	工作内容	技能要求	相关知识
四、数控车床维护与精度检验	（一）数控车床维修	1. 能实施数控车床的一般维修 2. 能借助字典阅读数控设备的主要外文信息	1. 数控车床常用机械故障的维修方法 2. 数控车床专业外文知识
	（二）数控车床故障诊断和排除	1. 能排除数控车床机械、液压、气压和冷却系统的一般故障 2. 能排除数控车床控制与电气系统的一般故障 3. 能够排除数控车床刀架的一般故障	1. 数控车床液压、气压元件的维修方法 2. 数控车床电气元件的维修方法 3. 数控车床数控系统的基本原理 4. 数控车床刀架维修方法
	（三）机床精度检验	1. 能利用量具、量规对机床定位精度、重复定位精度、主轴精度、刀架的转位精度进行精度检验 2. 能根据机床切削精度判断机床精度误差	1. 机床定位精度检验、重复定位精度检验的内容及方法 2. 机床动态特性的基本原理
五、培训与管理	（一）操作指导	能指导本职业中级、高级工进行实际操作	操作指导书的编制方法
	（二）理论培训	1. 能对本职业中级、高级工和技师进行理论培训 2. 能系统地讲授各种切削刀具的特点和使用方法	1. 培训教材编写方法 2. 切削刀具的特点和使用方法
	（三）质量管理	能在本职工作中认真贯彻各项质量标准	相关质量标准
	（四）生产管理	能协助部门领导进行生产计划、调度及人员的管理	生产管理基本知识
	（五）技术改造与创新	能进行加工工艺、夹具、刀具的改进	数控加工工艺综合知识

4.4 高级技师

职业功能	工作内容	技能要求	相关知识
一、工艺分析与设计	（一）读图与绘图	1. 能绘制复杂工装装配图 2. 能读懂常用数控车床的电气、液压原理图	1. 复杂工装设计方法 2. 常用数控车床电气、液压原理图的画法
	（二）制定加工工艺	1. 能对高难度、高精密零件的数控加工工艺方案进行优化并实施 2. 能编制多轴车削中心的数控加工工艺文件 3. 能对零件加工工艺提出改进建议	1. 复杂、精密零件加工工艺的系统知识 2. 车削中心、车铣中心加工工艺文件编制方法
	（三）零件定位与装夹	能对现有的数控车床夹具进行误差分析并提出改进建议	误差分析方法
	（四）刀具准备	能根据零件要求设计刀具，并提出制造方法	刀具的设计与制造知识
二、零件加工	（一）异形零件加工	能解决高难度零件（如十字座类、连杆类、叉架类等异形零件）车削加工的技术问题，并制定工艺措施	高难度零件的加工方法
	（二）零件精度检验	能制定高难度零件加工过程中的精度检验方法	在机械加工全过程中影响质量的因素及提高质量的措施
三、数控车床维护与精度检验	（一）数控车床维修	1. 能组织并实施数控车床的重大维修 2. 能借助字典看懂数控设备的主要外文技术资料 3. 能针对机床运行现状合理调整数控系统相关参数	1. 数控车床大修方法 2. 数控系统机床参数信息表
	（二）数控车床故障诊断和排除	1. 能分析数控车床机械、液压、气压和冷却系统故障产生的原因，并能提出改进措施，减少故障率 2. 能根据机床电路图或可编程逻辑控制器（PLC）梯形图检查出故障发生点，并提出机床维修方案	1. 数控车床数控系统的控制方法 2. 数控机床机械、液压、气压和冷却系统结构调整和维修方法 3. 机床电路图使用方法 4. 可编程逻辑控制器的使用方法
	（三）机床精度检验	1. 能利用激光干涉仪或其他设备对数控车床进行定位精度、重复定位精度、导轨垂直平行度的检验 2. 能通过调整和修改机床参数对可补偿的机床误差进行精度补偿	1. 激光干涉仪的使用方法 2. 误差统计和计算方法 3. 数控系统中机床误差的补偿
	（四）数控设备网络化	能借助网络设备和软件系统实现数控设备的网络化管理	数控设备网络接口及相关技术

续表

职业功能	工作内容	技能要求	相关知识
四、培训与管理	（一）操作指导	能指导本职业中级、高级工和技师进行实际操作	操作理论教学指导书的编写方法
	（二）理论培训	能对本职业中级、高级工和技师进行理论培训	教学计划与大纲的编制方法
	（三）质量管理	能应用全面质量管理知识，实现操作过程的质量分析与控制	质量分析与控制方法
	（四）技术改造与创新	能组织实施技术改造和创新，并撰写相应的论文	科技论文撰写方法

附录E　中、高级数控车工考证样题

中级数控车工样题1

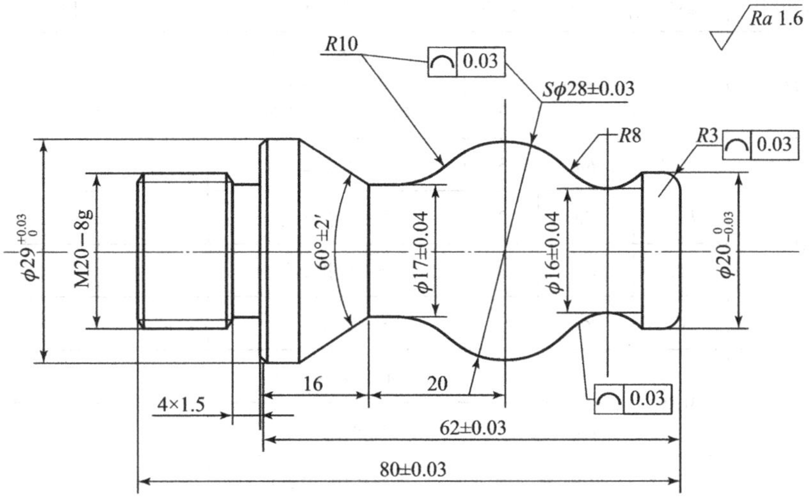

考核要求：

1. 以小批量生产条件编程；
2. 不准用砂布及锉刀等修饰表面；
3. 倒角 *C*1；
4. 未注公差按 GB 1804—M。

工种	等级	图号	名称	材料及备料尺寸
数控车床	中级	高—3	考试件	45#（φ30 mm×85 mm）

样题1评分标准

<table>
<tr><td>工种</td><td colspan="2">数控车工</td><td>图号</td><td colspan="2">中—1</td><td>单位</td><td colspan="5"></td></tr>
<tr><td>准考证号</td><td colspan="2"></td><td>零件名称</td><td>考试件</td><td>姓名</td><td colspan="3"></td><td>考核日期</td><td colspan="2"></td></tr>
<tr><td>定额时间</td><td colspan="2">150 分钟</td><td>起始时间</td><td colspan="2"></td><td colspan="2">结束时间</td><td></td><td>总得分</td><td colspan="2"></td></tr>
<tr><td>序号</td><td>考核项目</td><td colspan="2">考核内容及要求</td><td>配分</td><td colspan="2">评分标准</td><td>检测结果</td><td>扣分</td><td>得分</td><td colspan="2">备注</td></tr>
<tr><td>1</td><td rowspan="8">外圆</td><td rowspan="2">φ29</td><td></td><td>9</td><td colspan="2">超差 0.01 扣 3 分</td><td></td><td></td><td></td><td colspan="2"></td></tr>
<tr><td>2</td><td>Ra</td><td>3</td><td colspan="2">降一级扣 2 分</td><td></td><td></td><td></td><td colspan="2"></td></tr>
<tr><td>3</td><td rowspan="2">φ17</td><td></td><td>6</td><td colspan="2">超差 0.02 扣分</td><td></td><td></td><td></td><td colspan="2"></td></tr>
<tr><td>4</td><td>Ra</td><td>2</td><td colspan="2">降一级扣 1 分</td><td></td><td></td><td></td><td colspan="2"></td></tr>
<tr><td>5</td><td rowspan="2">φ16</td><td></td><td>9</td><td colspan="2">超差 0.01 扣 3 分</td><td></td><td></td><td></td><td colspan="2"></td></tr>
<tr><td>6</td><td>Ra</td><td>2</td><td colspan="2">降一级扣 1 分</td><td></td><td></td><td></td><td colspan="2"></td></tr>
<tr><td>7</td><td rowspan="2">φ20</td><td></td><td>9</td><td colspan="2">超差 0.02 扣 3 分</td><td></td><td></td><td></td><td colspan="2"></td></tr>
<tr><td>8</td><td>Ra</td><td>3</td><td colspan="2">降一级扣 2 分</td><td></td><td></td><td></td><td colspan="2"></td></tr>
</table>

续表

工种	数控车工	图号	中—1	单位			
准考证号		零件名称	考试件	姓名		考核日期	
定额时间	150 分钟	起始时间		结束时间		总得分	

序号	考核项目	考核内容及要求		配分	评分标准	检测结果	扣分	得分	备注
9	长度	80		5	超差 0.01 扣 1 分				
10		62		5	超差 0.01 扣 1 分				
11	球面	*Sϕ*28	*Ra*	3	降一级扣 2 分				
12		*R*10	Ra	2	降一级扣 1 分				
13		*R*8	*Ra*	3	降一级扣 2 分				
14		*R*3	*Ra*	2	降一级扣 1 分				
15	螺纹	M20		9	不合格不得分				
16			*Ra*	3	降一级扣 2 分				
17	形位公差	圆度	*R*10	5	超差 0.01 扣 2 分				
18			*R*4	4	超差 0.01 扣 2 分				
19			*R*3	4	超差 0.01 扣 2 分				
20		同心度	A	5	超差 0.01 扣 3 分				
21	锥度	60°		5	超差 1°扣 2 分				
22			*Ra*	2	每处降一级扣 1 分				
23	文明生产	按有关规定每违反一项从总分扣 3 分，发生重大事故取消考试						扣分不超过 10 分	
24	其他项目	一般按照 GB 1804—M，工件必须完整，工件局部无缺陷（夹伤等）						扣分不超过 10 分	
25	程序编制	程序中有严重违反工艺的则取消考试资格，小问题则视情况酌情扣分						扣分不超过 25 分	
26	加工时间	90 分钟后尚未完成编程开始加工则终止考试，总时间满 150 分钟后，每超过 5 分钟扣 5 分，满 180 分钟则停止考试							

记录员		监考人		检查员		考评人	

中级数控车工样题 2

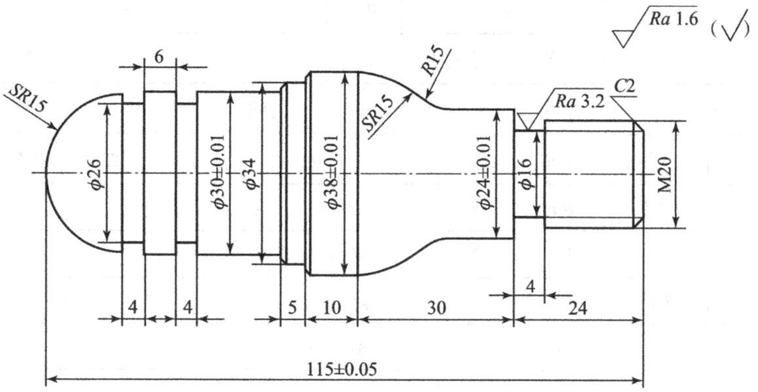

考核要求：

1. 以小批量生产条件编程；
2. 不准用砂布及锉刀等修饰表面；
3. 倒角 *C*1；
4. 未注公差按 GB 1804—M。

工种	等级	图号	名称	材料及备料尺寸
数控车床	中级	高—3	考试件	45#（φ45 mm × 120 mm）

样题 2 评分标准

工种	数控车工	图号	中—2	单位					
准考证号		零件名称	考试件	姓名		考核日期			
定额时间	150 分钟	起始时间		结束时间		总得分			
序号	考核项目	考核内容及要求		配分	评分标准	检测结果	扣分	得分	备注
1	外圆	φ38		9	超差 0.01 扣 3 分				
2			*Ra*	5	降一级扣 2 分				
3		φ30		6	超差 0.02 扣分				
4			*Ra*	3	降一级扣 1 分				
5		φ24		9	超差 0.01 扣 3 分				
6			*Ra*	2	降一级扣 1 分				
7		φ34		9	超差 0.02 扣 3 分				
8			*Ra*	3	降一级扣 2 分				
9	长度	115		5	超差 0.01 扣 1 分				
10		24		9	超差 0.01 扣 1 分				
11		30		8	超差 0.01 扣 1 分				
12		10		8	超差 0.01 扣 1 分				
13		5		4	超差 0.01 扣 1 分				

续表

工种	数控车工	图号	中—2		单位				
准考证号		零件名称		考试件	姓名		考核日期		
定额时间	150 分钟	起始时间			结束时间		总得分		
序号	考核项目	考核内容及要求		配分	评分标准	检测结果	扣分	得分	备注
14	球面	*SR*15	*Ra*	3	降一级扣 2 分				
15		*R*15	*Ra*	3	降一级扣 2 分				
16		*SR*15	*Ra*	2	降一级扣 1 分				
17	螺纹	M20	*Ra*	9	不合格不得分				
18			*Ra*	3	降一级扣 2 分				
19	文明生产	按有关规定每违反一项从总分扣 3 分，发生重大事故取消考试						扣分不超过 10 分	
20	其他项目	一般按照 GB 1804—M，工件必须完整，工件局部无缺陷（夹伤等）						扣分不超过 10 分	
21	程序编制	程序中有严重违反工艺的则取消考试资格，小问题则视情况酌情扣分						扣分不超过 25 分	
22	加工时间	90 分钟后尚未完成编程开始加工则终止考试，总时间满 150 分钟后，每超过 5 分钟扣 5 分，满 180 分钟则停止考试							
记录员		监考人			检查员		考评人		

高级数控车工样题 1

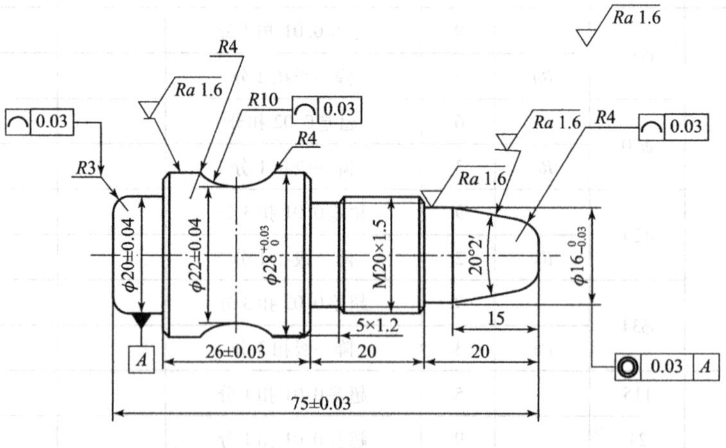

考核要求：

1. 以小批量生产条件编程；
2. 不准用砂布及锉刀等修饰表面；
3. 倒角 *C*1；

4. 未注公差按 GB 1804—M。

工种	等级	图号	名称	材料及备料尺寸
数控车床	高级	高—1	考试件	45#（ϕ30 mm×80 mm）

高级数控车工样题 1 评分标准

序号	考核项目	考核内容及要求		配分	评分标准	检测结果	扣分	得分	备注
工种：数控车工	图号：高—1	单位：							
准考证号：	零件名称：考试件	姓名：	考核日期：						
定额时间：150 分钟	起始时间：	结束时间：	总得分：						
1	外圆	ϕ28		9	超差 0.01 扣 3 分				
2			*Ra*	3	降一级扣 2 分				
3		ϕ22		6	超差 0.02 扣分				
4			*Ra*	2	降一级扣 1 分				
5		ϕ20		9	超差 0.01 扣 3 分				
6			*Ra*	2	降一级扣 1 分				
7		ϕ16		9	超差 0.02 扣 3 分				
8			*Ra*	3	降一级扣 2 分				
9	长度	75		5	超差 0.01 扣 1 分				
10		26		4	超差 0.01 扣 1 分				
11	球面	*R*10	*Ra*	3	降一级扣 2 分				
12		*R*4（3 处）	*Ra*	6	每处降一级扣 1 分				
13									
14		*R*3	*Ra*	2	降一级扣 1 分				
15	螺纹	M20		9	不合格不得分				
16			*Ra*	3	降一级扣 2 分				
17	形位公差	圆度	*R*10	5	超差 0.01 扣 2 分				
18			*R*4	4	超差 0.01 扣 2 分				
19			*R*3	4	超差 0.01 扣 2 分				
20		同心度	*A*	5	超差 0.01 扣 3 分				
21	锥度	20°		5	超差 1°扣 2 分				
22			*Ra*	2	每处降一级扣 1 分				
23	文明生产	按有关规定每违反一项从总分扣 3 分，发生重大事故取消考试							扣分不超过 10 分
24	其他项目	一般按照 GB 1804—M，工件必须完整，工件局部无缺陷（夹伤等）							扣分不超过 10 分
25	程序编制	程序中有严重违反工艺的则取消考试资格，小问题则视情况酌情扣分							扣分不超过 25 分
26	加工时间	90 分钟后尚未完成编程开始加工则终止考试，总时间满 150 分钟后，每超过 5 分钟扣 5 分，满 180 分钟则停止考试							
记录员		监考人		检查员		考评人			

高级数控车工样题 2

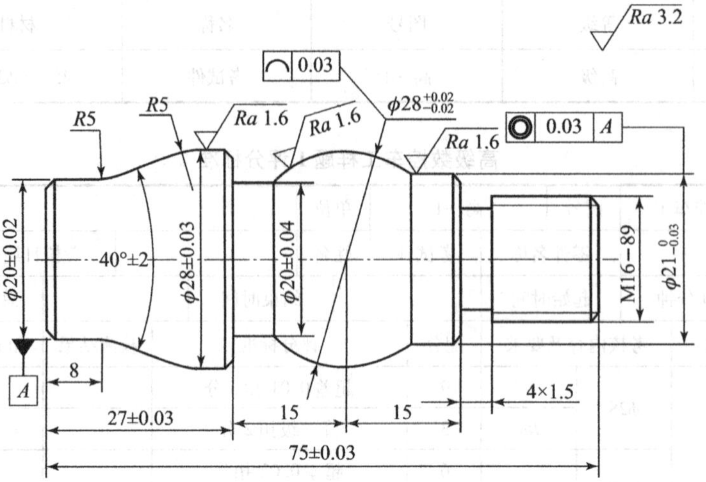

考核要求：

1. 以小批量生产条件编程；
2. 不准用砂布及锉刀等修饰表面；
3. 倒角 *C*1；
4. 未注公差按 GB 1804—M。

工种	等级	图号	名称	材料及备料尺寸
数控车床	高级	高—2	考试件	45#（φ30 mm×80 mm）

高级数控车工样题 2 评分标准

工种	数控车工	图号	高—2	单位					
准考证号		零件名称	考试件	姓名		考核日期			
定额时间	150 分钟	起始时间		结束时间		总得分			
序号	考核项目	考核内容及要求		配分	评分标准	检测结果	扣分	得分	备注
1	外圆	φ28		12	超差 0.01 扣 3 分				
2			Ra	3	降一级扣 2 分				
3		φ20		12	超差 0.02 扣分				
4			Ra	2	降一级扣 1 分				
5		φ20	槽	6	超差 0.02 扣 3 分				
6			Ra	2	降一级扣 1 分				
7		φ21		9	超差 0.02 扣 3 分				
8			Ra	3	降一级扣 2 分				
9	长度	75		6	超差 0.01 扣 1 分				
10		27		5	超差 0.01 扣 1 分				

续表

工种	数控车工	图号	高—2	单位			
准考证号		零件名称	考试件	姓名		考核日期	
定额时间	150 分钟	起始时间		结束时间		总得分	

序号	考核项目	考核内容及要求		配分	评分标准	检测结果	扣分	得分	备注
11	球面	*S*ϕ28	*Ra*	3	降一级扣 2 分				
12		*R*5	*Ra*	2	降一级扣 1 分				
13		*R*5	*Ra*	2	降一级扣 1 分				
14	螺纹	M16		12	不合格不得分				
15			*Ra*	3	降一级扣 2 分				
16	形位公差	圆度	ϕ28	5	超差 0.01 扣 2 分				
17		同心度	*A*	5	超差 0.01 扣 3 分				
18	锥度	40°		5	超差 1°扣 2 分				
19			*Ra*	3	每处降一级扣 1 分				
20	文明生产	按有关规定每违反一项从总分扣 3 分，发生重大事故取消考试							扣分不超过 10 分
21	其他项目	一般按照 GB 1804—M，工件必须完整，工件局部无缺陷（夹伤等）							扣分不超过 10 分
22	程序编制	程序中有严重违反工艺的则取消考试资格，小问题则视情况酌情扣分							扣分不超过 25 分
23	加工时间	90 分钟后尚未完成编程开始加工则终止考试，总时间满 150 分钟后，每超过 5 分钟扣 5 分，满 180 分钟则停止考试							

记录员		监考人		检查员		考评人	

附录 F 数控车削加工技术专业词汇索引表

5 – axes – manufacturing	5 轴加工
parting – off	切断
axles	轴
axles of a machining centre	加工中心的轴
general tolerances	未注公差
aluminium alloys	铝合金
work spindle of a lathe	车床工作主轴
path correction（CNC） compensation	刀具轨迹补偿
machining centre	加工中心
machining cycles	加工循环（程序）
control panel（CNC）	操作面板
reference points（CNC）	基准点（参考点）
turning, forces	车削，力
turning, power capacity	车削，功率
turning, cutting force	车削，切削力
turning, chip types	车削，切屑类型
turning, cutting parameters	车削，切削数据
turning, feed	车削，进刀量
turning techniques	车削技术
turning tools	车削工具
clamping	夹紧
three – jaw chuck	三爪卡盘
checking for surface evenness	平面度检测
corner radius	刀尖圆弧半径
fine thread	细牙螺纹
flexible manufacturing	柔性加工
tolerances of form	形状公差
linear interpolation（CNC）	直线插补
checking of straightness	直线度检测
screw threads	螺纹
screw thread cutting	车螺纹
screw thread inserts	螺套
checking of screw threads	螺纹检测
G – functions（CNC）	G 功能（CNC）
incremental dimensioning（CNC）	增量尺寸（CNC）
internal turning	内圆车削

internal turning chisel/tool	内圆车刀
internal thread	内螺纹
inspections	检查
maintenance	维护
repair service	维修
cutting edge wear	切削刃磨损
core diameter of screw threads	螺纹底径
coordinate system	坐标系统
circular interpolation （CNC）	圆弧插补
checking of positions	位置检测
tolerances of position	位置公差
running tests	运行检测
gauges	量规
left – handed screw threads	左旋螺纹
machine origin	机床零点
dimensional tolerances	尺寸公差
measuring result	测量结果
Vernier rule	游标卡尺
micrometers	千分尺
minimum dimension	最小尺寸
emergency off	急停
emergency off switch	急停开关
checking of parallelism	平行度检测
fits	配合
systems of fits	配合制
programming methods	编程方法
project	项目
point – to – point positioning	点位控制
quality control	质量控制
transverse turning	横向车削
cylindrical turning	车外圆
checking of roundness	圆度检测
cutting data	切削数据
cutting velocity，turning	车削速度
clamping jaw	卡爪
hold force in turning	车削夹紧力
machining variables for turning	切削用量
headstock	车床主轴箱
thread pitch	螺纹的螺距

subprogram（CNC）	子程序
position measuring systems（CNC）	位移测量系统
indexable inserts	可转位车刀\ 数控刀片
workpiece zero	工件零点
tool function/tool call	刀具调用
tool function	刀具调用
tool compensation	刀具补偿
tool magazine	刀库
tool slide	刀架溜板
tool changer	换刀机械手
machinability	可切削性
checking of cylindricity	圆柱度检测
equal	等于（=）
not equal	不等于（$\neq$）
greater than	大于（>）
greater than or equal	大于或等于（$\geqslant$）
less than	小于（<）
less than or equal	小于或等于（$\leqslant$）

参 考 文 献

[1] [德] 乌尔里希·菲舍尔等. 简明机械手册 [M]. 2 版. 云忠，杨放琼，译. 长沙：湖南科技出版社，2012.

[2] [德] 约瑟夫·迪林格等. 机械制造工程基础 [M]. 2 版. 杨祖群，译. 长沙：湖南科技出版社，2013.

[3] 李东君，文娟萍. 数控车削加工技术与技能 [M]. 北京：外语教学与研究出版社，2015.

[4] 周虹，董小金，张克昌. 数控编程与仿真实训 [M]. 3 版. 北京：人民邮电出版社，2012.